普通高等教育"十一五"国家级规划教材
普通高等教育计算机类系列教材

编译原理及实现技术

第 2 版

刘　磊　郭德贵
张　晶　张　红　杨　冬　编著

机 械 工 业 出 版 社

编译原理是计算机学科的一门重要专业基础课。本书旨在介绍编译程序设计的基本原理、实现技术、方法和工具，充分考虑了教师便于教学，学生便于自学的问题。在介绍基本原理和实现技术中，注重循序渐进、深入浅出，每一章节都提供了编译程序实现的具体实例，每章末尾给出了丰富的习题以辅助学生更好地掌握编译过程。

本书包含了编译程序设计的基础理论和具体实现技术，主要内容有：形式语言和自动机理论、词法分析、语法分析、语义分析、中间代码生成、中间代码优化和目标代码生成等编译过程。

本书可作为大专院校计算机专业本科生教材，也可作为计算机工程技术人员的参考书。为方便教师教学，本书配有免费电子课件，欢迎选用本书作教材的教师登录 www. cmpedu. com 下载。

图书在版编目（CIP）数据

编译原理及实现技术/刘磊等编著. —2 版. —北京：机械工业出版社，2010. 7（2023. 1 重印）

普通高等教育“十一五”国家级规划教材. 普通高等教育计算机类系列教材

ISBN 978-7-111-31261-1

Ⅰ. ①编…　Ⅱ. ①刘…　Ⅲ. ①编译程序 – 程序设计 – 高等学校 – 教材
Ⅳ. ①TP314

中国版本图书馆 CIP 数据核字（2010）第 133154 号

机械工业出版社（北京市百万庄大街 22 号　邮政编码 100037）
策划编辑：王保家　路乙达　责任编辑：刘丽敏　版式设计：霍永明
责任校对：李秋荣　封面设计：张　静　责任印制：单爱军
北京虎彩文化传播有限公司印刷
2023 年 1 月第 2 版第 7 次印刷
184mm × 260mm · 12 印张 · 293 千字
标准书号：ISBN 978-7-111-31261-1
定价：35. 00 元

电话服务　网络服务
客服电话：010-88361066　机　工　官　网：www. cmpbook. com
010-88379833　机　工　官　博：weibo. com/cmp1952
010-68326294　金　书　网：www. golden-book. com
封底无防伪标均为盗版　机工教育服务网：www. cmpedu. com

前　　言

编译原理是计算机学科的一门重要专业基础课。学习编译课程，不仅可以掌握编译程序本身的实现技术，而且能够提高对程序设计语言的理解，提高开发大型软件的能力，提高软件程序的设计能力，提高抽象思维能力。

编译程序是计算机系统软件的重要组成部分，其基本原理和实现技术也适用于一般软件的设计和实现，而且在软件工程、软件自动化、程序分析等领域有着广泛的应用。通常把编译程序视为高级语言到机器语言的转换程序，而这种转换不是结构上的变换，而是基于语言语义的等价变换，因此，编译程序设计的难度和复杂性是很高的。同时，编译原理也是一门对实践性要求较高的课程。本书充分考虑了便于教师教学，便于学生自学的问题，循序渐进地介绍了编译程序设计的基本原理、主要实现技术、基本设计方法和一些自动构造工具，深入浅出地介绍了完整的编译程序构造和实现过程，使学生能够掌握编译的整体结构。

本书共分10章。第1章介绍了编译程序的基础知识。第2章作为编译程序的理论基础，简单介绍了形式语言、有限自动机理论和正则表达式等基础知识。第3章以正则表达式、有限自动机为工具，讨论了词法分析程序的设计与实现，并简要介绍了词法分析器生成器LEX的基本原理和使用方法。第4章介绍了自顶向下的语法分析方法的基本思想，并讨论了递归下降语法分析方法和LL（1）语法分析方法的实现技术。第5章介绍了自底向上语法分析方法的基本思想，并详细讨论了LR类语法分析的基本原理和实现方法，同时简单介绍了流行的语法分析器生成器YACC、Bison等工具。第6章专门介绍语义分析，包括标识符、类型、值的内部表示及其构造，符号表的构造及其管理。第7章介绍了中间代码生成，包括常用中间代码结构、表达式的中间代码、下标变量的中间代码以及语句的中间代码。第8章介绍了中间代码优化的基本方法，重点讨论了常量表达式优化、公共表达式优化和循环不变式优化。第9章介绍编译程序运行时的存储空间组织与存储分配技术，重点讨论了运行时的存储结构、存储分配、过程活动记录以及变量访问环境等。第10章介绍了目标代码生成的基本技术，重点讨论了中间代码到目标代码的翻译。

本书是根据作者多年的教学经验和科研经历编写而成的，由刘磊教授确定内容的选取和组织，最后由刘磊教授定稿。张红与杨冬编写第1、2、10章；郭德贵编写第3～5、7～8章；张晶编写第6、9章；刘磊参与了各章的编写工作。

本书是在第1版的基础上修订而来。在修订过程中我们尽量保持原书的风格，同时又增加了一些例题和习题，以帮助读者理解编译概念和原理。

由于编者水平有限，书中难免还存在一些缺点和不妥之处，殷切希望广大读者批评指正。

编　者

目　　录

第1章　编 译 引 论

1.1　程序设计语言和编译程序

众所周知，计算机系统的工作是由事先设计好的程序来控制的。人们首先按自己的需要把让计算机做的工作编写成计算机程序，并把程序送入计算机，然后启动计算机执行程序，从而完成人们设想的要计算机完成的工作。

在计算机发展的初期，人们直接使用机器语言编写程序。机器语言由能被计算机直接执行的机器指令组成，每条机器指令是一串二进制代码，用机器语言编写出来的程序是一串二进制代码序列。这种机器语言程序能被计算机直接识别和执行，但是它很不直观，可读性很差，编写过程费时费力，非常容易出错，而且出错后难于调试和修改。基于上述原因，人们引入了汇编语言。

汇编语言是符号化了的机器语言，也就是引入一些助记符表示机器指令中的操作码和存储地址。汇编语言程序的语句基本上与机器指令对应，却不能被机器硬件直接识别和执行。汇编语言大大提高了编程的速度和准确度，人们至今仍在使用它，在代码需要极快的运行速度和极高的简洁度时尤为如此。但是，汇编语言也有很多缺点：编写起来仍然很不容易；阅读和理解很难；而且严格依赖于特定的计算机，程序不便于移植。因此，人们又进一步引进了高级语言。

高级语言不依赖于具体的计算机，它以较接近于自然语言的方式来描述程序的操作。显然，这种程序十分好读，编写起来也很容易，而且还具有通用性，可以在不同机器上运行，便于移植。

尽管用汇编语言和高级语言编写程序比用机器语言方便得多，但是机器硬件只能识别机器语言，因此必须有这样的一个程序，它把用汇编语言或高级语言编写的程序转换成等价的机器语言程序。我们把这种执行转换功能的程序统称为翻译程序（Translator），其中汇编语言的翻译程序称为汇编程序（Assembler），高级语言的翻译程序称为编译程序（Compiler），也称为编译器。

编译程序的输入对象称为源程序（Source Program），它是使用高级语言编写的程序；输出对象称为目标程序（Object Program），目标程序可以是机器语言程序、汇编语言程序或用户自定义某种中间语言程序。

编译程序支持的源程序的执行分为两个阶段：编译阶段和运行阶段。编译阶段对整个源程序进行分析，翻译成等价的目标程序，翻译的同时做语法检查和语义检查，凡是有错误的源程序均指出其错误；运行阶段在运行子程序的支持下执行目标程序。运行子程序是为了支持目标程序的运行而开发的程序。例如，有系统提供的标准函数和其他目标程序所调用的程序等。其过程如图1.1所示。

高级语言程序的执行也可以采用另一种方式，即并不把源程序先翻译成目标程序然后再执行目标程序，而是一个语句一个语句地读入源程序，边翻译边执行，在翻译过程中不产生目标程序。这种处理程序称为解释程序（Interpreter）。解释程序的工作结果是源程序的执行结果而不是目标程序。其功能如图 1.2 所示。

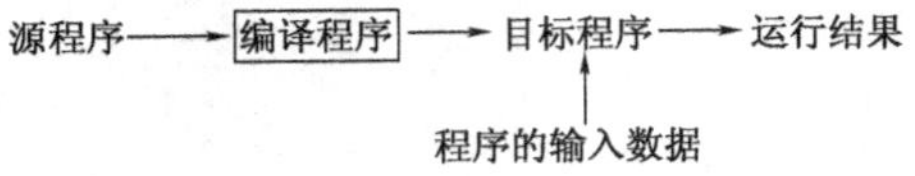

图 1.1　高级程序设计语言的编译实现方式

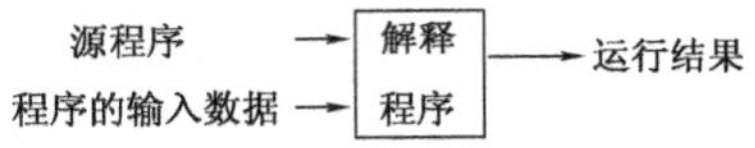

图 1.2　高级程序设计语言的解释实现方式

从理论上说，任何程序设计语言都可以被解释或被编译，在实际应用中，解释方式特别适合于交互式语言；而且解释方式允许程序执行时改变自身，比如调试程序。这种情形编译程序不易胜任，因为它需要动态编译，而解释程序可以毫无困难的胜任；此外，解释程序不依赖于目标机，因为它不生成目标代码，可移植性优于编译程序。但是和编译程序相比，解释程序开销大，运行速度慢得多，因此，大多数高级语言主要采用编译方式。解释方式和编译方式的最根本区别在于：在解释方式下，并不生成目标代码程序，而是直接执行源程序本身。

实现高级语言的方式除了上文提到的编译方式和解释方式，还有一种转换方式。假如要实现 L 语言，现在已有 L′语言的编译程序，就可以先把用 L 语言编写的程序转换成等价的 L′语言的程序，再利用 L′语言的编译程序实现 L 语言，其功能如图 1.3 所示。在实际应用中，这种转换方式使用得较少。

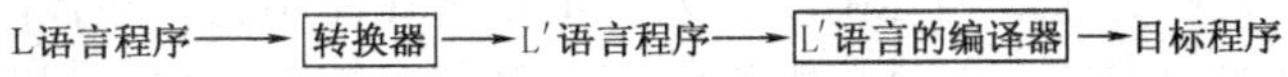

图 1.3　高级程序设计语言的转换实现方式

1.2　编译程序的结构

1.2.1　编译程序的构成

编译程序是比较庞大的系统软件，它的处理过程复杂，不同的编译程序实现的方法千差万别，构造原理各异，但编译程序的基本逻辑功能及必须完成的处理任务是非常相似的。一般编译程序要完成以下工作：词法分析、语法分析、语义分析、中间代码生成、中间代码优化、目标代码生成、表格管理和出错处理。它们之间的关系如图 1.4 所示。其中除了中间代码部分外，其他所有工作都是任何编译程序完成的工作，但完成的方式可能不同，有的可能把几个工作合起来交错完成。不过从原理的角度说，图 1.4 所示的结构是比较理想的逻辑结构，它具有一般性。

各部分的主要任务：

1. 词法分析阶段

词法分析的任务是扫描源程序的 ASCII 码序列，识别出一个个具有独立意义的最小语法单位，即单词，如关键字（if、then、for、while 等）、标识符、常数、运算符和界符（标点符号、左右括号等），并把每个单词的 ASCII 码序列替换为所谓的“TOKEN”形式。其中 TOKEN 是单词的内部表示，它的结构没有统一的规定，依赖于具体语言和具体编译器，也依赖于词法分析器的具体功能，但一般包括单词属性标识和单词内码两个部分。在词法分析阶段还要检查括号类配对等词法错误并去掉源程序中的注释。词法分析阶段不依赖于语言的语法定义。

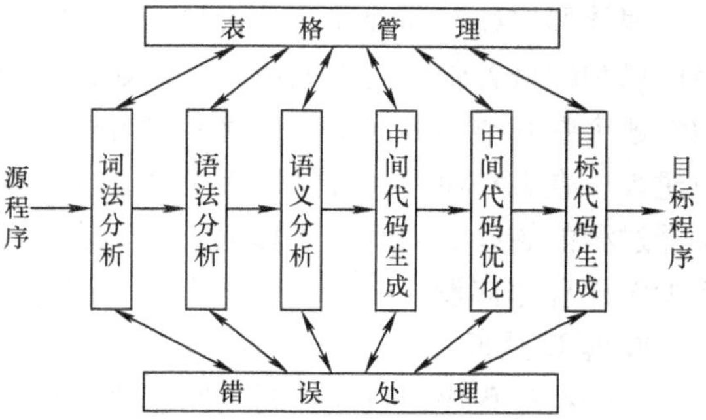

图 1.4　编译器的功能结构图

2. 语法分析阶段

语法分析的任务是根据程序设计语言的语法规则，把词法分析的结果分解成各种语法单位，同时检查程序中的语法错误。语法分析的扫描对象有两种可能：一种是将词法分析程序作为独立的一遍运行，扫描整个源程序的 ASCII 码序列，将之转换为TOKEN序列，输出到一个中间文件，该文件作为语法分析程序的扫描对象继续编译的过程；更一般的情况是将词法分析程序设计成一个子程序，每当语法分析程序需要读取单词时，则调用该子程序。这种设计方案中，词法分析程序和语法分析程序处于同一遍，可以省去中间文件。

3. 语义分析阶段

这一阶段的任务是对语法分析所识别出的各类语法范畴，分析其含义，并进行静态语义检查。例如，变量是否定义、类型是否匹配等。这一阶段所依循的是语言的语义规则。通常使用属性文法描述语义规则。

4. 中间代码生成

在进行了上述的语法分析和语义分析阶段的工作后，有些编译程序将源程序变成一种内部表示形式，这种内部表示形式叫做中间代码。使用中间代码的主要好处是便于移植、便于修改、便于优化。这种中间代码的形式有很多种，常见的有后缀式（栈式）中间代码、三地址中间代码（三元式和四元式）、图结构中间代码（树，DAG）。其中，后缀式中间代码是最早使用的一种中间代码，现在很少使用，目前使用的主要是后两种。

5. 中间代码优化

此阶段的任务是对前阶段产生的中间代码在不改变源程序语义的前提下进行加工变换，使生成的代码更为高效，缩短运行时间或节省存储空间。主要的优化方式包括常量表达式优化、公共子表达式优化、不变表达式的循环外提和削减运算强度等。

6. 目标代码生成

这一阶段的任务是把中间代码变换成特定机器上的机器指令代码或汇编指令代码。这是编译的最后阶段，因为目标语言的关系而十分依赖于硬件系统。如何充分利用寄存器、合理选择指令、生成尽可能短而有效的目标代码，都与目标机的结构有关。

生成的目标代码如果是汇编指令代码，则需经由汇编程序处理后才能执行；生成的目标代码如果是绝对指令代码，则可直接投入运行；如果是可重定位的指令代码，那么目标代码只是一个代码模块，必须由连接装配程序将输入/输出模块、标准函数等系统模块与目标代码模块连接在一起，才能形成一个绝对指令代码程序以供执行。大多数现代实用的编译程序生成的目标代码都是这种可重定位的指令代码。

7. 表格管理

编译程序在对源程序的分析过程中，需要创建和管理一系列的表格，以登记源程序的各类信息和编译各阶段的进展情况。例如，编译程序需要知道变量的类型，数组的大小，函数的参数个数和类型等，这些信息一般可以从源程序中得到。随着编译过程的进行，需要不断地建表、查表和填表，或修改表中的某些数据，或从表中查找相关信息，这些活动贯穿整个编译过程的始终。因此，合理地设计和使用表格是编译程序构造中的一个非常重要的问题。不少编译程序都设立一些专门子程序（称为表格管理程序），它们专门负责管理表格。

8. 错误处理

一个编译程序不仅应能对书写正确的程序进行翻译，而且应能对出现在源程序中的错误进行处理。错误包括词法错误、语法错误、静态语义错误、动态语义错误，其中动态语义错误只能在运行目标程序时才能发现。在编译程序的各个阶段都要有错误处理部分，词法错误和语法错误都集中一次完成检查，而语义检查则分散在以后的各个阶段在完成别的工作时顺便完成。

如果源程序有错误，编译程序应设法发现错误，把相关错误信息报告给用户。这部分工作是由专门的错误处理程序完成的。一个好的编译程序应能最大限度地发现源程序中的各种错误，准确地指出错误的性质和发生错误的位置，并且能将错误所造成的影响限制在尽可能小的范围内，使得源程序的其余部分能继续被编译下去，以便进一步发现其他可能的错误。

1.2.2 遍

前面介绍的编译过程的各个阶段仅仅是逻辑功能上的一种划分。在具体实现上，受不同源语言、设计要求和计算机硬件条件的限制，往往将编译程序组织成若干遍（Pass）。所谓“遍”就是对源程序或源程序的中间表示形式从头到尾扫描一次，并作加工处理，生成新的中间结果或目标程序。既可以将编译过程中的几个不同阶段合为一遍，也可以把一个阶段的工作分为若干遍。例如，词法分析这一阶段可以作为单独的一遍，但更多的时候是把词法分析程序作为语法分析程序的子程序来加以调用，将词法分析阶段和语法分析阶段合并为一遍。

1.2.3 编译程序的前端和后端

概念上，有时把编译程序划分为编译前端和编译后端。前端主要由与源语言有关但与目标机无关的那些部分组成。编译前端通常包括词法分析、语法分析、语义分析、中间代码生成，与目标机无关的中间代码优化部分也可包含在前端，当然，前端也包括相应部分的错误处理。

编译后端包括与目标机有关的中间代码优化部分和目标代码生成等。一般来说，这些部分与源语言无关而仅仅依赖于中间语言。很明显，编译后端是面向目标语言的，而编译前端则不是，它几乎独立于目标语言。

一种典型的做法是取已有的编译程序的前端，改写其后端以生成不同目标机上相同源语言的编译程序。如果编译程序的后端是经过精心设计的，这样的改写无需太大的工作量，可以很方便地将程序设计语言移植到不同体系结构的计算机上。

1.3 编译程序和程序设计环境

除了编译程序之外，程序设计开发人员通常还需要一些其他的工具，如编辑器、连接程序、装入程序、调试工具和项目管理程序等。编译程序和这些程序一起，构成了一个完整的程序设计环境。

1. 编辑器

编译器通常接受由任何生成标准文件（例如 ASCII 文件）的编辑器（Editor）所编写的源程序，而且编辑器和编译器及其他程序通常捆绑在一起，构成交互开发环境。有些编辑器还根据源语言的特点，具有语法制导的结构化编辑功能。除了一般文本编辑器的功能外，还可对正在编辑的文本进行分析、提示，能自动地提供关键字和与其匹配的关键字，如 if 和 then，begin 和 end 的配对。这样可以减少程序中的语法错误，提高效率和质量。

2. 预处理器

预处理器（Preprocessor）是翻译工作开始之前由编译器调用的独立程序，它所做的工作包括删除源程序中的注释、执行宏替换以及包含文件的嵌入等。

3. 连接程序

连接程序（Linker）负责将分别在不同的目标文件中编译或汇编的代码集中到一个可执行文件中，并将目标和标注库函数的代码以及计算机的操作系统提供的资源连接在一起。连接程序严重依赖于操作系统和处理器。

4. 装入程序

装入程序（Loader）用来把程序加载到内存储器中，以便执行。由于用户的程序经汇编或编译后生成的目标代码通常采用相对地址的形式，它的起始地址是不确定的。这样的代码被称为可重定位的。装入程序可处理所有与指定的基地址或起始地址有关的可重定位的地址，它使得可执行代码更加灵活。

5. 调试程序

调试程序（Debugger）是可在被编译了的程序中判定执行错误的程序，它也经常与编译器一起放在集成开发环境（IDE）中。运行一个带有调试程序的程序与直接执行不同。这是因为调试程序保存着大量的源代码信息（例如行数和变量名等）。它还可以在预先指定的位置（称为断点）暂停执行，并提供有关已调用的函数和变量的当前值等信息。

在高级语言发展的早期，这些工具都是独立的、缺乏整体性。随着程序设计语言的发展，这些工具往往被集成在一起，构成了所谓的集成开发环境（IDE），集编辑、编译、调试、连接、运行等功能于一体。在这种集成开发环境中，编译程序起到核心作用。

1.4 编译程序的实现

编译程序是一个相当复杂的系统程序，通常有上万甚至几万条指令。随着编译技术的发展，编译程序的开发周期也在逐渐缩短，但仍然需要很多人年，而且工作很艰巨，正确性也不易保证。

要实现一个编译程序，通常需要做到：

1）对源语言的语法和语义要有准确无误的理解，否则难以保证编译程序的正确性。

2）对目标语言和编译技术也要有很好的了解，否则会生成质量不高的目标代码。

3）确定对编译程序的要求，如搞不搞优化，搞优化搞到哪一级等。

4）根据编译程序的规模，确定编译程序的扫描次数、每次扫描的具体任务和所要采用的技术。

5）设计各遍扫描程序的算法并加以实现。

一般开发编译程序有如下几种可能途径：

1. 转换法（预处理法）

假如要实现 L 语言的编译器，现在有 L′语言的编译器，那么可以把 L 语言程序转换成 L′语言的程序，再利用 L′语言的编译器实现 L 语言，这种方法通常用于语言的扩充。如对于 C++语言，可以把 C++程序转换成 C 程序，再应用 C 语言的编译器进行编译，而不用重新设计和实现 C++编译器。常见的宏定义和宏扩展都属于这种情形。

2. 移植法

假设在 A 机器上已有 L 语言的编译程序，想在 B 机器上开发一个 L 语言的编译程序。这里有两种实现方法：

（1）实现方法一

最直接的办法就是将 A 机的代码直接转换成 B 机代码。

（2）实现方法二

假设 A 机和 B 机上都有高级程序设计语言 W 的编译程序，并且 A 机上的 L 语言编译程序是用 W 语言写的，可以修改 L 编译程序的后端，即把从中间代码生成 A 机目标代码部分改为生成 B 机的目标代码。这种在 A 机上产生 B 机目标代码的编译程序称为交叉编译程序（Cross Compiler）。

3. 自展法

实现思想：先用目标机的汇编语言或机器语言书写源语言的一个子集的编译程序，然后再用这个子集作为书写语言，实现源语言的编译程序。通常这个过程会分成若干步，像滚雪球一样直到生成预计源语言的编译程序为止。这样的实现方式称为自展技术。使用自展技术开发编译器要求这种高级语言必须是能够编译自身的。

4. 工具法

20 世纪 70 年代随着诸多种类的高级程序设计语言的出现和软件开发自动化技术的提高，编译程序的构造工具陆续诞生，如 20 世纪 70 年代 Bell 试验室推出的 LEX、YACC 至今还在广泛使用。其中 LEX 是词法分析器的自动生成工具，YACC 是语法分析器的自动生成工具。然而，这些工具大都是用于编译器的前端，即与目标机有关的代码生成和代码优化部分由于对语义和目标机形式化描述方面还存在困难，虽有不少生成工具被研制，但还没有广泛应用。

5. 自动生成法

如果能根据对编译程序的描述，由计算机自动生成编译程序是最理想的方法，但需要对语言的语法、语义有较好的形式化描述工具，才能自动生成高质量的编译程序。目前，语法分析的自动生成工具比较成熟，如前面提到的 YACC 等。但是整个编译程序的自动生成技术还不是很成熟，虽然有基于属性文法的编译程序自动生成器和基于指称语义的编译程序自动生成器，但产生目标程序的效率很低，离实用尚有一段距离，因此，要想真正地实现自动化，必须建立形式化描述理论。

习　题　1

1. 典型的编译程序在逻辑功能上由哪几部分组成？
2. 实现编译程序的主要方法有哪些？
3. 将用户使用高级语言编写的程序翻译为可直接执行的机器语言程序有哪几种主要的方式？
4. 编译方式和解释方式的根本区别是什么？

第 2 章　形式语言与自动机理论基础

自然语言（Natural Language）是人类日常交流所使用的语言，比如汉语、英语和法语等，这类语言不是人为设计而是自然进化的语言，往往过于复杂，难以描述。形式语言（Formal Language）是为了特定应用而人为设计的语言。例如，数学家用的数字和运算符号、化学家用的分子式等。人与计算机打交道的程序设计语言也是一种形式语言，是专门设计用来表达计算过程的形式语言，具有语法严格、结构正规以及便于计算机处理等特点。自从 1956 年语言学家 Noam Chomsky 建立了形式语言的描述以来，形式语言学理论发展迅速，对计算机科学的发展有着深刻的影响。

程序设计语言等形式语言和自然语言也存在着共性，即语言的核心均由语法和语义两部分构成。所谓一种程序设计语言的语法是指一组规则，用它可以形成和产生一个合适的程序。语法是语言的形式，语义是语言的内容。通常将程序设计语言的语义分为两类：静态语义和动态语义。静态语义是一系列限定规则，用于确定哪些合乎语法的程序是合适的；动态语义也称作运行语义或执行语义，表明程序要做什么，要计算什么。

上下文无关文法、有限自动机和正则表达式是描述形式语言语法的工具，本章将介绍这些形式语言理论的基础知识。

阐明语义要比阐明语法难得多，在第 3 章对其做简单介绍。

2.1　基本概念

下面针对形式语言的基本概念进行简单的介绍。

定义 2.1　字母表

字母表（Alphabet）是元素的非空有穷集合，字母表中的元素称为该字母表的字母（Letter），也可称为符号（Symbol），或者字符（Character）。值得注意的是，字母表具有非空性和有穷性，它包括了语言中允许出现的全部符号。

字母表有时也称为符号表，通常用 Σ 表示。

定义 2.2　符号串

由字母表中的符号组成的任意有穷序列称为符号串。符号串还可以称为字符串、字或句子。

例如 0、1、00、11、01、10、100、101 及 110 均是字母表 $\Sigma=\{0, 1\}$ 上的符号串。

在符号串中，符号的顺序是很重要的。在上例中，01 和 10 就不是同一个符号串，101 和 110 也不是同一个符号串。可以使用字母来表示符号串，如 $x=010$，表示字符串 x 是由 0、1、0 三个符号，并按此顺序组成的符号串。

如果某符号串 x 中有 m 个符号，则称其长度为 m，表示为 $|x|=m$。例如，符号串 01 的长度为 2，表示为 $|01|=2$；符号串 1011 的长度为 4，表示为 $|1011|=4$。

符号串中可以不包含任何符号，此时称其为空符号串或空串，用字母 ε 表示，其长度为

0，即 $|\varepsilon|=0$。ε 是一个特殊的字符串，对任一字母表 Σ，ε 均是其上的符号串。空字符串有时也用 λ 来表示。值得注意的是集合 $\{\varepsilon\}$ 并不等于空集 $\varnothing$，前者是包含一个元素 ε 的非空集合，而后者是不包含任何元素的空集。

只有当两个符号串长度相等且相应位置的符号均相同时，这两个符号串才是相等的。

下面介绍一些关于符号串的运算。

定义 2.3 符号串的连接

设 x 和 y 均是字母表 Σ 上的符号串，x 和 y 的连接 xy 是把 y 的所有符号顺序地接在 x 的符号之后所得到的符号串。例如，设 x = abc，y = de，则它们的连接 xy = abcde。容易看出 $|xy|=|x|+|y|=5$。由于 ε 是不包含任何符号的字符串，显然有 $\varepsilon x=x\varepsilon=x$。但连接运算一般不满足交换律。

定义 2.4 符号串的幂

设 x 是字母表 Σ 上的符号串，把 x 自身连接 n 次得到的符号串 z，即 z = xx…xx（n 个 x），称作符号串 x 的 n 次幂，记作 $z=x^n$。根据定义有

$x^0=\varepsilon$

$x^1=x$

$x^2=xx$

$x^3=x^2x=xx^2=xxx$

…

$x^n=x^{n-1}x=xx^{n-1}=xx\cdots xx$（n 个 x）

例 2.1 设 x = 001，则有 $x^0=\varepsilon$，$x^2=001001$，$x^3=001001001$。

定义 2.5 前缀和后缀

设 x、y、z 是某一字母表上的符号串，x = yz，则 y 是 x 的前缀，z 是 x 的后缀，特别是当 $z\neq\varepsilon$ 时，y 是 x 的真前缀；$y\neq\varepsilon$ 时，z 是 x 的真后缀。

例 2.2 设 x = abc，则 ε、a、ab 及 abc 都是 x 的前缀，其中 ε、a 和 ab 为 x 的真前缀；而 abc、bc、c 及 ε 都是 x 的后缀，其中 bc、c 和 ε 为 x 的真后缀。

定义 2.6 子字符串

一个非空字符串 x，删去它的一个前缀和一个后缀后所得到的字符串称为 x 的子字符串，简称子串。如果删去的前缀和后缀不同时为 ε，则称该子串为真子串。

例如，设 x = abc，其子串为 abc、ab、bc、a、b、c、ε，真子串为 ab、bc、a、b、c、ε。值得注意的是 ac 并不是 x 的子串。

定义 2.7 符号串集合

若集合 A 中的所有元素都是某字母表上的符号串，则称 A 为该字母表上的符号串集合。

下面定义几个符号串的集合运算。

定义 2.8 符号串集合的乘积

设 A、B 是两个符号串集合，AB 表示 A 与 B 的乘积，具体定义为

$$AB=\{xy\mid(x\in A)\wedge(y\in B)\}$$

运算结果仍然是符号串的集合。

例 2.3 设 $A=\{a,bc\}$，$B=\{de,f\}$，则

$$AB=\{ade,\ af,\ bcde,\ bcf\}$$

注意有 $\{\varepsilon\}A = A\{\varepsilon\} = A$，$\varnothing A = A\varnothing = \varnothing$，其中，$\varnothing$为空集。符号串集合的乘积一般不满足交换律。

定义 2.9 符号串集合的幂

设 A 是符号串集合，则称 A^i 是符号串集合 A 的幂。其中，i 是非负整数。具体定义如下：

$A^0 = \{\varepsilon\}$

$A^1 = A$

$A^2 = AA$

…

$A^n = AA\cdots A$（n 个 A）

定义 2.10 符号串集合的正闭包

设 A 是符号串集合，则称 A^+ 为符号串集合 A 的正闭包。其具体定义如下：

$$A^+ = A^1 \cup A^2 \cup A^3 \cdots$$

定义 2.11 符号串集合的星闭包

设 A 是符号串集合，则称 A^* 为符号串集合 A 的星闭包。其具体定义如下：

$$A^* = A^0 \cup A^1 \cup A^2 \cup A^3 \cdots$$

星闭包又称自反闭包或 Kleene 闭包。

由定义显然有 $A^+ = AA^*$。

例 2.4 设 A = {ab，cd}，则

$$A^+ = \{ab, cd, abab, abcd, cdab, cdcd, ababab, ababcd, \cdots\}$$

$$A^* = \{\varepsilon, ab, cd, abab, abcd, cdab, cdcd, ababab, ababcd, \cdots\}$$

2.2 文法

给定字母表Σ，则Σ上任一字符串集合，是Σ上的一个语言，记为 L。该语言的每一个字符串，是语言 L 的一个语句或句子。由有限个字符串组成的集合为一有穷语言，反之为无穷语言。

例如，正确的英文句子的集合是定义在 26 个英文字母表上的语言，按照 C 语言的语法正确构造出来的 C 程序集合是定义在 C 字符集上的语言。还有一些抽象的语言，如空集$\varnothing$和只包含一个空串的集合 $\{\varepsilon\}$ 也都是符合此定义的语言。

文法是描述语言的语法结构的形式规则（亦称文法规则、产生式或重写规则等）。文法规则必须是准确且是可理解的。

2.2.1 文法的定义

定义 2.12 文法

一个文法（Grammar）G 是一个四元组：$G = (V_N, V_T, S, P)$，其中：

V_T：一个非空有限的终极符号集合，它的每个元素称为终极符号或终极符，一般用小写字母表示。从语法分析的角度看，终极符号是一个语言不可再分的基本符号。

V_N：一个非空有限的非终极符号集合，它的每个元素称为非终极符号或非终极符，一

般用大写字母表示。非终极符是一个语法范畴，表示一类具有某种性质的符号，它不出现在句子中。

S：一个特殊的非终极符号，称为文法的开始符号或识别符号，$S \in V_N$。开始符号 S 必须至少在某个产生式的左部出现一次。

P：产生式的有限集合。所谓的产生式，也称为产生规则或简称为规则，是按照一定格式书写的定义语法范畴的文法规则。

设 V 是文法 G 的符号集，则有：$V = V_N \cup V_T$，$V_N \cap V_T = \varnothing$。

产生式的形式为：$\alpha \to \beta$ 或 $\alpha ::= \beta$，其中，α 称为产生式的左部，$\alpha \in V^+$，并且至少含有一个非终极符；β 称为产生式的右部，$\beta \in V^*$；"→" 或 "::=" 读作 "定义为" 或 "由…组成"。

为了书写方便，若干个左部相同的产生式，如

$$P \to \alpha_1$$
$$P \to \alpha_2$$
$$\cdots$$
$$P \to \alpha_n$$

可缩写为

$$P \to \alpha_1 \mid \alpha_2 \mid \cdots \mid \alpha_n$$

其中，每个 α_i（i=1，…，n）称为 P 的一个候选式。符号 "|" 读作 "或"，"|"、"→" 及 "::=" 都是元语言符号。

例 2.5 文法 $G = (V_N, V_T, S, P)$

其中：

$$V_N = \{S, P\}$$
$$V_T = \{a, b, c, d\}$$
$$P = \{S \to aPd,\ S \to abcd,\ S \to aSd,\ P \to bPc,\ P \to bc\}$$

在此，有两个非终极符 S 和 P；有 4 个终极符 a、b、c 和 d；5 条产生式；开始符号是 S。

该文法可简写为

文法 G：$S \to aPd \mid abcd \mid aSd$

$\qquad P \to bPc \mid bc$

G 产生的语言为：$L(G) = \{a^n b^m c^m d^n \mid m, n \geq 1\}$。

2.2.2 文法分类

1956 年，著名的语言学家乔姆斯基（Noam Chomsky）首先从语言产生的角度对形式语言进行了研究，通过抽象，将语言形式地定义为由一个字母表中字符组成的字符串集合。可以在字母表上按照一定的规则定义一个文法，该文法产生的所有句子的集合就是该文法描述的语言。判断一个字符串是否是某语言的合法句子，只需判断该字符串能否由该语言所对应的文法产生出来，如果能，它就是合法的；否则，它就是非法的。

一个文法的核心是产生式，它决定了文法所产生的语言。根据产生式所受限制的不同，

乔姆斯基将文法分为四类，四类文法对应4种类型的语言，通常称之为乔姆斯基体系。

0型文法（短语型文法）

设文法 $G=(V_N, V_T, S, P)$，如果对P中的每条产生式 $\alpha\rightarrow\beta$ 不加任何限制，即：$\alpha\in(V_T\cup V_N)^+$，并且至少含有一个非终极符，$\beta\in(V_T\cup V_N)^*$，则称G为0型文法或短语型文法。

0型文法的描述能力相当于图灵机（Turing）。

0型文法所确定的语言称为0型语言。

1型文法（上下文相关文法）

设文法 $G=(V_N, V_T, S, P)$，除 $S\rightarrow\varepsilon$ 且S不出现在任何产生式的右侧外，如果对P中的每条产生式均限制为形如

$$\alpha A\beta\rightarrow\alpha\gamma\beta$$

其中，$A\in V_N$，α、$\beta\in(V_T\cup V_N)^*$，$\gamma\in(V_T\cup V_N)^+$，则称文法G为1型文法或上下文相关文法。

这种文法意味着，终极符A只有在 α 和 β 这样的一个上下文环境中才可以被替换为 γ，显示了上下文相关的特点。

1型文法所确定的语言称为1型语言，或上下文有关语言。

2型文法（上下文无关文法）

设文法 $G=(V_N, V_T, S, P)$，如果对P中的每条产生式均限制为形如

$$A\rightarrow\alpha$$

其中，$A\in V_N$，$\alpha\in(V_T\cup V_N)^*$，则称G为2型文法或上下文无关文法。

在2型文法中，用 α 取代非终极符A时，与A所在的上下文无关，所以称之为上下文无关文法。

2型文法所确定的语言称为2型语言，或上下文无关语言。

例2.6 文法 $G: S\rightarrow aSb \mid ab$

容易验证，G为2型文法，G产生的语言为

$$L(G)=\{a^nb^n \mid n\geqslant 1\}$$

3型文法（线性文法、正则文法或正规文法）

设文法 $G=(V_N, V_T, S, P)$，如果对P中的每条产生式均限制为形如

$$A\rightarrow\alpha B \text{ 或 } A\rightarrow\alpha$$

其中，A、$B\in V_N$，$\alpha\in V_T$，则称G为3型文法。

上述形式的3型文法也称为右线性文法，3型文法还有另一种形式，称为左线性文法。如果对文法G中的每条产生式均限制为形如

$$A\rightarrow B\alpha \text{ 或 } A\rightarrow\alpha$$

其中，A、$B\in V_N$，$\alpha\in V_T$，称该3型文法为左线性文法。

3型文法所描述的语言称为3型语言，或正则语言、正规语言。

例2.7 文法 $G: S\rightarrow 0S \mid 0$

容易验证，G为3型文法，而且是3型文法中的右线性文法。G产生的语言为

$$L(G)=\{0^n \mid n\geqslant 1\}$$

例2.8 文法 $G: S\rightarrow S0 \mid 0$

容易验证，G 为 3 型文法，而且是 3 型文法中的左线性文法。G 产生的语言为

$$L(G)=\{0^n \mid n\geqslant 1\}$$

上述四类文法，从 0 型文法到 3 型文法，对产生式的限制是逐步增强的，而描述语言的能力是逐步减弱的，其后一类都是前一类的子集。四类文法之间的关系可以表示为

$$0 \text{ 型文法} \supseteq 1 \text{ 型文法} \supseteq 2 \text{ 型文法} \supseteq 3 \text{ 型文法}$$

对于每一型文法，都有一类自动机和它的描述能力等价，对应关系如下：

0 型文法对应图灵机（TM）；

1 型文法对应线性有界自动机（LBA）；

2 型文法对应下推自动机（PDA）；

3 型文法对应有限自动机（FA）。

在编译技术中通常用 3 型文法来描述高级程序设计语言的词法部分，然后用有限自动机 FA 来识别高级语言的单词，自动机理论将在后面的章节中介绍。2 型文法，或上下文无关文法有足够的能力描述现今的程序设计语言的语法结构，比如描述算术表达式，描述各种语句等等。今后对“文法”一词如无特殊说明则均指上下文无关文法。

2.2.3 推导和归约

为定义文法所产生的语言，还需要引入直接推导 $\Rightarrow$、长度为 n（n≥1）的推导 $\stackrel{+}{\Rightarrow}$ 和长度为 n（n≥0）的推导 $\stackrel{*}{\Rightarrow}$ 等概念。

定义 2.13 直接推导

若 $\alpha\rightarrow\beta$ 是文法 $G=(V_N, V_T, S, P)$ 中的一条产生式，γ、$\delta\in(V_T\cup V_N)^*$，若有符号串 v、w 满足：

$$v=\gamma\alpha\delta,\ w=\gamma\beta\delta$$

则称 v（应用规则 $\alpha\rightarrow\beta$）直接推导出 w，或者说 w 是 v 的直接推导，记作：$v\Rightarrow w$。

定义 2.14 直接推导序列

如果存在 $v=\alpha_0\Rightarrow\alpha_1$，$\alpha_1\Rightarrow\alpha_2$，…，$\alpha_{n-1}\Rightarrow\alpha_n=w(n\geqslant 1)$，则说 v 经过 $n(n>0)$ 步推导出 w，记作：$v\stackrel{+}{\Rightarrow}w$。

若有 $v\stackrel{+}{\Rightarrow}w$，或 $v=w$，则说 v 经过 n（n≥0）步推导出 w，记作：$v\stackrel{*}{\Rightarrow}w$。其中“$\stackrel{*}{\Rightarrow}$”表示 0 步或多步直接推导。

定义 2.15 最左推导

在推导过程中，总是对当前符号串中最左边的非终极符进行替换，称为最左推导。

定义 2.16 最右推导

在推导过程中，总是对当前符号串中最右边的非终极符进行替换，称为最右推导。

定义 2.17 句型

设有文法 G，S 是文法 G 的开始符号，如果有 $S\stackrel{*}{\Rightarrow}\alpha$，$\alpha\in(V_T\cup V_N)^*$，则称 α 为 G 的句型。

定义 2.18 句子

设有文法 G，S 是文法 G 的开始符号，如果有 $S\stackrel{+}{\Rightarrow}\alpha$，$\alpha\in V_T^*$，则称 α 为 G 的句子。

显然，句子是句型的特例，只含有终极符的句型就是句子。文法 G 的句子的全体称为它所产生的语言，记作 L(G)。

最右推导也称为规范推导。仅用规范推导得到的句型称为规范句型。规范推导的逆过程称为规范归约。

定义 2.19 短语

设 G 是一个文法，S 是 G 的开始符号，αβδ 是文法 G 的一个句型，如果有

$$S \overset{*}{\Rightarrow} \alpha A \delta$$

并且

$$A \overset{+}{\Rightarrow} \beta$$

则称 β 是句型 αβδ 的相对于非终极符 A 的短语。

定义 2.20 直接短语（简单短语）

设 G 是一文法，S 是 G 的开始符号，αβδ 是文法 G 的一个句型，如果有

$$S \overset{*}{\Rightarrow} \alpha A \delta$$

并且

$$A \Rightarrow \beta$$

则称 β 是句型 αβδ 的相对于非终极符 A 的直接短语。直接短语也称为简单短语。

定义 2.21 句柄

一个句型的最左直接短语称为句柄。

例 2.9 设有文法 G：S→cAd

A→ab | a

对于符号串$ = cabd，显然存在推导 S⇒cAd⇒cabd，则 ab 是句型 cabd 相对于 A 的短语，也是相对于 A 的直接短语，同时 ab 也是句型 cabd 的句柄。

2.2.4 语法树与文法二义性

前面介绍了句型、推导等概念，现在介绍一种上下文无关文法的句型推导过程的直观描述方法，即语法树，也称为推导树、生成树或分析树。

定义 2.22 语法树

设 G 是给定的文法，称满足下列条件的树为 G 的一棵语法树：

1. 每个节点都标有 G 的一个文法符号，且根节点标有初始符 S，非叶节点标有非终极符。
2. 如果一个非叶节点 A 有 n 个儿子节点 B_1，B_2，…，B_n（按从左到右顺序），则

$$A \to B_1 B_2 \cdots B_n$$

一定是 G 的一个产生式。

语法树是句型推导过程的图形表示，这种表示方式有助于理解一个句型语法结构的层次。语法树通常表示成一棵倒立的树，即根在上、叶在下。根节点表示文法的开始符号，非叶节点是文法的非终极符，叶节点是文法的终极符或非终极符，非叶节点和其儿子节点间的层次关系描述了文法的产生式规则。

在推导的过程中，当某个非终极符被它的某个候选式所替代时，这个非终极符的相应节点就产生出下一代的节点，候选式中每个符号依次对应地标记新产生的节点，每个新节点和父节

点之间都有边相连接。在一棵语法树生长的任何时刻，所有那些叶节点上所标记的符号按照从左到右的次序排列起来就是这个文法的一个句型，树的生长过程就是这个句型的推导过程。

例如，对于表达式文法 G

$$E \to E + E \mid E * E \mid (E) \mid i$$

下述过程为句型 i+i*i 的一个最左推导：

$$E \Rightarrow E+E \Rightarrow i+E \Rightarrow i+E*E \Rightarrow i+i*E \Rightarrow i+i*i$$

这个推导过程的每一步均可用语法树表示，如图 2.1 所示。

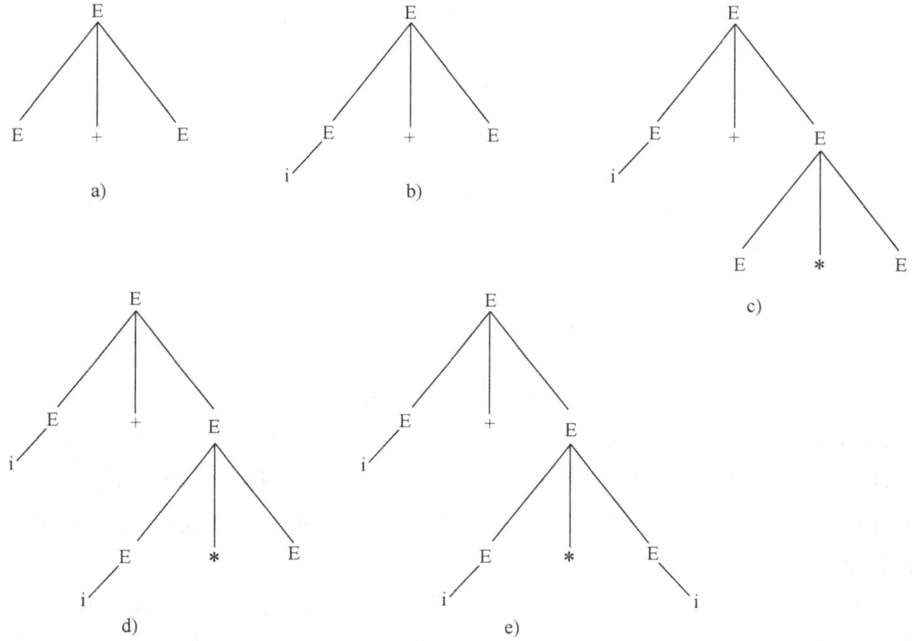

图 2.1　句型 i+i*i 一种最左推导过程的语法树表示

下述过程为句型 i+i*i 的一个最右推导过程：

$$E \Rightarrow E+E \Rightarrow E+E*E \Rightarrow E+E*i \Rightarrow E+i*i \Rightarrow i+i*i$$

这个推导过程的每一步均可用语法树表示，其最终结果如图 2.1e 所示。

下面是句型 i+i*i 的一个既非最左又非最右的推导过程：

$$E \Rightarrow E+E \Rightarrow E+E*E \Rightarrow E+i*E \Rightarrow E+i*i \Rightarrow i+i*i$$

同样，这个推导过程的每一步均可用语法树表示，其最终结果也如图 2.1e 所示。

对比这些结果可以发现，对于一个句型，如果推导方式不同，得到的推导序列就不同，语法树的生长过程也不同，但最终得到的语法树可能相同。也就是说，一棵语法树包含了一个句型的多种可能的推导过程，从语法树本身看不出推导的次序，一棵语法树是这些不同推导过程的共性抽象。

那么如果使用一种确定的推导方式，比如最左推导（或最右推导），一个句型的推导序列是否一定唯一呢？一个句型所对应的语法树是否只有唯一的一棵呢？

对于上面提到的表达式文法，它的句型 i+i*i 就存在另一个完全不同的最左推导

$$E \Rightarrow E*E \Rightarrow E+E*E \Rightarrow i+E*E \Rightarrow i+i*E \Rightarrow i+i*i$$

这个最左推导所对应的语法树如图 2.2 所示。

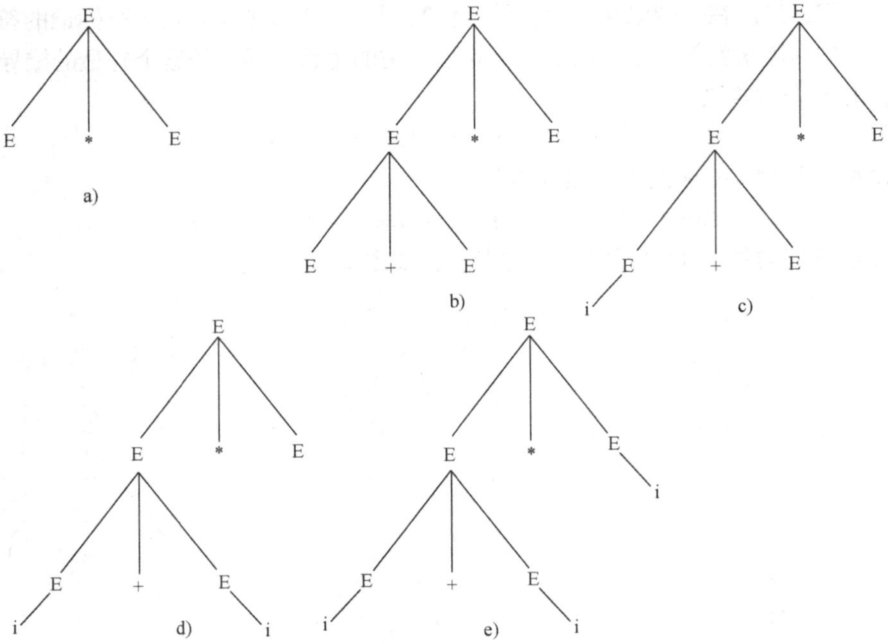

图 2.2　句型 i+i*i 另一种最左推导过程的语法树表示

图 2.2 和图 2.1 的不同之处在于第一步推导时，我们选择了产生式 E→E*E，而不是 E→E+E，这里不再是同一父亲的各个节点派生的顺序不同，而是本质上的差异。这意味着我们可以用两种完全不同的办法生成同一个句型，这个结论引出了文法二义性的问题。

定义 2.23　文法二义性

对一个文法 G，如果至少存在一个句子，有两棵（或两棵以上）不同的语法树，则称该句子是二义性的。包含有二义性句子的文法称为二义性文法，否则，该文法是无二义性的。

也就是说，若一个文法中存在某个句子，它有两个不同的最左（或最右）推导，则这个文法是二义性的。

根据定义 2.23 和上面的讨论，句子 i+i*i 存在两个不同的最左推导，显然它是二义性的，因此表达式文法 G：E→E+E|E*E|(E)|i 是二义性文法。

值得指出的是，文法的二义性和语言的二义性是两个完全不同的概念。如果产生上下文无关语言的每一个文法都是二义性的，则说此语言是二义性的。并非由于文法的二义性，语言就有二义性。可以有两个文法 G 和 G′，一个有二义性，另一个没有二义性，但却有L(G)=L（G′)，即这两个文法是等价的，它们所产生的语言相同。因此，我们在实际应用中，可以对文法进行等价变换，以消除文法中的二义性。例如，表达式文法 G：E→E+E|E*E|(E)|i，可以通过人为规定“*”的优先级高于“+”的优先级，并且都遵从左结合，就可以构造出与之等价的无二义性文法 G′

E→T | E+T

T→F | T*F

F→(E)|i

对于一个程序设计语言，人们往往希望它的文法是无二义性的，这样分析过程中每一步都是唯一的，但是二义性的存在不一定就是坏事，通过增加一些人为的限定，适当地利用二义性，可以起到简化文法的作用。例如，if 语句的嵌套处理问题。

人们已经证明，文法的二义性是不可判定的，即不存在一个算法，它能在有限步骤内，确切地判定一个文法是否是二义的。但是可以寻找一组充分条件（这些条件不一定是必要的），使得满足这些条件的文法必定是无二义性的。

2.2.5 文法等价变换

在编译程序的设计过程中，经常需要分析文法本身的一些性质，或者对文法做一些限制。这一节将给出几个重要的文法等价变换算法，这些算法将有助于加深对文法中推导基本概念的理解，并且在实际语法分析器的构造中有着广泛的应用，其中有些算法甚至是语法分析器生成器的重要组成部分。

下面以定理的形式介绍几种最基本的文法等价变换技术。

在 LR 类语法分析中，为了便于控制分析过程的结束，通常要求文法具有唯一的开始符并且开始符不出现于任何产生式的右部。如果原文法不满足该条件，需要对原文法进行等价变换，因此，我们引入如下定理：

定理 2.1 对任一文法 G_1 都可以构造文法 G_2，使得 $L(G_1)=L(G_2)$，且 G_2 有这样的特点：文法的开始符唯一，并且不出现于任何产生式的右部。

证明：假设 S 是 G_1 的开始符，则只要在 G_1 中扩充一条新产生式 $Z \to S$ 即可，其中 Z 是新的开始符。令这样扩充后的文法为 G_2，它显然满足定理的要求。

为了便于阅读，实际编程语言的文法中经常出现空产生式，如 $A \to \varepsilon$。在进行语法分析时，可导出 ε 的非终极符可能消失，因此必须谨慎地处理。例如，在用 LR（0）分析法进行语法分析时，如果文法中有空产生式 $A \to \varepsilon$，那么在 LR（0）状态机中出现项目 $A \to \cdot\ \varepsilon$，这就容易引起冲突，从而使得文法不满足 LR（0）语法分析条件。如何消除文法中的空产生式并不是简单的事情，因为这不是一步所能确定的问题。

定理 2.2 对于任一文法 $G_1(\varepsilon \notin L(G_1))$，可构造文法 G_2，使得 $L(G_1)=L(G_2)$，并且 G_2 中无空产生式。

证明：根据 G_1，构造 G_2 的方法如下：

（1）令 $\beta = \{A \mid A \to \varepsilon\}$，即 β 表示文法 G_1 中所有右部为 ε 的产生式的左部非终极符的集合。

（2）递归扩充 β 直到收敛为止，即 $\beta = \beta \cup \{A \mid A \Rightarrow^{+} \alpha, \alpha \in \beta^{+}\}$。

（3）从 G_1 中删除所有空产生式。

（4）从 G_1 中删除只能导出空串的非终极符。

（5）对于文法中每个形如 $A \to X_1X_2 \cdots X_{i-1}X_iX_{i+1} \cdots X_n (n \geqslant 2)$ 的产生式，其中，$X_i(i=1, 2, \cdots, n)$ 有 3 种情况：

1）若 $X_i \in V_T$，不做动作。

2）若 $X_i \in V_N - \beta$，不做动作。

3）若 $X_i \in \beta$，补充规则 $A \to X_1X_2 \cdots X_{i-1}X_{i+1} \cdots X_n$。

重复这个过程，直到不出现新的产生式为止。

例 2.10 设有文法 G

$A \rightarrow aBcD$

$B \rightarrow b \mid \varepsilon$

$D \rightarrow BB \mid d$

在保持文法等价的情况下消除该文法中的空产生式。

解：$\beta = \{B, D\}$，去掉文法中的空产生式 $B \rightarrow \varepsilon$，得到的新文法如下：

G'：

$A \rightarrow aBcD$

$B \rightarrow b$

$D \rightarrow BB \mid d$

根据算法中第 5 步可以增加下列产生式：

$A \rightarrow acD$

$A \rightarrow aBc$

$A \rightarrow ac$

$D \rightarrow B$

综上，得到的新文法如下：

G''：$A \rightarrow aBcD \mid acD \mid aBc \mid ac$

$B \rightarrow b$

$D \rightarrow BB \mid B \mid d$

在有些文法中可能出现不可到达的产生式，即产生式左部的非终极符不出现于该文法的任何一个句型中。这样的产生式在语法分析中是多余的，因此又称作无用产生式，必须予以消除。

定理 2.3 对任一文法 G_1 都可以构造文法 G_2，使得 $L(G_1) = L(G_2)$，并且 G_2 的每个非终极符必出现在某个句型中。

证明：根据 G_1，构造文法 G_2 的方法如下：

（1）令 $\beta = \{Z \mid Z$ 是文法的开始符$\}$。

（2）递归扩充 β 直到收敛为止，即 $\beta = \beta \cup \{B \mid A \rightarrow xBy \in G_1, B \in V_N, A \in \beta\}$。

（3）若一个非终极符 $A \notin \beta$，则删除以 A 为左部的所有产生式。

把文法中形如 $A \rightarrow B$（B 为非终极符）的产生式称为特型产生式。特型产生式在语法分析中会降低分析速度，因此应该消除。

定理 2.4 对任一文法 G_1，可以构造文法 G_2，使得 $L(G_1) = L(G_2)$，并且在 G_2 中没有特型产生式。

证明：构造无特型产生式的文法 G_2 的方法如下：

（1）对文法 G_1 中的每个非终极符 A，求 $\beta_A = \{B \mid A \stackrel{+}{\Rightarrow} B, B \in V_N\}$。

（2）若 $B \in \beta_A$，且 $B \rightarrow \alpha$ 是文法 G 中的一个非特型产生式，则补充如下规则 $A \rightarrow \alpha$。

（3）去掉文法 G_1 中的所有特型产生式。

（4）去掉新文法中的无用产生式。

例 2.11 设有如下文法：

G：A→B | D | aB

B→C | b

C→c

D→B | d

消除该文法中的特型产生式。

解：$\beta_A = \{B, D, C\}$

$\beta_B = \{C\}$

$\beta_C = \{\ \}$

$\beta_D = \{B, C\}$

根据算法第 2 步，在文法中补充如下规则：

A→b | d | c

B→c

D→b | c

去掉文法中的特型产生式，得到如下文法：

G_1：A→aB | b | d | c

B→b | c

C→c

D→d | b | c

再去掉上述文法中的无用产生式，得到最终结果

G_2：A→aB | b | d | c

B→b | c

若非终极符 A 的不同产生式的右部具有相同的前缀，这种情形不满足自顶向下的语法分析条件，这时可用提取左因子的方法消除产生式的公共前缀。假定关于 A 的产生式为

$$A \to \delta\beta_1 \mid \delta\beta_2 \mid \cdots \mid \delta\beta_n \mid \gamma_1 \mid \gamma_2 \mid \cdots \mid \gamma_m$$（其中每个 γ_i 不以 δ 开头）

那么，可以把这些产生式写成

$$A \to \delta A' \mid \gamma_1 \mid \gamma_2 \mid \cdots \mid \gamma_m$$

$$A' \to \beta_1 \mid \beta_2 \mid \cdots \mid \beta_n$$

经过反复提取左因子，就能够使每个非终极符的任意个不同产生式的右部不具有公共前缀。

例 2.12 在 Pascal 语言中，语句和表达式表的产生式都有公共前缀

Stm→id：= Exp

Stm→id(ExpL)

ExpL→Exp

ExpL→Exp，ExpL

其中，第 2 个产生式表示过程调用语句。这时可通过提取左因子法消除公共前缀得到下面的产生式：

Stm→id Stm′

Stm′→：= Exp

Stm′→(ExpL)

ExpL→Exp ExpL′

$ExpL' \rightarrow , Exp\ ExpL'$

$ExpL' \rightarrow \varepsilon$

如果文法中的某个非终极符 A 有产生式 $A \rightarrow A\cdots$，则称 A 是直接左递归的。

如果文法中的某个非终极符 A 有推导式 $A \stackrel{+}{\Rightarrow} A\cdots$，则称 A 是左递归的。

直接左递归和左递归情形，一定使得自顶向下语法分析方法的分析条件不成立，应予以消除。下面是其中一例：

$A \rightarrow A\alpha \mid A \rightarrow \beta$

首先考虑直接左递归的消除，消除产生式中的直接左递归是比较容易的。一般情形，假定有产生式

$$A \rightarrow A\alpha_1 \mid A\alpha_2 \mid \cdots \mid A\alpha_n \mid \beta_1 \mid \beta_2 \mid \cdots \mid \beta_m \quad m, n \geqslant 1$$

其中，每个 α 都不等于 ε，每个 β 都不以 A 开头，那么有下面的产生式：

$$A \rightarrow A(\alpha_1 \mid \alpha_2 \mid \cdots \mid \alpha_n) \mid (\beta_1 \mid \beta_2 \mid \cdots \mid \beta_n)$$

若令 $\alpha = \alpha_1 \mid \alpha_2 \mid \cdots \mid \alpha_n$，$\beta = \beta_1 \mid \beta_2 \mid \cdots \mid \beta_n$，则可简化成下面的产生式：

$$A \rightarrow A\alpha \mid \beta$$

即有 $A \Rightarrow \beta$ 或 $A \Rightarrow^{+} \beta\alpha\alpha\cdots\alpha$（至少有一个 α），显然它可以用下面的产生式定义：

$$A \rightarrow \beta A'$$

$$A' \rightarrow \alpha A' \mid \varepsilon$$

再把 α 和 β 分别替换成 $\alpha_1 \mid \alpha_2 \mid \cdots \mid \alpha_n$ 和 $\beta_1 \mid \beta_2 \mid \cdots \mid \beta_n$，则可得下面的产生式：

$$A \rightarrow (\beta_1 \mid \beta_2 \mid \cdots \mid \beta_n) A'$$

$$A' \rightarrow (\alpha_1 \mid \alpha_2 \mid \cdots \mid \alpha_n) A' \mid \varepsilon$$

使用这个办法，容易把文法中的所有直接左递归都消除掉，但这并不意味着已经消除整个文法的左递归性。

例 2.13　考虑下面文法：

$$S \rightarrow Qc \mid c$$

$$Q \rightarrow Rb \mid b$$

$$R \rightarrow Sa \mid a$$

虽不具有直接左递归，但 S、Q、R 都是左递归的，例如有

$$S \Rightarrow Qc \Rightarrow Rbc \Rightarrow Sabc$$

如何消除一个文法的一切左递归呢？消除一般左递归的主要思想是切断环路，以防止左递归。如果一个文法不含回路（形如 $P \stackrel{+}{\Rightarrow} P$ 的推导），也不含以 ε 为右部的产生式，那么，消除左递归的算法如下：

（1）把文法 G 的所有非终极符按任意一种顺序排列成 P_1，P_2，…，P_n。

（2）FOR i: =1 TO n DO

```
BEGIN
  FOR j: =1 TO i-1 DO
     把形如 Pi→Pjγ 的规则改写成：
        Pi→δ1γ | δ2γ | … | δkγ
           其中 Pj→δ1 | δ2 | … | δk 是关于 Pj 的所有规则；
```

消除关于 P_i 规则的直接左递归；

END

（3）化简由（2）所得的文法，即消除那些不可到达的产生式。

例如，考虑例 2.13 的文法，令其非终极符的排序为 R、Q、S。对于 R，不存在直接左递归。把 R 代入到 Q 的有关产生式后，把 Q 的规则变为

$$Q \to Sab \mid ab \mid b$$

现在的 Q 同样不含直接左递归，把它代入到 S 的有关产生式后，S 变成

$$S \to Sabc \mid abc \mid bc \mid c$$

经消除 S 的直接左递归后，得到整个文法为

$$S \to abcS' \mid bcS' \mid cS'$$
$$S' \to abcS' \mid \varepsilon$$
$$Q \to Sab \mid ab \mid b$$
$$R \to Sa \mid a$$

显然，其中关于 Q 和 R 的规则是多余的。经化简后所得的文法是

$$S \to abcS' \mid bcS' \mid cS'$$
$$S' \to abcS' \mid \varepsilon$$

注意，由于对非终极符排列顺序的不同，最后所得的文法在形式上可能不一样。但不难证明，它们都是等价的。例如，若对上面文法的非终极符排序为 S、Q、R，那么，最后所得的无左递归的文法为

$$S \to Qc \mid c$$
$$Q \to Rb \mid b$$
$$R \to bcaR' \mid caR' \mid aR'$$
$$R' \to bcaR' \mid \varepsilon$$

显然，两个文法是等价的。

2.3 有限自动机(FA)

前面介绍了乔姆斯基从产生语言的角度出发所创建的文法体系，也就是乔姆斯基体系。在 1951 ~ 1956 年，另一名科学家克林（Kleene）从识别语言的角度进行研究，给出了语言的另一种描述形式：自动机。自动机不是一台具体的机器设备，它是一个具有离散输入和输出系统的数学模型。这里介绍的是其中的有限自动机部分，有限自动机主要用来描述程序设计语言中的单词，其描述能力与乔姆斯基体系中的 3 型文法是等价的。

有限自动机分为确定有限自动机（DFA）和非确定有限自动机（NFA）。

2.3.1 确定有限自动机

定义 2.24 确定有限自动机

一个确定有限自动机（Deterministic Finite Automata，DFA）M（DFA M）是一个五元组：$M = (S, \sum, f, s_0, Z)$，其中

S：是一个有限状态集合，它的每个元素称为一个状态。

∑：是一个有穷字母表，它的每个元素称为一个输入字符。

f：是状态转换函数，它是一个从 $S \times \sum$ 到 S 的单值全映射。$f(s, a)=s'$表示：当前状态为 s、输入字符为 a 时，自动机将转换到下一状态 s′，我们称 s′为 s 的一个后继状态。

s_0：$s_0 \in S$，是确定有限自动机 M 的唯一初始状态（也称为初态）。

Z：$Z \subseteq S$，是终止状态（也称为接受状态或终态）集合。

例 2.14 设有 DFA M =（{0，1，2，3}，{a，b，c}，f，0，{3}），

其中 f 定义为

$$f(0, a)=1 \qquad f(0, b)=4$$
$$f(1, a)=4 \qquad f(1, b)=2$$
$$f(2, a)=3 \qquad f(2, b)=4$$
$$f(3, a)=3 \qquad f(3, b)=3$$
$$f(4, a)=4 \qquad f(4, b)=4$$

确定有限自动机可以用一个称为状态转换图的有向图来表示。

假设 DFA M 有 m 个状态和 n 个输入字符，那么这个有向图含有 m 个状态节点，每个状态节点由带有圆圈围住的状态标识来表示，它们和确定有限自动机的状态集 S 相对应，其中也包含了初态和终态。初态由一个箭头指向的状态节点来表示，终态由带有嵌套的双圆圈标记的状态节点来表示，有时也用“+”号和“-”号来分别标记初态节点和终态节点，整张有向图含有一个初态节点和若干个终态节点。

每个节点最多有 n 个标有∑中不同输入字符的有向边射出和其他节点相连接。状态转换图中的带标记的有向边与确定有限自动机中的转换函数相对应，有向边上的标记集合即为确定有限自动机的有穷字母表∑。

例 2.14 的 DFA M 的状态转换图如图 2.3 所示。

对于有穷字母表∑上的任一符号串 α，如果在状态转换图中存在一条从开始状态节点到某一个终止状态节点的通路，且这条通路上所有有向边上的标记符号按顺序连接而成的字符串恰好等于 α，则称 α 可为确定有限自动机所识别（或接受）。确定有限自动机 M 所能识别的全体符号串构成的集合是它所定义的语言，记为 L(M)。

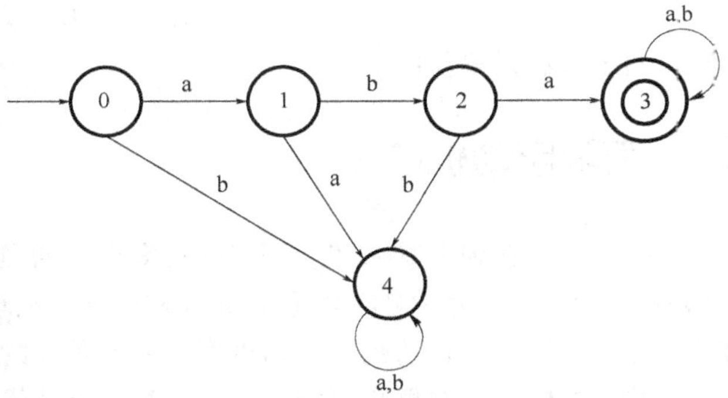

图 2.3 DFA M 的状态转换图

需要指出的是，虽然 Z 中的状态称为终止状态，但并不是说在识别过程中有限自动机一旦进入这个状态识别过程就终止了，而是指当有限自动机在处理完输入串时恰好停留在这种状态中，有限自动机就识别（或接受）当前处理的这个符号串。在有限自动机处理一个输入串的过程中，它完全可能若干次“经过”某些终止状态，但是，如果它在处理完输入串而未停留在某一个终止状态上，此串就不被识别（或接受）。也就是说，有限自动机在决定是否识别（或接受）某一个输入串时，并不考虑它是否曾经在中途经过终止状态，而是根据它处理完输入串时所处的当前状态是否是终止状态来决定。因此，终止状态也称为接受状态。

确定有限自动机还可以用关系矩阵来表示，称其为状态转换矩阵或状态矩阵。其中状态转换矩阵的第一列元素与确定有限自动机的状态集 S 相对应，第一行的元素与确定有限自动机的有穷字母表∑相对应，矩阵中的其他元素表示确定有限自动机的状态转换函数。一般约定，第一列的第一个状态为开始状态 s_0，或在右上角标注“+”；右上角标有“*”或“-”的状态为终止状态。

例 2.14 的 DFA M 的状态转换矩阵如表 2.1 所示。

表 2.1 DFA M 的状态转换矩阵

S \ ∑	a	b
0^+	1	4
1	4	2
2	3	4
3^*	3	3
4	4	4

这个 DFA 只能接受所有由字符 a 和 b 组成且以 aba 开头的符号串，这些符号串组成的集合就是它所描述的语言。

值得指出的是，类似状态转换图 2.3 中的状态 4 那样的状态，自身不是终止状态而且自动机在识别符号串的过程中一旦进入这个状态就再也无法离开，这样的状态称作“陷阱状态”或“死状态”。显然，在识别一个符号串的过程中，只要自动机进入了陷阱状态，那么这个符号串的识别结果肯定是不被接受。在状态转换图中使用陷阱状态主要是为了定义的完备性，使得每个状态遇到字母表∑中的每个字母都有转移的后继状态。“陷阱状态”的存在与否对符号串的识别结果没有影响，因此它们是可以省略的。特别是在自动机状态数较多的时候，如果此时状态转换图中包含陷阱状态，状态转换图就会因此变得非常复杂，此时常常将它们省略。

省略“陷阱状态”后的状态转换图如图 2.4 所示。

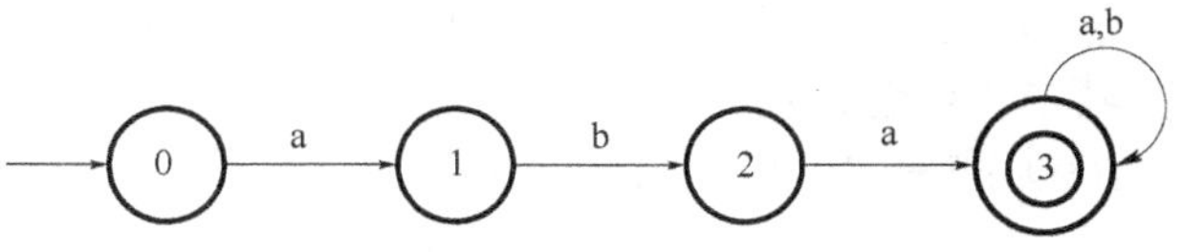

图 2.4 省略陷阱状态后的状态转换图

省略陷阱状态后，有限自动机的状态转换函数 f 不再是从 S × ∑ 到 S 的全映射，而是部分映射。这样有限自动机在识别输入串时，如果对某一个输入串中的字母，有限自动机的当前节点没有从自身节点射出且标有这个字母的有向弧，即认为这个串被拒绝。例如，在使用图 2.4 识别输入符号串 aa 时，自动机遇到第一个 a，从状态 0 转移到状态 1；遇到第二个 a 时，图中没有从状态 1 射出并标有 a 的有向弧，那么识别过程就到此终止，符号串 aa 被拒绝。

确定有限自动机的确定性首先表现在初始状态唯一，第二表现在映射 S × ∑→S 是一个单值函数，也就是说，对任何状态 $s \in S$ 和输入符号 $a \in \Sigma$，转换函数 f(s, a) 唯一地确定了 s 的后继状态。从状态转换图的角度来看，假定字母表∑包括 n 个输入字符，那么任何一个状态最多只有 n 条有向边射出，而且每条有向边都标有一个不同输入字符。如果允许转换函数 f 是多值函数，即在某一状态下输入某一字符的后继状态不是唯一的，而是允许为多个，那么，这样的有限自动机称为非确定有限自动机。

2.3.2 非确定有限自动机

定义 2.25 非确定有限自动机

一个非确定有限自动机(Nondeterministic Finite Automata，NFA)M(NFA M)是一个五元组 $M=(S,\ \Sigma,\ f,\ S_0,\ Z)$，其中

S：是一个有限状态集合，它的每个元素称为一个状态。

Σ：是一个有穷字母表，它的每个元素称为一个输入字符。

f：是状态转换函数，它是一个从 $S\times(\Sigma\cup\{\varepsilon\})$ 到 S 的子集的映射。即：$S\times(\Sigma\cup\{\varepsilon\})\rightarrow 2^S$。注意这里的后继状态不是单一的一个状态，而是状态集 S 的某个子集。

S_0：$S_0\subseteq S$，是非空初始状态集。

Z：$Z\subseteq S$，是终止状态集。

对于非确定有限自动机，同样也可以用状态转换图和状态转换矩阵来表示。一个含有 m 个状态和 n 个输入字符的非确定有限自动机可以表示成如下的状态转换图：该图含有 m 个状态节点，每个节点可射出多条有向边与其他节点相连接，每条有向边或用有穷字母表 Σ 上的符号来标记，或用 ε 来标记，同一个节点射出的不同有向边上的符号可以相同。整张状态转换图中至少含有一个初始状态节点和若干个终止状态节点，一个节点可以既是初始状态节点同时又是终止状态节点。

对于 Σ^* 上的任何一个符号串 α，若存在一条从某一初始状态节点到某一终止状态节点的通路，而且这条通路上所有有向边的标记符号按顺序依次连接而成的符号串为 α，则称 α 为非确定有限自动机所识别（或接受）。值得注意的是，若非确定有限自动机的某节点既是初始状态节点同时又是终止状态节点，或者存在一条从某个初始状态节点到某个终止状态节点的 ε 通路，那么此非确定有限自动机能够接受（或识别）ε。

用状态转换矩阵来表示非确定有限自动机时，在开始状态右上角标注“+”，终止状态右上角标注“*”或“-”。

例 2.15 设有 NFA $M=(\{0,1,2\},\{a,b\},f,\{0\},\{2\})$。

其中，f 定义为

$f(0,a)=\{0,1\}$　　$f(0,b)=\{0\}$

$f(1,a)=\varnothing$　　$f(1,b)=\{2\}$

$f(2,a)=\{2\}$　　$f(2,b)=\{2\}$

NFA M 的状态转换图如图 2.5 所示。

NFA M 的状态转换矩阵如表 2.2 所示。

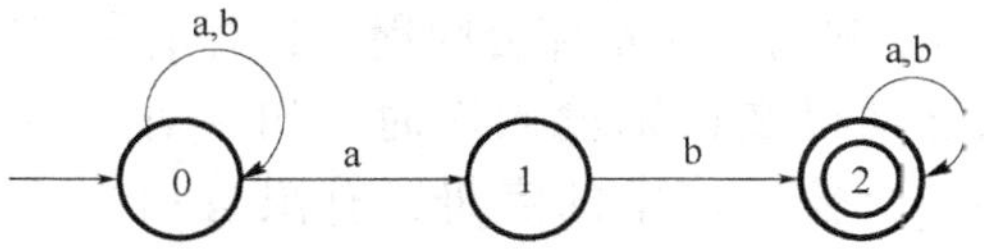

图 2.5 NFA M 的状态转换图

表 2.2 NFA M 的状态转换矩阵

S \ Σ	a	b
0^+	{0, 1}	{0}
1	∅	{2}
2^*	{2}	{2}

在确定有限自动机中，因为对任何状态 $s \in S$ 和输入符号 $a \in \Sigma$，转换函数 f 唯一地确定了其后继状态 f(s，a)，所以在识别输入符号串的时候，从开始状态出发，下面每一步都是唯一确定的，判断这个符号串是否被接受，实际上只需测试一条路径。但在非确定有限自动机中，因为某个状态遇到一个输入字符的后继状态可能是0个或多个，此时有限自动机的当前状态是一个集合。所以在识别输入符号串的时候，可能的路径往往有多条，这些路径都要被测试，只要存在一条路径，沿着这条路径使得非确定有限自动机在处理完输入符号串时恰好停留在某一个终止状态上，那么这个串就被接受；否则，这个串就被拒绝。

以图2.5所示的NFA M为例，设输入符号串为aba。当读入第一个字符a时，NFA M可以停留在状态0中，也可以转换到状态1中，此时的后继状态有多种可能，所以自动机的当前状态集为{0，1}。当读入第二个字符b时，若从当前状态0出发，遇到b继续停留在状态0中；若从当前状态1出发，遇到b转换到状态2中，所以此时的当前状态集为{0，2}。当读入第三个字符a时，若从当前状态0出发，遇到a可以继续停留在状态0中，也可以转换到状态1中；若从当前状态2出发，遇到a则停留在状态2中，所以此时的当前状态集为{0，1，2}。到此输入符号串已经处理完毕，识别过程结束。因为识别结束时的当前状态集中包含终止状态2，所以输入符号串aba被接受。同理，对输入符号串ba，因为对它识别结束时的当前状态集为{0，1}，其中不包含终止状态，所以输入符号串ba被拒绝。

2.3.3 DFA与NFA的等价

定义2.26 有限自动机的等价

对于给定的有限自动机 M_1 和 M_2，如果 $L(M_1)=L(M_2)$，则称有限自动机 M_1 和 M_2 等价。

对于确定有限自动机和非确定有限自动机的关系，我们不加证明地给出下面的定理。

定理2.5 对任何一个NFA M，都存在一个DFA M′，使得 $L(M')=L(M)$。

此定理告诉我们，对于一个给定的NFA，一定存在一个DFA，使得这两个FA所识别的语言相同。因此，我们可以由NFA构造出与其等价的DFA，称其为NFA的确定化。

下面给出一个NFA确定化的算法——子集法。

首先，定义两个闭包。

1）设I是NFA M的状态集的子集，定义I的ε闭包 ε_CLOSURE(I) 为从I的每个状态节点出发经任意条ε弧而能到达的状态的集合。

根据定义有下述事实：

若 $q \in I$，则 $q \in \varepsilon\_CLOSURE(I)$。

若 $q \in I$，则对从q出发经任意大于等于1条ε弧而能到达的任何状态q′，都有：$q' \in \varepsilon\_CLOSURE(I)$。

2）设I是NFA M的状态集的子集，$a \in \Sigma$，定义状态子集 $I_a \subseteq S$。

$$I_a = \varepsilon\_CLOSURE(J)$$

其中，J是那些从I中的每个状态节点出发经过一条a弧而能到达的状态节点的全体。

对任一 $s_j \in I_a$，必有 $s_i \in I$，使得 s_i 和 s_j 之间存在由 s_i 指向 s_j 的有向弧序列，其上所标记字符顺序连接的结果为a。

然后对给定的NFA按照如下的步骤进行确定化：

(1) 构造一张表，共有 $|\Sigma|+1$ 列，第一列表示状态子集 I，然后对每个 $a\in\Sigma$ 分别用一列表示 I_a。

(2) 第二行第一列的状态子集为 ε_CLOSURE(S_0)。其中，S_0 为 NFA M 的初始状态集。

(3) 若第一列中的每个状态子集都经本步骤处理过，则转步骤（5）；否则任取一个未经本步骤处理过的状态子集 I，对每个 $a\in\Sigma$ 求 I_a，并记入相应的 I_a 列，如果它和表格第一列中的所有状态子集均不相同，则此表生成一新行，将它填入新行的第一列中。

(4) 转步骤（3）。

(5) 将第一列中的每个状态子集重命名为新的状态，第二行的状态子集重命名后成为新的 DFA 的初始状态，含有 NFA 的终止状态的状态子集重命名后成为新的 DFA 的终止状态。上述表格便成为新 DFA 的状态转换矩阵。

这种 NFA 确定化的方法称为子集法。该算法在有限步骤内一定可以终止，因为如果 $|S|=n$，则状态子集最多只有 2^n 个，上述表格最多只有 2^n+1 行。

例 2.16 设有 NFA M = ({1, 2, …, 9}, {a, b}, f, {1}, {6, 7, 9})，其中，f 如图 2.6 所示，将该非确定有限自动机确定化。

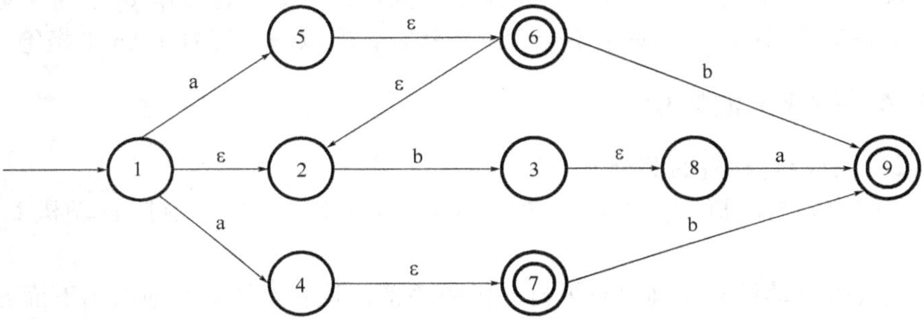

图 2.6 NFA M 的状态转换图

对此 NFA，首先构造一张表，表的每一行含有 $|\Sigma|+1$ 列。将表的第二行第一列处单元格的值置为 ε_CLOSURE（S_0），这里为 ε_CLOSURE({1}) = {1, 2}。

然后，开始计算表中其他单元格的值。一般而言，如果某一行的第一列中的状态子集已经确定，记为 I，那么对 $k\in\Sigma$ 求 I_k，并记入这一行相应的 I_k 列。这里因为字母表中有 a 和 b 两个符号，因此，按照上面的定义分别计算出 I_a 和 I_b，并记入相应的列中。然后，检查这一行所有的状态子集 I_k，看它们是否已经在表的第一列中出现过，如果某一个 I_k 没有出现过，则在此表中生成一新行，将它填入新行的第一列中。

重复上述的过程，直至所有已生成的 I_k 均已在表的第一列中出现过。现在我们将构造出来的表视为状态转换矩阵，将其中每个状态子集看作是新的自动机的一个状态，对其进行重命名。则此表刻画了一个与原 NFA M 等价的 DFA M′。DFA M′的初始状态就是第二行第一列的状态，它的终止状态就是那些含有 NFA M 的终止状态的状态子集（此时已被重新命名）。

按照子集法对图 2.6 所示的 NFA M 进行确定化构造出的状态转换矩阵如表 2.3 所示。

对表 2.3 中的状态子集进行重命名，分别用 1、2、3、4、5 来代表 {1, 2}、{2, 4, 5, 6, 7}、{3, 8}、{3, 8, 9} 及 {9} 这 5 个状态子集，形成如表 2.4 所示的状态转换矩阵，它即是和 NFA M 等价的 DFA M′。

表 2.3 对 NFA M 进行确定化构造出的状态转换矩阵

I	I_a	I_b
{1, 2}⁺	{2, 4, 5, 6, 7}	{3, 8}
{2, 4, 5, 6, 7}*	∅	{3, 8, 9}
{3, 8}	{9}	∅
{3, 8, 9}*	{9}	∅
{9}*	∅	∅

表 2.4 和 NFA M 等价的 DFA M′

I	a	b
1	2	3
2*		4
3	5	
4*	5	
5*		

2.3.4 DFA 的化简

对同一个语言，可以由无限多个有限自动机来描述，从功能上看，这些有限自动机是等价的，但其构成的复杂程度差别很大；对一个 NFA，把它等价变化为 DFA 后，得到的 DFA 所具有的状态数可能并不是最小的。那么，有没有一个最小的 DFA 呢？这就是有限自动机的化简或最小化问题。

一个确定有限自动机 M 的化简是指寻找一个状态数最少的 DFA M′，使得 L(M) = L(M′)。

定义 2.27 设 DFA M 的两个不同状态 q_1 和 q_2，如果对任意输入的符号串 x，从 q_1 和 q_2 出发，总是同时到达接受状态或拒绝状态中，则称 q_1 和 q_2 是等价的。如果 q_1 和 q_2 不等价，则称 q_1 和 q_2 是可区分的。

显然，DFA 的终止状态和非终止状态是不等价的。

定义 2.28 从有限自动机的初始状态开始，任何输入序列都不能到达的那些状态称为无关状态。

定义 2.29 如果 DFA M 没有无关状态，也没有彼此等价的状态，则称 DFA M 是最小的（或归约的）。

下面介绍一个常用的 DFA 化简方法：分离法，也称为划分法。分离法的基本思想是将一个 DFA（不含无关状态）的状态集划分为一些不相交的子集，使得任何两个不同子集中的状态都是可区分的，而同一子集中的任何两个状态都是等价的；然后，在每一个子集中选一个代表，合并掉其他的等价状态，这样就得到了一个最小的 DFA。

分离法的步骤：首先将 DFA 中的无关状态去掉，然后把状态集中的终止状态和非终止状态分开，生成两个状态子集，形成初始划分 I，显然，分别属于这两个集合的状态是可区分的。

假定分离进行到某个时刻，I 中包含 m 个子集，记作：$I=\{I_1, I_2, \cdots, I_m\}$，其中，属于不同子集的状态是可区分的。检查 I 中的每个子集 I_i，看能否进一步划分。对于某个 I_i，令 $I_i=\{q_1, q_2, \cdots, q_k\}$，若存在一个输入字符 a 使得 I_i 中的各状态遇到 a 后转移的后继状态不全在某一现存的子集中，则对 I_i 进行进一步的划分。一般地，若 I_i 经过 a 弧落入现行划分中的 N 个不同子集，则应将 I_i 划分为 N 个不相交的子集，使得同一个子集中的所有状态经 a 弧都落入当前划分的同一个子集中，这样形成新的划分。重复上述过程，直至划分中所含的子集数不再增长为止。至此，每个子集已不可再分，也就是说，每个子集中的状态是相互等价的，而不同子集中的状态是可区分的。

经上述过程处理后，得到了一个最后划分，对这个划分中的每个子集，选取子集中的一个状态来代表。例如，对于子集 $I_i=\{q_1, q_2, \cdots, q_n\}$，可选择其中的任意一个，比如 q_1 来代表这个子集，在原来的自动机中，凡是射入到 q_2、q_3、…、q_n 的有向弧都改成射入到 q_1。所有这些选出的状态组成了新的最简自动机的状态集 S′。此外，若 I_i 中含有原自动机的初始状态，则选出的代表状态 q_1 即为新的最简自动机的初始状态；若 I_i 中含有原自动机的终止状态，则选出的代表状态 q_1 即为新的最简自动机的终止状态。

例 2.17 对图 2.7 所示的 DFA M 进行最小化。

首先，把 DFA M 的状态集划分为两个子集：终止状态子集 {E} 和非终止状态子集 {A, B, C, D}。

然后，对每一个子集考察其是否需要进一步划分。

对终止状态子集 {E}，因为其中只有一个状态，所以无需进一步划分。

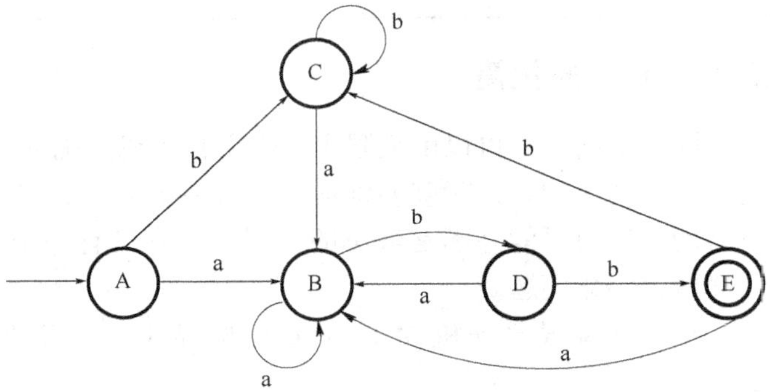

图 2.7 DFA M

对非终止状态子集 {A, B, C, D}，判断其是否需要进一步划分。遇到输入符号 a 时，状态 A、B、C 及 D 转换的后继状态都在子集 {A, B, C, D} 中，转移的行为一致，所以对符号 a 而言，子集 {A, B, C, D} 不需要进一步划分；遇到输入符号 b 时，状态 A、B 和 C 都转换到子集 {A, B, C, D} 中，而状态 D 转换的后继状态在子集 {E} 中，转移的行为不一致，因此，对符号 b 而言，子集 {A, B, C, D} 需要进一步划分，根据转移行为的相同与否，将其划分为两个新的子集，即 {A, B, C} 和 {D}。

这时，原 DFA M 的状态集被划分为 3 个状态子集：{A, B, C}、{D} 和 {E}。

显然，状态子集 {D} 和 {E} 中都只有一个状态，不可能进一步划分。继续考察状态子集 {A, B, C}。

遇到输入符号 a 时，状态 A、B 和 C 转换的后继状态都在子集 {A, B, C} 中，转移的行为一致，所以对符号 a 而言，子集 {A, B, C} 不需要进一步划分；遇到输入符号 b 时，状态 A、C 转移的后继状态在子集 {A, B, C} 中，状态 B 转移的后继状态在子集 {D} 中，因此，对符号 b 而言，子集 {A, B, C} 需要进一步划分，将其划分为两个新的子集：

{A，C} 和 {B}。

这时，原 DFA M 的状态集被划分为 4 个状态子集：{A，C}、{B}、{D} 和 {E}。

再考察子集 {A，C}，对输入符号 a，状态 A、C 都转移到状态 B∈{B}；对输入符号 b，状态 A、C 都转移到状态 C∈{A，C}，所以无需进一步划分。

至此，原 DFA M 的状态集被划分为 4 个状态子集：{A，C}、{B}、{D} 和 {E}。

最后，从每个状态子集中选一个状态来代表这个状态子集，这些选出的状态组成了新的最简 DFA M′的状态集，含有原 DFA M 的初始状态的状态子集成为最简 DFA M′的初始状态，含有原 DFA M 的终止状态的状态子集成为最简 DFA M′的终止状态。这里，我们随意选取 A、B、D 及 E 这 4 个状态来分别代表 4 个状态子集 {A，C}、{B}、{D} 和 {E}，则最简 DFA M′的状态集为 {A，B，D，E}，初始状态为 A，终止状态为 E，如图 2.8 所示。

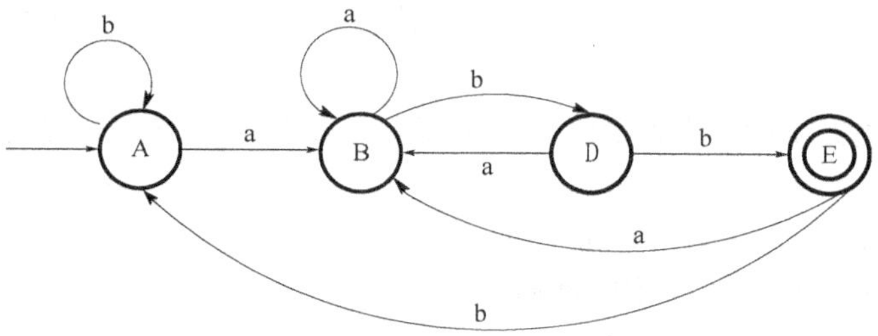

图 2.8 最简化后的 DFA M′

2.4 正则表达式

2.4.1 正则表达式与正则集

在前两节分别讨论过的正则文法和有限自动机都是正则语言的描述工具，正则文法擅长描述语言的产生，有限自动机适用于描述语言的识别。本节将讨论正则语言的第三种描述工具——正则表达式，正则表达式又称正规表达式。这 3 种工具的描述能力相当，但正则表达式比正则文法和有限自动机更简单、更容易处理，而且这种表达形式更接近语言的集合表示和语言的计算机表示，使用起来也更方便一些。正则表达式所表示的语言称为正则集或正规集。正则（规）表达式和正则（规）集的概念是美国数学家 Stephen Cole Kleene 在 20 世纪 50 年代提出来的，这种描述方法现已成为处理有限自动机问题的主要数学工具，无论在理论上，还是在计算机科学领域的诸多工程实践中都有着重要的应用。

定义 2.30 正则表达式和正则集

设∑为字母表，∑上的正则表达式和正则集递归定义如下：

（1）ε 和∅都是∑上的正则表达式，它们所表示的正则集分别为 {ε} 和∅。

（2）对任何 a∈∑，a 是∑上的正则表达式，它所表示的正则集为 {a}。

（3）若 r 和 s 都是∑上的正则表达式，它们所表示的正则集分别是 R 和 S，则（r）、（r | s）、（r·s）及（r）* 也都是∑上的正则表达式，它们所表示的正则集分别为 R、R∪S、RS 和 R^*。

（4）仅由有限次使用上述 3 条规则所构成的表达式称为∑上的正则表达式，仅由这些正则表达式表示的集合称为∑上的正则集。

正则表达式 r 所表示的正则集一般记作 L(r)。

正则表达式的运算符“|”读作“或”，“·”读作“连接”，“*”读作“闭包”（即任意有限次的自重复连接）。在不至于引起混淆的情况下，正则表达式中的括号可以省略不写，连接符“·”一般也可以省略不写，但规定运算符的优先顺序为：先“*”，次“·”，最后“|”，且规定它们的结合性为左结合。

例 2.18 设字母表∑ = {a, b}，则 a、b、ε 及 Φ 都是∑上的正则表达式，它们所表示的正则集分别为 {a}、{b}、{ε} 及∅。a | b、a · b、a^* 及 b^* 也都是∑上的正则表达式，它们所表示的正则集分别为 {a, b}、{ab}、{ε, a, aa, aaa, …} 及 {ε, b, bb, bbb, …}。

例 2.19 设字母表∑ = {0, 1}，则正则表达式 $(0|1)(0|1)^*$ 表示的正则集是所有二进制数字所组成的集合。

若两个正则表达式 r 和 s 所表示的正则集相等，即 L(r) = L(s)，则称 r 和 s 等价，记作：r = s。

例如：$a*a = aa*$，$b(ab)^* = (ba)^*b$

关于正则表达式有如下一些重要性质：

（1）交换律：　$A | B = B | A$

（2）结合律：　$A|(B|C) = (A|B)|C$

　　　　　　　$A(BC) = (AB)C$

（3）分配律：　$A(B|C) = AB|AC$

　　　　　　　$(A|B)C = AC|BC$

（4）同一律：　$A\varepsilon = \varepsilon A = A$

（5）幂等律：　$A^{**} = A^*$

使用上述性质，可以对正则表达式进行等价变换和化简。

2.4.2 正则表达式与有限自动机的相互转换

上面我们曾指出正则文法（3 型文法）、有限自动机和正则表达式的描述能力是等价的，下面我们给出有限自动机和正则表达式的等价性定理并使用构造法加以证明。

定理 2.6 对∑上的每一个正则表达式 R，都存在一个∑上的非确定有限自动机 M，使得 L(M) = L(R)；反之，对于字母表∑上的每一个非确定有限自动机 M，也存在一个∑上的正则表达式 R，使得 L(R) = L(M)。

证明：

（1）对于字母表∑上的任意一个正则表达式 R，可以构造一个非确定有限自动机 M，使得 L(M) = L(R)。

首先，构造非确定有限自动机 M 的初始状态转换图。其中，包含初始状态 S 和终止状态 Z，以及由 S 射出指向 Z 的一条有向弧，且该有向弧上标记正则表达式 R。然后，按照图 2.9 所示的替换规则对正则表达式 R 依次进行分解，分解过程中不断地加入新的状态节点和有向弧，直至状态转换图中所有有向弧上所标记的符号都是字母表∑上的元素或 ε 为止。

（2）同样，对于字母表∑上的非确定有限自动机 M，也可以在∑上构造相应的正则表

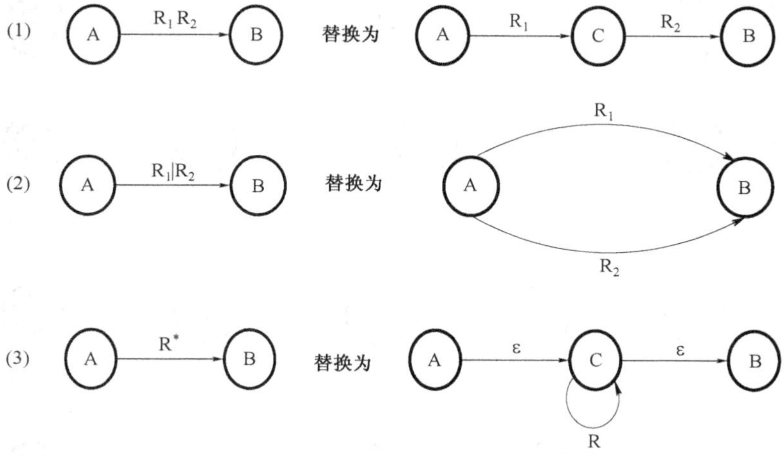

图 2.9　替换规则 1

达式 R，使得 L(R) = L(M)。

首先，对非确定有限自动机 M 的状态转换图进行拓广，即令每条弧可以用一个正则表达式标记。然后在 M 的状态转换图中加入两个节点，一个是唯一的开始状态节点 S，另一个是唯一的终止状态节点 Z。从 S 出发用标有 ε 的有向弧连接到 M 的所有初始状态节点上，从 M 的所有终止状态节点出发用标有 ε 的有向弧连接到 Z 节点上，形成一个与非确定有限自动机 M 等价的非确定有限自动机 M′。

接着，对非确定有限自动机 M′按照图 2.10 所示的替换规则进行替换，也就是不断地消去原有的节点和有向弧，直至状态转换图中只剩下开始状态节点 S 和终止状态节点 Z 时，在 S 指向 Z 的有向弧上所标记的正则表达式就是所求的结果。

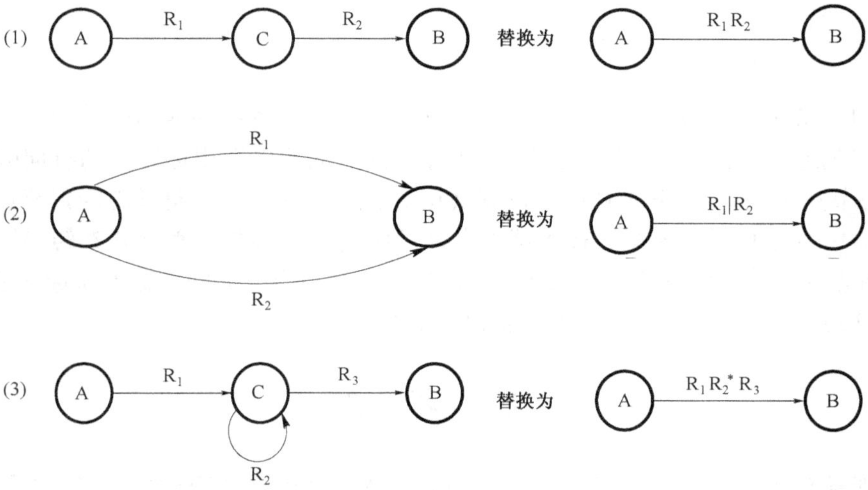

图 2.10　替换规则 2

例 2.20　有正则表达式 $(a\mid b)^*aa$，为之构造等价的 NFA。

构造过程如图 2.11 所示。

例 2.21　已知如图 2.12 所示的 NFA M，试构造与之等价的正则表达式。

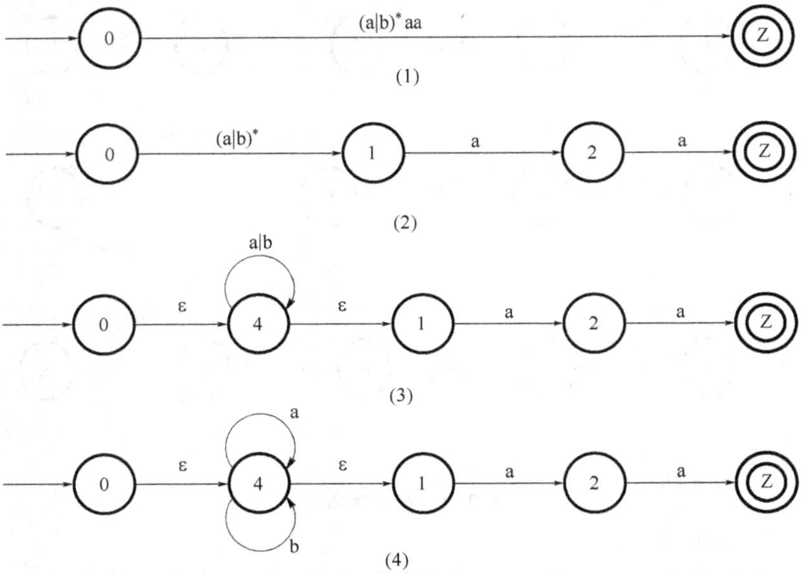

图 2.11　构造与正则表达式（a | b）* aa 等价的 NFA M 的过程

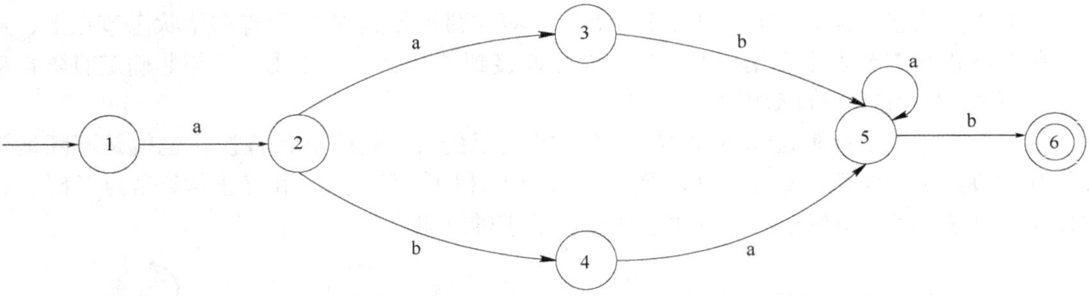

图 2.12　NFA M

先对 NFA M 的状态转换图进行拓广，在 M 的状态转换图中加入两个节点，一个是唯一的开始状态节点 S，另一个是唯一的终止状态节点 Z。从 S 出发用标有 ε 的有向弧连接到 M 的初始状态节点 1 上，从 M 的终止状态节点 6 出发用标有 ε 的有向弧连接到节点 Z 上。然后按照图 2.10 所示的替换规则，逐步消去自动机中的节点和弧，直至状态转换图中只剩下开始状态节点 S 和终止状态节点 Z 为止，此时节点 S 和节点 Z 之间的弧上所标记的正则表达式 a（ab | ba）a* b 即为所求，替换过程如图 2.13 所示。

习　题　2

1. 乔姆斯基文法体系中将文法分为哪几类？文法的分类同程序设计语言的设计与实现关系如何？

2. 写一个文法，使其语言是偶数的集合，每个偶数不以 0 为前导。

3. 设文法 G 为

N→D | ND

D→0 | 1 | 2 | 3 | 4 | 5 | 6 | 7 | 8 | 9

请给出句子 123、301 和 75431 的最右推导和最左推导。

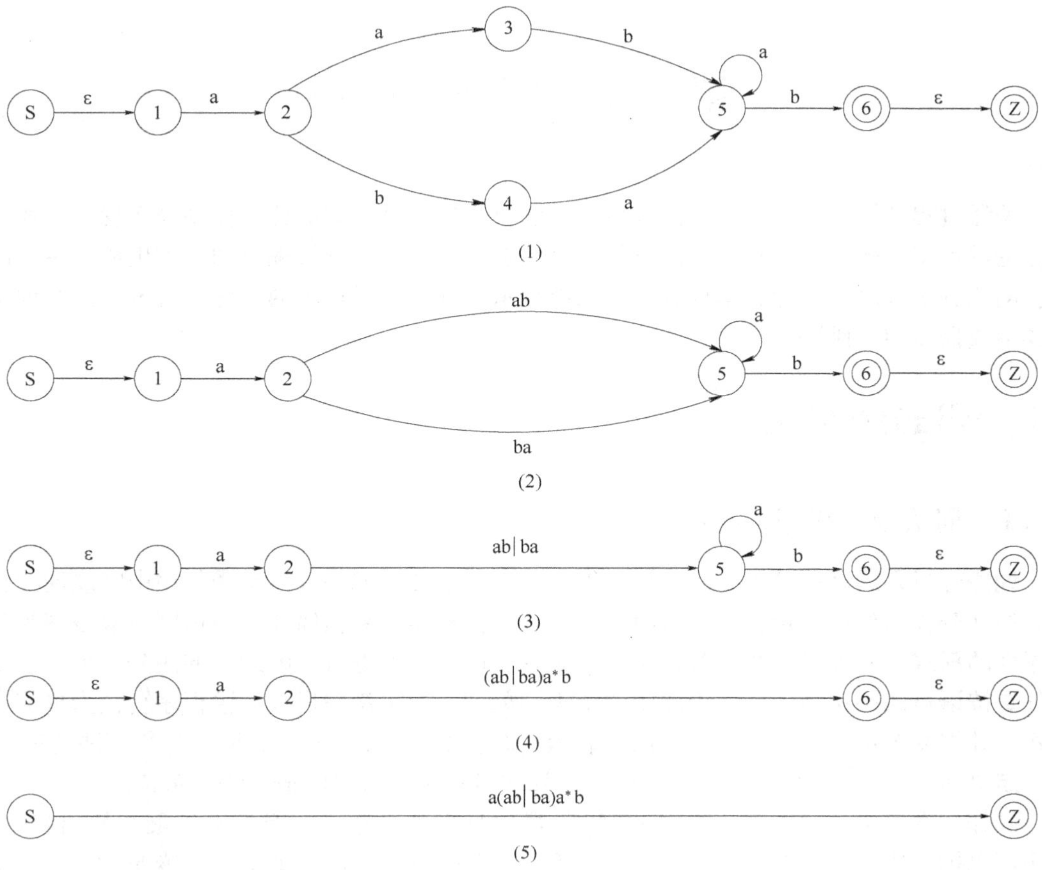

图 2.13 与 NFA M 等价的正则表达式的构造过程

4. 证明文法 S→iSeS | iS | i 是二义性文法。

5. 给出描述下面语言的上下文无关文法。

（1）$L_1 = \{a^n b^n c^i \mid n \geqslant 1, i \geqslant 0\}$

（2）$L_2 = \{a^i b^j \mid j \geqslant i \geqslant 1\}$

（3）$L_3 = \{a^n b^m c^m d^n \mid m, n \geqslant 0\}$

6. 设计一个最简的 DFA M，使其能够识别所有的被 3 整除的无符号十进制整数。

7. 设计一个 DFA，使其能够接受被 4 整除的二进制数。

8. 写出表达下列各项的正则表达式：

（1）二进制数且为 5 的倍数。

（2）$\sum = \{a, b, c\}$，第一个 a 位于第一个 b 之前的字符串。

（3）$\sum = \{a, b, c\}$，包含偶数个 a 的字符串。

（4）$\sum = \{0, 1\}$，不包含 11 子串的字符串。

第 3 章　词 法 分 析

编译过程的第一步是进行词法分析，词法分析任务是由词法分析程序来实现的。本章首先讨论用手工方式设计并实现词法分析程序，然后介绍词法分析程序的自动生成。主要内容有：词法分析程序的功能、单词分类及内部表示、词法分析程序的设计与实现步骤及词法分析器生成器 LEX 的用法。

3.1　词法分析介绍

3.1.1　词法分析程序的功能

词法分析是编译程序的基础，也是编译程序的重要组成部分。编译程序中完成词法分析任务的部分称为词法分析程序，有时也称为词法分析器或者扫描器。源程序一般表现为字符串序列的形式，而编译程序的翻译工作应该在单词一级上进行。因此，词法分析程序的主要任务是按语言的词法规则从源程序中逐个识别单词，把字符串形式的源程序转换为单词串的形式，并把每个单词转换成它们的内部表示，即所谓的“TOKEN”，同时进行词法检查。

定义 3.1　单词：所谓单词是指语言中那些具有独立含义的最小语义单位。

例如，在 Pascal 中，表达式“A + 12”虽然具有独立意义，但却不是最小的语义单位，它还可以拆分成更小的单词“A”、“ + ”和“12”；同样，程序中定义的变量“A12”本身已经具有了独立的意义——表示变量的标识符，就不能再进行拆分了。

3.1.2　词法分析程序的接口

词法分析程序既可以作为编译器的独立一遍来完成，也可以作为语法分析程序的一个子程序。如果把词法分析作为编译程序的独立一遍，那么词法分析程序要实现整个源程序的全部词法分析任务：读入源程序字符串，识别出各个单词并将其转换成相应的内部表示，即 TOKEN 序列，这些 TOKEN 序列将作为语法分析程序的输入；如果把词法分析作为语法分析程序的一个子程序，那么语法分析程序每调用一次词法分析程序将从源程序的字符序列中拼出一个单词，并将其 TOKEN 值返回给语法分析程序。这种方式的好处是，它不需要存储源程序的内部表示。具体两种实现方式的结构图如图 3.1 和图 3.2 所示。

图 3.1　作为独立一遍的词法分析器

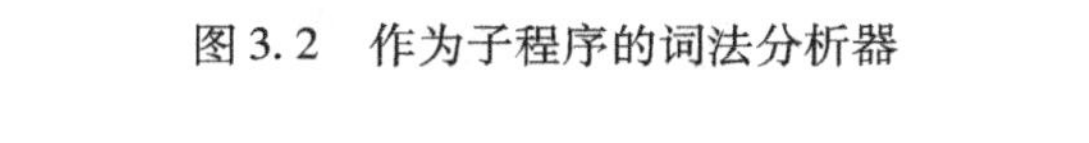

图 3.2　作为子程序的词法分析器

3.2 词法分析程序设计

3.2.1 单词分类

一个语言的单词如何分类、分成几类、怎样编码，这是一个技术性的问题，它主要取决于语言的构成和处理上的方便。一般常用程序设计语言的单词可以分为以下几类：

1. 保留字

保留字一般是由语言系统自身定义的，通常是由字母组成的字符串。如 Pascal 语言中的 begin、end、for、do 等。这些字在语言中具有固定的意义，是编译程序识别各类语法成分的依据。

2. 标识符

用来标识程序中各个对象的名称。它们由用户定义，用来表示变量名、常量名、数组名和过程名等。标识符一般是由字母开头，字母、数字或其他符号的任意组合构成的。

3. 常量

用来表示各种常量。主要包括整数常数、实数常数、字符串常量等。

4. 特殊符号

包括运算符和界限符。运算符表示程序中算术运算、逻辑运算、字符运算、赋值运算的确定的字符或字符串。如各类语言通用的 +、-、*、/、<、>、>=、<= 等。还有一些是某些语言特有的运算符，如 C 语言中的 ++、?、& 等。界限符在语言中是作为语法上的分界符号使用的，如逗号、分号、单引号等。

在设计词法分析程序时，可以根据语言的特点对单词进行分类。一般地，标识符可以归为一类；常量则可以按照类型分类，如整数常数、实数常数或字符串常量等；可以将所有保留字定义为一类，也可以一个保留字作为一类；特殊符号可单独作为一类，也可以采用一个符号作为一类的方法。

3.2.2 单词的内部表示

为了便于编译器进一步处理，单词的内部表示 TOKEN 的结构一般由两部分组成：单词类别和语义信息。单词类别用来区分单词的不同种类，通常可以用整数编码来表示。单词的语义信息也取决于今后处理上的方便。对于保留字和特殊符号（运算符号和界限符），可以采用整数形式的内部编码或其自身字符串的编码。对于标识符，则直接用自身的字符串编码表示。常量可用自身的值表示，也可以用常量的字符串形式表示。对于常量和标识符还可以单独构造常量表和标识符名字表，此时，单词的语义信息的值就是指向常量表或标识符名字表中相应位置的指针。因此，TOKEN 的结构如图 3.3 所示。

词法信息	语义信息

图 3.3　TOKEN 的结构图

3.2.3 单词的形式描述

描述程序设计语言中单词的工具主要有以下 3 种：正则表达式、自动机和正则文法。它们的功能彼此相当。设计一个语言的词法分析器，通常是首先用正则表达式描述各类单词的组成，然后将其转换为确定有限自动机，最后根据这个自动机来构造词法分析器。对于一个一般的程序设计语言，各类单词的正则表达式可能如下：

1）标识符：$L(L|D)^*$，其中 $L=(A|B|\cdots|Z|a|b|\cdots|z)$；$D=0|1|\cdots|9$。

2）无符号整数：D_1D^*，其中，$D_1=1|2|\cdots|9$。

3）特殊符号：+ | - |/ | * | := | < = | …。

4）保留字：begin |end| while|if|for | …。

有限自动机是描述程序设计语言单词构成的有力工具，而状态转换图是有限自动机比较直观的描述方法，根据有限自动机的状态转换图可以方便地手工构造词法分析程序。遵循程序设计语言的词法规则构造的状态转换图，可以识别出源程序中的单词。这里使用确定有限自动机，简记为 DFA。

构造识别单词的状态转换图的方法与步骤如下：

（1）根据构成规则对程序设计语言的单词按类构造出相应的状态转换图。

（2）合并各类单词的状态转换图，构成一个能识别语言所有单词的状态转换图。合并方法为：

1）将各类单词的状态转换图的初始状态合并为一个唯一的初始状态。

2）化简调整状态冲突和对冲突状态重新编号。

3）如果有必要，增加出错状态。

上述用正则表达式给出的 5 种单词的描述，我们可以分别画出它们各自的自动机，如图 3.4 所示（只给出部分单词的自动机，其他类似）。

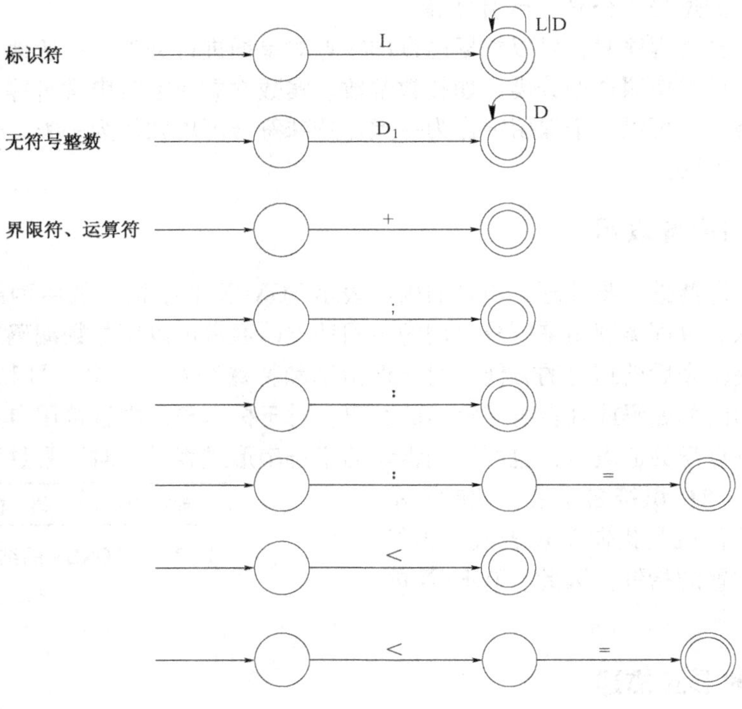

图 3.4　各类单词的自动机

具体实现时，可以把上述自动机合并为一个 DFA，使其具有共同的初始状态，即只有一个共同的入口。另外，合并时有些状态必须进行特殊的处理。例如，“:”既是一个单独的界限符，又是赋值运算符“:=”的前缀，因此，可以将这两个自动机的某些状态进行合并。从实现角度出发，合并后的自动机还应该加上一个出错状态，表示读进的字符串有词法错误。根据以上考虑，可以将图3.4中的各个自动机合并成图3.5所示的一个确定有限自动机（如果合并后是一个NFA，可以将其转换成DFA）。

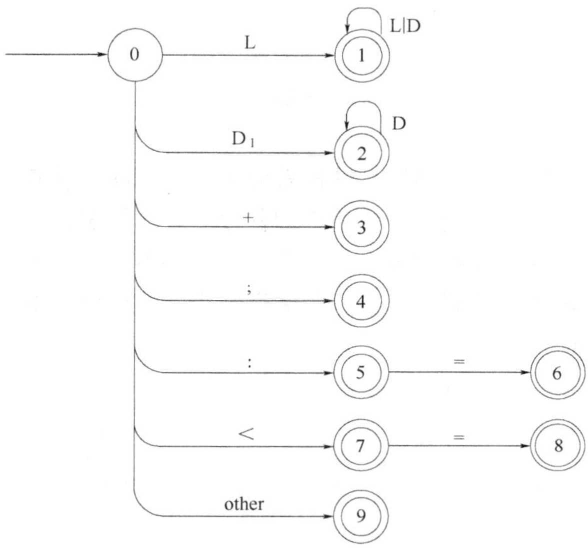

图3.5　合并后的自动机

3.2.4　自动机的实现

根据语言的词法规则构造出识别其单词的确定有限自动机DFA，仅仅是词法分析程序的一个形式模型，距离词法分析程序的真正实现还有一定的距离。自动机的实现通常有两种方法：一种是状态转换矩阵法，另一种是直接转向法。

1. 状态转换矩阵法

状态转换矩阵法又称数据中心法，是把自动机看作一种数据结构（状态转换矩阵），由控制程序控制字符在其上运行，从而完成词法分析。图3.5所示的自动机用状态转换矩阵的形式表示出来如表3.1所示。

表3.1　状态转换矩阵T

S \ Σ	L	D	D_1	+	;	:	=	<	other
0^+	1		2	3	4	5		8	9
1^*	1	1							
2^*		2							
3^*									
4^*									
5^*							6		
6^*									
7^*							8		
8^*									
9^*									

转换矩阵法的优点是程序短，但占存储空间多。下面是状态转换矩阵的实现程序：

```
State:=InitState;
Read (CurrentChar);
while T (State, CurrentChar) ≠error & CurrentChar≠Eof do
    begin State:=T (State, CurrentChar);
            Read (CurrentChar);
    end;
if State ∈ FinalStates then Accept else Error;
```

2. 直接转向法

直接转向法又称程序中心法，是把自动机看成一个流程图，从其状态转换图的初始状态开始，对它的每一个状态节点都编写一段相应的程序。具体做法是：每个状态对应带标号的一个 case 语句；有向边对应于 goto 转向。假设状态 S_i 的相应标号为 L_i，则 case 语句的两种写法如图 3.6 所示。直接转向法的优点是占存储空间小，但相应的程序较长，这种方法适合于自动机的状态数较少的情形。

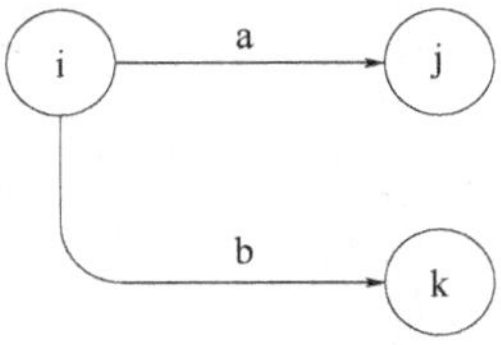


```
Li: case CurrentChar of
        a:  goto Lj;
        b:  goto Lk;
        other: Error( )
    end
```

a)

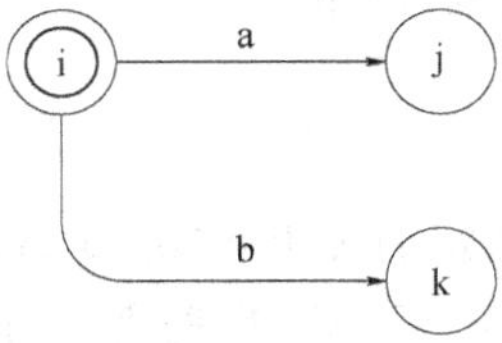


```
Li: case CurrentChar of
        Eof: Accept;
        a:  goto Lj;
        b:  goto Lk;
        other: Error( )
    end
```

b)

图 3.6　直接转向法实现 DFA

3.3　词法分析程序的实现

一般情况下，可以通过两种途径来设计词法分析程序。一种是用手工方式构造，另外一种是所谓的词法分析程序自动生成。本节首先介绍手工方式构造词法分析程序。

3.3.1　实现词法分析程序应注意的问题

在进行实际词法分析器的实现时，要充分考虑所处理语言的单词构成特点，对某些特殊的语言中的单词可能要进行一些特殊的处理才能识别。下面将讨论一般语言中常见的一些问题。

1. 保留字

保留字在结构上与标识符一样，但却与标识符的概念截然不同。保留字有着确定的含义，而标识符的含义要由程序的说明部分确定，因此，必须把它们从标识符中区分出来。具体来说，识别保留字的实现方法可分为两大类：一类是设置保留字表，另一类是用自动机单独来识别。

保留字表的方法是一种简单易行的识别方法。其主要思想是事先构造好所谓的保留字表，在进行词法分析时，把保留字当作一般标识符来识别，然后查保留字表，若有，则把它作为保留字来处理；若没有，则按一般标识符来处理。

用自动机单独来识别保留字的主要思想是在自动机中加入识别各个保留字的状态，即把保留字和一般标识符分开来识别而不统一识别。假设保留字只有 begin 和 end，则在相应的自动机中应该有包含如图 3.7 所示的部分状态。其中 Not(x)表示非 x。

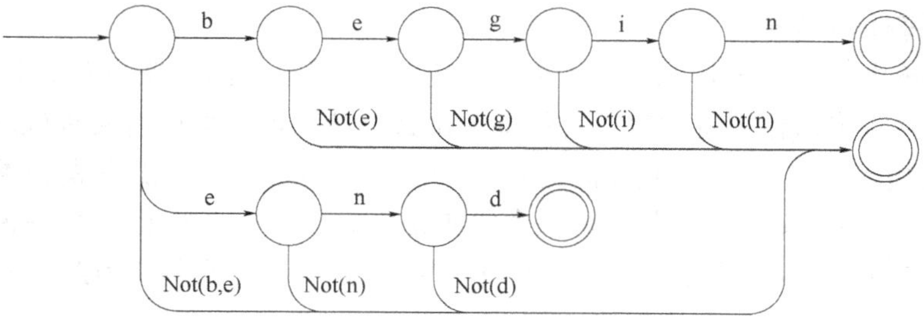

图 3.7　用自动机单独识别保留字

不用保留字表的优点是能提高速度，但是不难看出它使得自动机的状态数急剧变大，当保留字个数多的时候，这种情况更加明显。后面我们将采用保留字表的方式来识别保留字。

2. 复合单词的识别

在程序设计语言中，有一类单词是由两个或者两个以上的符号组成的，这类单词的前缀部分也可以是一个独立的单词，如“:=”，在处理到“:”时，还不能断定这个单词是“:”还是“:=”的前缀，这取决于“:”的下一个字符，如果下一个字符是“=”，则该单词为“:=”，否则为“:”。在处理这类单词时要特别加以注意。

3. 数的转换

词法分析程序应该把字符串转换成数，如“123”应该转换成 123。

4. 向前看若干个字符的处理

在有些语言里，为了识别出一个单词需要向前看好几个字符。这一点在 FORTRAN 语言中特别明显。例如，DO 10 I = 1, 100 是循环的起始语句，其中，I 是循环变量，它取值 1 到 100。而语句 DO 10 I = 1.100 是一个赋值语句，其中 DO 10 I 是赋值的左部变量。一个 FORTRAN词法分析器，为了确定其中的 DO 是否为保留字，必须向前扫描到逗号才能确定。

5. 控制字符的处理

程序员在录入源程序时，为了程序的易读性往往输入很多控制字符，如空格、Tab 和回车换行等。这些字符将占用很大的空间，而且一般来说，它们只有词法意义而没有语法和语义上的意义（字符串内的控制字符例外）。

Tab 和空格符用来分隔源程序中不同的单词，例如，“beginx”表示一个标识符单词，而“begin x”则表示单词 begin 和 x，故 Tab 和空格符在语言中有着重要的意义。当然在有些语言里 Tab 和空格符没有词法意义，它将自动把 beginx 分解成 begin 和 x，但这时 begin 被语言规定为是保留字。需要注意的是不能删除掉字符串内的 Tab 和空格符，因为它们任何时候都是有意义的符号。因此在处理这些字符时，可以设置一个标志变量，每当进入字符串内部时令其为真，这样就可以根据此变量的值来判断是否在字符串内部，如果不是在字符串内部，可以直接将它们删除。

回车换行本身并没有实际意义，但是对于错误处理起着重要的作用，因此回车换行不能直接删除。在进行语法、语义分析时，如果发现错误，需要指出错误出现的位置，这时可根据回车换行的个数即可达到目的。

6. 注释的处理

源程序中的注释没有任何语法和语义上的意义，因此在进行词法分析时可以直接将注释删除，而不必生成其 TOKEN。

7. 标识符表和常量表

在词法分析中，对标识符和常量类单词来说，除了要给出其类别外，还要输出它们的值，即标识符要输出该标识符的串、常量要输出其具体的值。可以有两种处理方法：一种是在其 TOKEN 的语义信息部分直接存储这些值；另外一种是设置标识符表和常量表来存储其值，这时 TOKEN 的语义信息部分就是一个指向相应表项的一个指针。第一种方法处理起来比较简单，但是 TOKEN 的空间大小不好确定，可能造成空间浪费。因此，我们采取第二种策略。

3.3.2 单词结构

单词的输出形式可以采用图 3.3 所示的二元式。作为单词类别，规定标识符和无符号整数各作为一类。保留字、界限符和运算符采用一符一类的方法。作为单词的值，标识符和无符号整数为指向标识符表或常量表中相应串或数值的指针；保留字和特殊符号不输出单词的值，只输出其类别码即可。表 3.2 为各种单词的类别编码和输出单词的结构，其中 pID↑表示指向标识符表的指针；pNB↑表示指向无符号整数表的指针。

表 3.2 词法分析程序的输出形式

单词名称	类别编码	助记符	输出形式
标识符	1	$id	($id, pID↑)
无符号整数	2	$int	($int, pNB↑)
+	20	$plus	($plus, “”)
;	21	$semi	($semi, “”)
: =	22	$assi	($assi, “”)
:	23	$colon	($colon, “”)
< =	24	$le	($le, “”)
<	25	$lt	($lt, “”)

3.3.3 实现算法

假设已有关于单词的确定有限自动机如图 3.5 所示，并且按照上面表中的单词结构输出。若采用直接转向法实现词法分析器，那么只要在自动机的每个状态上增加一个语义动作即可实现其词法分析器。当然有的状态可能没有语义动作，究竟要加什么动作取决于要输出什么样的 TOKEN。显然，对于特殊符号不需要做什么特别的工作，只要输出相应的 TOKEN

即可；而对于标识符、保留字和无符号整数，还要输出其语义信息，即相应的串或数值。首先给出词法分析程序中用到的一些基本操作。

1）Append(string, char)：拼单词。

2）KeyWord(string)：查保留字表，看 string 是否为保留字。若此函数返回 0，则表示 string 是一个标识符，否则为保留字编码。

3）AddTable(table, string)：入表操作，检查 string 在 table 中有没有出现，若有则返回其位置指针，若没有则将其插入到 table 的末尾，并返回该位置的指针。

4）BACK：源程序文件指针回退一个字符。

最后可以写出图 3.5 所对应的词法分析程序如下，其中，IdTable 为标识符表，NbTable 为无符号整数表。

```
PROCEDURE Scanner ( );
BEGIN
    LS0: string: = ""; ReadChar (CurrentChar);
        case CurrentChar of
            'A'..'Z'|'a'..'z'    ⇒ goto LS1;
            '0'..'9'             ⇒ goto LS2;
            '+'                  ⇒ goto LS3;
            ';'                  ⇒ goto LS4;
            ':'                  ⇒ goto LS5;
            '<'                  ⇒ goto LS8;
        end;
    LS1: string:= Append (string, CurrentChar); ReadChar (CurrentChar);
        case CurrentChar of
            'A'..'Z'|'a'..'z'|'0'..'9'⇒ goto LS1;
            other          ⇒ BEGIN
                                BACK; c = KeyWord (string);
                                if (c! =0) then return (c, ""); else
                                    pID ↑= AddTable (IdTable, string);
                                    return ($ id, pID ↑ );
                             END
        end;
    LS2: string:= Append (string, CurrentChar); ReadChar (CurrentChar);
        case CurrentChar of
            '0'..'9'             ⇒ goto LS2;
            other                ⇒ BEGIN
                                     BACK; pNB ↑= AddTable (NbTable, string);
                                     return ($ id, pID ↑ );
                                  END
        end;
```

```
    LS3: return ($plus, "");
    LS4: return ($semi, "");
    LS5: ReadChar (CurrentChar);
         case CurrentChar of
              '='          ⇒ goto LS6;
              other        ⇒ goto LS7;
         end;
    LS6: return ($assi, "");
    LS7: BACK; return ($colon, "");
    LS8: ReadChar (CurrentChar);
         case CurrentChar of
              '='          ⇒ goto LS9;
              other        ⇒ goto LS10;
        end;
    LS9: return ($le, "");
    LS10: BACK; return ($lt, "");
END.
```

3.4 词法分析程序自动生成

如果用正则表达式来描述单词符号，那么，就可以构造一程序，它能够根据给定的正则表达式自动生成相应等价的确定有限自动机，然后根据 3.2.4 节介绍的方法自动生成词法分析器，该程序就是词法分析器自动生成器。下面介绍比较常用的一个词法分析器生成器 LEX。

3.4.1 LEX 简介

LEX（LEXical Analyzer Generator）是一个词法分析程序的自动生成工具。概括地说，可将 LEX 视为一种供编译程序开发者使用的工作语言以及此语言的翻译程序所组成的系统。

LEX 源程序必须按 LEX 系统的规定编写，用来描述所要生成的词法分析程序，其核心是一组识别规则。每一识别规则由两部分组成：其一是一个正则式 R_i，用来描述一种单词的结构，称之为词型（Token Pattern）；另一部分则由若干个 C 语言语句组成（简记为 A_i），用以指明当识别出形如 R_i 单词时，词法分析程序应进行的处理工作。

LEX 源程序需由 LEX 系统的翻译程序进行处理。作为处理的结果，将输出一个名为 lexyy. c 的 C 语言程序文件。此文件含有两部分内容：一是根据正则式规则构造的状态转换矩阵，二是用来驱动该状态转换矩阵的总控程序 yylex ()，同时，LEX 源程序中所列的语义动作 A_i 也被直接复制到文件 lexyy. c 之中。最后，再用 C 编译程序对 lexyy. c 进行编译，并将支持扫描器运行的有关库函数连入目标码程序，便得到了所要生成的词法分析程序。然后，在编译程序运行时，每从主程序调用 yylex () 一次，就从被编译的输入字符流中识别一个单词。显然，对不同的 LEX 源程序而言，LEX 系统生成的扫描器的驱动程序 yylex ()

都是相同的，仅状态转换矩阵相异。

3.4.2 LEX 工作原理

LEX 的功能是根据 LEX 源程序构造一个词法分析器，由 LEX 生成的词法分析器由两部分组成，即一个状态转换矩阵和一个控制执行程序。所以，LEX 系统的功能是根据 LEX 源程序生成相应的状态转换矩阵和控制执行程序。LEX 的具体工作过程如下：

1）扫描每一条正则式规则 R_i，为之构造一个非确定的有限自动机 NFA M_i。

2）将各条正则式规则对应的 NFA M_i 合并为一个新的 NFA M。

3）将 NFA M 等价变化为 DFA D，并生成该 DFA D 的状态转换矩阵和控制执行程序。由于各种语言的状态转换矩阵的结构相同，所以控制执行程序对各个语言是一样的。

LEX 生成的词法分析器在识别单词时，可能会遇到二义性的情况。LEX 生成的词法分析器根据以下两条规则来确定词法分析器的识别算法。

1. 最长匹配原则

在识别单词符号过程中，当有几个规则都适用时，则实施最长匹配的那个规则，如“:=”，应该识别为赋值号，而不是用其他规则识别为冒号和等号。

2. 优先匹配原则

如有一字符串，有几条规则可以同时匹配，并且匹配的长度相同，则实施最前面的规则。所以，在 LEX 源程序中，排在前面的规则的优先级高于排在后面的规则的优先级。

3.4.3 LEX 源文件结构

一般而言，一个 LEX 源程序由%%分隔的 3 个部分组成，其书写格式为

定义部分
%%
识别规则部分
%%
辅助函数部分

其中，定义部分和辅助函数部分是可选的，识别规则部分是必备的。如果辅助函数部分默认，则第二个分隔号%%可以省去；但由于第一个分隔号%%用来指示识别规则部分的开始，故即使没有定义部分，也不能将其省去。

1. LEX 的源程序的定义部分

定义部分的作用，在于对规则部分要引用的文件和变量进行说明，通常可包含头文件表、常量定义、全局变量定义以及宏定义等。除宏定义外，它们与 C 语言程序的书写格式十分类似。

每一个宏定义由分隔符（适当个数的空格或制表符）连接的宏名字和宏内容组成

$$\begin{array}{ll} D_1 & r_1 \\ D_2 & r_2 \\ \vdots & \vdots \\ D_n & r_n \end{array}$$

其中，D_i 是要定义的一组宏名字，且互不相同；r_i 是以后用来替换宏名字 D_i 的宏内容，

它通常是一个正则式。r_i 中的运算对象仅来自集合 $\Sigma \cup \{D_1, D_2, \cdots, D_{i-1}\}$，而不能含有当前正定义的 D_i 及其后才定义的 D_{i+1}，D_{i+2}，…，D_n。这里，Σ是相应程序设计语言的基本字符集的一个子集。

需要注意的是，凡对已定义的宏名字的引用，都需用花括号将它们扩起来，以避免发生混乱。除宏定义外，定义部分的其余代码需用符号%{和%}扩起来。另外，LEX 源程序所使用的 C 语言库文件和外部变量，也应分别用#include 和 extern 予以说明，并置于上述括号之内。

在 LEX 源程序中，起标识作用的符号%%、%{以及%}都必须处于所在行的最左字符位置。另外，在其中也可随意添加 C 语言形式的注释。

2. LEX 源程序的识别规则部分

识别规则部分由一组识别规则组成，其书写格式为

$$\begin{array}{ll} R_1 & A_1 \\ R_2 & A_2 \\ \vdots & \vdots \\ R_n & A_n \end{array}$$

其中，每个 R_i 都是一个 $\Sigma \cup \{D_1, D_2, \cdots, D_n\}$ 上的正则式，用来描述单词的词型；A_i 是一段 C 语言源代码，用来指明从输入字符串中识别出词型为 R_i 的单词时，扫描器应执行的操作。每个 R_i 都必须从所在行的最左字符位置开始书写，并用分隔符（适当个数的 Space 或 Tab 字符）与其后的代码段 A_i 分开。因此，为避免二义性，每个 R_i 中均不能出现这两个字符；在不能回避时，应分别用转义序列 \s 和 \t 予以替代。每个代码段 A_i 可引用已定义的符号常量、全局变量和外部变量，并能调用辅助函数部分所定义的函数，必要时也可在 A_i 中定义自己的局部变量。如果一行内容纳不下一个代码段 A_i，可用若干个连续行进行书写，但它们均应以上述分隔符打头。这是因为，所有以分隔符开头的行，都由 LEX 系统视为与 R_i 相关联的代码部分。另外，如果相邻几条识别规则有相同的代码段，则只需在其中最后一条识别规则中写上此代码段，而在其前的几条识别规则的代码部分写一条竖线“|”即可。即竖线用来指明本条识别规则与下一条识别规则有相同的代码段。

应当指出，由 LEX 系统所提供的驱动程序 yylex（），在扫描器运行时并不回送识别结果，除非在与词型 R_i 相关联的动作 A_i 中含有 return 语句。动作代码段 A_i 一般不必用花括号扩起来，但若 A_i 多于一行或者需要在其中定义局部变量时，则应使用花括号，以便确定这些局部变量的作用域。

3. 辅助函数部分

这部分包含了识别规则动作代码段中所调用的各个局部函数，这些函数由用户编写，它们将由 LEX 系统直接复制到输出文件 lexyy. c 之中。

由 LEX 生成的词法分析器，作为语法分析器的子程序，每调用一次，返回一个 TOKEN。每当词法分析器被激活后，便开始继续读入缓冲区中的字符，按照最长匹配原则，当它找到一个最长的串匹配正则表达式 R_i 时，执行相应的动作 i。通常动作 i 最后将使控制返回语法分析器。如果对当前扫描的串按 R_i 匹配失败，词法分析器重新找尽可能长的串匹配另一识别规则，直到使控制返回语法分析器为止。如果遇到空格或者注释，词法分析器也扫描到其尾串，然后找到一个新的单词的开始，进行匹配。词法分析器把识别出的单词返回给

语法分析器，同时，为了传递单词的属性，可以将所确定的属性值置于全程变量 yylval 中。

3.4.4 LEX 系统中的正则式

在 LEX 源程序中，宏定义及识别规则里都会出现一系列的正则式。这些正则式的书写格式，除应遵循正则式基本定义中的规定外，为便于用户灵活、紧凑地组成复杂的正则式，LEX 还在原定义的基础上，增添了若干个运算符和新的表示方法。下面，对这些新增的内容、正则式的构造方法以及词型与输入字符串的匹配规则等进行简要的说明。

LEX 系统中的正则式由通常的字符（下面简称正文字符）和元字符组成。元字符在正则式中有特殊含义，一般用作运算符或控制符。常用的元字符有

*、+、?、|、[、]、{、}、(、)、.、^、$、"、\、-、/、<、>

利用正文字符和元字符组成正则式的规则及其匹配输入串的规则分述如下：

（1）单个正文字符（非元字符）c 是正则式，它与输入串中的字符 c 相匹配。如果需要上述元字符以正文字符的身份出现在正则式中，则需使用双引号或反斜线取消其元字符的含义，使之成为正文字符。例如，"+"（或\+）、"?"（或\?）在正则式中分别表示加号和问号。此外，类似于 C 语言中的一些转义序列也可出现在正则式中。例如，\b、\f、\n、\t 和\s 等。

（2）字符类是一个正则式，它所匹配的是该字符类所确定的字符集合中的任意一个字符。字符类的表示形式有两种：一种是在一对方括号内，列出字符类中的全部字符（请注意，字符之间不需用逗号分隔）。例如，[abcd01234] 将匹配小写字母 a～d 和数字 0～4 中的任意一字符；如果字符类中的字符过多，在可能的情况下也可用"-"进行缩写，例如，[0-9A-Za-z] 表示任意一字母、数字字符。字符类的另一种表示方法是所谓补集形式，其书写格式为 [^…]，它匹配除^之后所列字符之外的所有字符。例如，[^0-9] 匹配除数字字符之外的任何字符。需要注意的是，除^、\ 和-之外，其余元字符在方括号内失去其特殊含义。然而，如果需要使一个字符类含有一个负号，则需按规定将它放在方括号内首字符或末字符的位置上，例如，[-+.0-9] 和 [+.0-9-] 均匹配正负号、小数点和十进制数字中的任何字符。

（3）凡在 LEX 源文件定义部分中所定义的宏名字，均可出现在宏定义之后的任何正则式中。不过，每个宏名字均需用一对花括号扩起来。LEX 系统在处理源文件时，将根据相应的宏定义对这些宏名字进行展开。

（4）设 r1 和 r2 是正则式，则 r1 r2（表示 r1 和 r2 的连接）和 r1 | r2（表示 r1 或 r2）也都是正则式。

（5）LEX 系统有 3 种闭包运算符，即*、+及?。设 r 为正则式，则

1）r*　表示 r 可重复零次或任意多次。

2）r+　表示 r 可重复一次或任意多次。

3）r?　表示 r 可重复零次或一次。

（6）LEX 系统中设置了点运算符"."，用来匹配除换行之外的任何字符。例如，A.D 可匹配 AND、ADD 及 AVD 等，而且还可匹配 RAYDAC 中的 AYD。

（7）正则式中可用圆括号对其子式进行分组，但括号里的内容需作为一个整体参与对该子式所施加的操作。例如，正则式（word |flow）（age)? 可匹配 word、flow、wordage 及

flowage 等 4 个字符串。请注意［age］和（age）的区别，前者表示 a、g、e 三个字符中的任意一单个字符，后者表示由 3 个字符所组成的字符串。

（8）为了匹配输入字符流中每一行的行首字符串或行末字符串，LEX 系统设置了行首词型和行末词型。它们通过分别在词型的左边和右边加上元字符上箭头^和元符号$来构成。例如，^BEGIN 和 END $。前者表示，仅当字符串 BEGIN 出现在某一行的开头，且无任何前导的空格或制表符等字符时，才能获得匹配；后者则表示仅当字符串 END 出现在一行的结尾时，才能获得匹配。这里所说的一行的开头，是指整个输入字符流的开始，或者紧跟在一个换行字符之后的位置；一行的结尾则指紧靠换行字符左的位置。特别地，当词型为^UnixLEX $时，则一行中仅有唯一的一个单词 UnixLEX 时，才能获得匹配。可见，元字符^在 LEX 源程序中有两种用法，且代表两种完全不同的含义，只要用户按上面所列的规则进行使用，系统当能正确予以区分。

（9）为描述词型匹配时所需的超前搜索，LEX 系统设置了向前搜索/。其作用是，如果 LEX 源程序中有形如 r1 /r2 的词型（r1 和 r2 为正则式），则 r1 是否与一个字符串相匹配取决于紧跟其后的向前搜索部分是否和 r2 相匹配，也就是说，r2 仅作为 r1 获得匹配的条件，而非所要识别单词词型的一部分。例如，为了识别 FORTRAN 源程序中的关键字 DO，需采用超前搜索技术，相应的词型可写成

```
DO/{alnum}* = {alnum}*
```

表示在超前搜索过程中，仅当出现等号和逗号时，才能确认关键字 DO 得到识别。此时 yytext[0]和 yytext[1]之值分别是 D 和 O，而变量 yyleng 之值为 2。又如，可将运算符$视为/的一种特例，因为正则式 R $和 R/\n 等价。

（10）在识别单词的过程中，系统将输入字符流中那些不与任何词型相匹配的字符串均按原样直接送入标准输出文件中。因此，为清晰起见，最好在 LEX 源文件识别规则部分的末端放置一条形如

```
.    ;
```

的识别规则，其中，此行 . 将匹配不能为其前所列的任何词型相匹配的字符，而相应的语义动作是一个用分号表示的空语句，即不执行任何语义操作。此时，所产生的词法分析器将吸收全部输入字符，而不产生任何输出。顺便指出，在一条识别规则中，即使不需做语义处理，也应在语义动作部分放置一个代表空语句的分号。例如，识别规则［\t\n］；的作用是将输入字符流中的全部空格、制表符和换行符删去。

然而，如果用户希望知道一个词型当前所匹配的具体词文，则可在相应的动作代码中放置一条输出语句。例如，识别规则

```
{alpha}{alnum}* . printf( "%s", yytext);
```

将把它所识别的全部字母、数字串显示出来。由于这种输出语句经常使用，所以 LEX 系统特别提供了一个宏名字 ECHO 来表示它。于是，上述识别规则可写成

```
{alpha}{alnum}* ECHO;
```

（11）在一些程序设计语言中，同一词文出现在源程序的不同的上下文可能有不同的语义，因而在编译时也就可能有不同的语义处理。上面介绍的元符号^、$及/正是为了反映其些上下文相关要求而设置的。下面介绍一种通过设置所谓开始条件来区分不同上下文的方法。

设 R 为某一词型，name 是一开始条件，则在 LEX 源程序中，具有开始条件 name 的词型的书写格式为 <name >R，其中，< 和 > 是一对元符号。其含义是：当且仅当 LEX 系统当前处于条件 name 时，词型 R 才能与输入流相应的字符串匹配，否则此识别规则形同虚设。为实现这一功能，用户在编写 LEX 源文件时应完成如下工作：

1）在 LEX 源程序的定义部分，用关键字% start 定义若干个所需的开始条件名

% start name1，name2，…，namek

其中，开始条件名的排列顺序可任意；若需定义的开始条件名较多，在一行写不下时，可用多行定义，但各行均应以% start 开头。

2）对于已定义的开始条件名 namei，其使用方法是将它用一对尖括号括起来，置于某些识别规则的词型正则式 R 的左部，即 <namei >R，表示当 LEX 处在条件 namei 之下此识别规则才起作用。

3）为了使 LEX 进入条件 namei，用户需在某个语义动作中设置一个形如 BEGIN namei；的语句，其中，BEGIN 是由 LEX 系统为用户提供的一个语义过程。当执行此语句后，LEX 便处于 namei 条件之下，即词法分析程序下一次将从附加有开始条件 namei 的识别规则开始进行词型匹配。另一方面，若要使 LEX 恢复为通常的状态（即从某个条件退出），则只需在某个语义动作中执行语句 BEGIN 0 即可。此外，在一个词型正则式之前也可附加多个不同的开始条件，例如，<namei，namej，namek >R，它表示对 3 种开始条件此规则均起作用。

（12）上面所列的 LEX 正则式运算符均服从左结合规则，它们的优先级如表 3.3 所示。

表 3.3 正则式运算符的优先级

运算符	说明	优先级
( )	分组括号	1（最高）
[ ]	字符类括号	2
* + ?	闭包运算符	3
cc	连接运算符	4
|	或运算符	5
^$	指定行首和行末	6

3.4.5 LEX 的使用方式

LEX 可以用两种方式来使用。一种是将 LEX 作为一个单独的工具，用以生成所需的识别程序，而这些识别程序通常都出现在一些非开发编译器的应用领域中，诸如编辑器设计、命令行解释、模式识别、信息检索以及开关系统等。第二种方式是将 LEX 和语法分析器自动生成工具（诸如 YACC 和 OCCS 等）结合起来使用，以生成一个编译程序的扫描器和语法分析器。

现假定用户已准备好名为 scanner 的 LEX 源文件，即可在 UNIX 系统下用如下的命令调出 LEX 对其进行处理：LEX scanner. 1，（LEX 的使用方法是：LEX [-bcdfhilnpstvwBFILTV78 + ? -C [aefFmr] -ooutput-Pprefix-Sskeleton] [--help--version] [FILENAME ...])，所得到的输出是名字为 lexyy. c 的文件；再用下面的命令调用 C 编译器对其进行编译：

cc Lexyy. c-ll-o saomiaoqi

3.4.6 应用实例

对于图 3.5 所示的单词，可用如下的 LEX 输入程序来自动生成词法分析器：

```
letter→A | B | … | Z | a | b | … | z
digit→0 | 1 | … | 9
digit1→1 | 2 | … | 9
%%
leter (leter | digit)*        {return (1, null);}
digit1 (digit)*               {return (2, null);}
 +                            {return (20, null);}
 ;                            {return (21, null);}
 :                            {return (23, null);}
 :=                           {return (22, null);}
 <                            {return (25, null);}
 <=                           {return (24, null);}
```

习 题 3

1. 词法分析器的功能是什么？
2. 试分析分隔符（空格、跳格及回车等）对词法分析的影响。
3. 给出识别 C 语言全部实型常数的自动机。
4. 写出识别 C 语言中所有单词的 LEX 程序。

第 4 章　语法分析——自顶向下分析方法

上一章讨论了词法分析的任务和方法，那实际是正则语言的识别问题。语法分析则是在词法分析的基础上进行的。它的任务是分析并判定编程语言的语法结构（表达式、语句、过程）是否符合文法规则。高级语言的大部分语法结构可用上下文无关文法描述，因而宜于将上下文无关文法用作语法分析的基础。语法分析的理论比较成熟，已经提出了许多有效的分析方法。这些理论上的成果对于编译方法的巨大指导作用，使得语法分析程序的设计可以由计算机自动地完成。语法分析方法可分为自顶向下和自底向上两大类。本章介绍自顶向下的语法分析方法。

4.1　语法分析程序介绍

4.1.1　语法分析程序的功能

语法分析器按照词法规则将字符串形式的源程序识别为单词（TOKEN）序列，这些单词便是上下文无关文法中的终极符。语法分析的功能是：把词法分析的输出（单词序列）作为输入，按照文法规则，从其中识别出各类语法成分，同时进行语法检查，为语义分析和代码生成做准备。执行语法分析任务的程序称为语法分析程序，也称为语法分析器，它是编译程序的主要组成部分之一。

语法分析器和识别器是有区别的。其主要区别是：识别器的主要功能是识别输入的字符串是否合法；而语法分析器的功能是识别输入字符串的合法性和语法结构。编译器在进行语法处理时，需要识别和分解程序中的各种成分，因此，需要用语法分析器。单词里不能再包含其他单词结构，即单词是不可分的简单对象，因此，单词处理实际上用的是识别器。

4.1.2　语法错误类别及错误处理

单词的错误及其处理由词法分析器来完成，而语法错误及其处理则由语法分析器来完成。语法分析器并不检查语义错误，因此没有语法错误不等于程序没有错误。语义错误的检查由语义处理部分来完成。实际上词法分析器很难识别出源程序的错误，因此错误检查工作主要由语法分析器和语义分析器来完成。常见的语法错误有下面一些：

1）程序的开始单词错，表达式的开始单词错，语句的开始单词错，表达式的后继单词错，语句的后继单词错等。

2）标识符和常量单词错。如域名不是标识符，在 const、type、var、function 和 procedure 等保留字后面不是标识符，枚举类型中的元素不是标识符等，case 语句中的情形分量部分不是所允许的常量等。

3）括号类错误。如 begin—end 不匹配，（—）不配对，［—］不配对，case—end 不配对，if—then—else 不配对等。

4）分隔符错。如赋值语句左部变量后面不是赋值号，标识符表或表达式表的分隔符（或后继符）错。

语法分析器错误处理的基本目标是：

1）能够清楚而准确地报告发现的错误，如错误的位置和性质。

2）能够迅速地从错误中恢复过来，以便继续分析后面可能存在的错误。

3）错误处理功能不应该明显地影响对正确程序的处理效率。

语法分析器在分析输入符号的过程中，一旦发现错误，就应该做适当的恢复。通常，编译器试图恢复自己到某一状态，以便可以继续分析输入串，使错误不断地被指出。但是如果恢复不当，可能引起讨厌的、以假乱真的伪错误大量涌现，这些错误不是源程序中的，而是由于恢复时改变了分析器的状态所引起的。同样，语法错误的恢复也可能引入语义伪错误（由语义分析或代码生成程序检查出来），如错误恢复时，分析器可能跳过某个变量如 rate 的声明，以后再碰到 rate 时，语法没有错误，但由于符号表中无 rate 的条目，因此会产生变量 rate 未定义的错误。

有时，错误所在的位置远远先于发现它的位置，并且这种错误的准确性质也难以推断，在一些困难的场合，出错处理程序可能需要猜想程序员的本意。

分析器可以采用的错误恢复策略有很多种，有几种方法已被广泛应用，但还没有哪一种策略是被普遍接受的，先介绍以下几种方法。

1. 紧急方式恢复

这是最简单的恢复方式，适用于大多数分析器。其做法是发现错误时，分析器每次抛弃一个输入记号，直到当前输入记号属于某个指定的同步记号集合为止。同步记号一般是定界符，如分号、end 等，它们在源程序中的作用是清楚的。这种方法简单，不会陷入死循环。它常常跳过一段输入记号而不检查其中是否含有错误，在一个语句中很少出现多个错误的情况下，还是可以胜任的，但是编译器的设计者必须选择适当的同步记号。

2. 短语级恢复

发现错误时，分析器对剩余输入做局部纠正，用可以使分析器继续分析的符号串代替剩余输入串的前缀。典型的局部纠正是用分号代替逗号、删除多余的分号、插入遗漏的分号等。这种策略可能发生死循环，例如总是在当前输入串前面插入一些东西，所以编译器的设计者必须仔细选择替换的串，以免引起死循环。这种策略可以用来纠正任何输入串，而且已经在几个错误修复编译器中得到应用，其主要缺点是难以应付实际错误出现在分析点之前的情况。

3. 出错产生式

如果编译器的设计者对经常遇到的错误了解得很清楚，可以扩充语言的文法，增加产生错误结构的产生式。用此扩充的文法来构造分析器。如果分析器用了出错产生式，可以产生适当的错误分析信息，以表示输入串中的错误结构已经被识别。

4. 全局纠正

使用这种策略的分析器在处理不正确的输入串时，做尽可能少的修改，即给定不正确的输入串 x 和文法 G，获得串 y 的分析树，使把 x 变成 y 所需要的插入、删除和修改量最少。这种算法是存在的，但其付出的时空代价太大，因而目前这种技术还处于理论阶段。

4.1.3 自顶向下语法分析基本思想

自顶向下分析是从文法的开始符号出发，试图为输入串建立一个最左推导，或者为输入串构造一棵语法树。这种分析是通过对当前句型的最左非终极符，反复使用它的不同规则进行替换和展开，以匹配输入串来实现的。

例 4.1 有如下文法 G[Z]：

Z→AB

A→ab

B→cd | aBd

假定要分析的句子是 abacdd，从建立语法树的角度来看，为了自顶向下构造其语法树，首先按照文法的开始符产生根节点 Z，然后用 Z 的产生式继续生成这棵树，其末端节点按从左向右的顺序如果是给定的句子，则该句子符合文法，否则不符合文法。如图 4.1 建立了 abacdd 的一棵语法树，说明该句子是文法 G[Z] 所定义的句子。

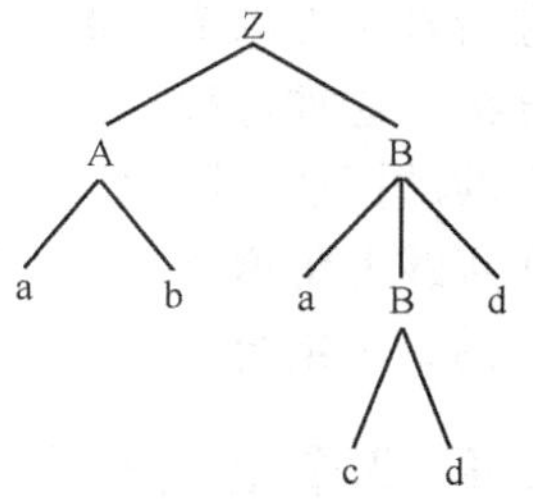

图 4.1 句子 abacdd 的语法树

上述自顶向下地为输入符号串建立语法树的过程，实际上也是设法建立一个最左推导序列，以便通过一步一步推导将输入串推导出来。显然，对于句子 abacdd 可以通过如下的推导过程将其推导出来：

S⇒AB⇒abB⇒abaBd⇒abacdd

可见，abacdd 是文法产生的句子，符合该文法。

在例 4.1 中，从文法的开始符号根据输入串尚未匹配的第一个符号，可唯一地选择一个产生式进行推导。如果有多个产生式可供选择，则会出现另一种情况。一般来说，为了给输入串寻找一个最左推导，必须对每一步直接推导使用的产生式进行反复试探，以便从中得到一个正确的选择。

例 4.2 有如下 G[E]：

E→T (1)

E→E + T (2)

T→F (3)

T→T × F (4)

F→(E) (5)

F→i (6)

分析句子“i + i × i”是否符合所给文法 G [E]。

首先，从开始符 E 出发，此时可供选用的是（1）和（2）两个产生式，对于两个产生式的选择很难确定，只能依次进行试探，首先选用 E→T，则有：E⇒T。如果不能由此达到预期目的，再返回去选用 E→E + T。下面继续推导有

E⇒T⇒F⇒ (E)

目前经推导已得到 (E)，但其中最左符号为“（”，它不能与“i + i * i”中任何符号匹配，从而可以判定以上所建立的推导是错误的。因此，应退回一步另选产生式进行试探。即有：E⇒T⇒F⇒i，此时推导式已和“i + i × i”的第一个符号相匹配，然而所推导的句型中

不再含有非终极符，且 $i \neq i+i\times i$，故选用产生式 $F\Rightarrow i$ 的试探同样归于失败。因为，关于 F 的两个产生式都已被试过，应退回到推导式 $E\Rightarrow T$，并选用 T 的第二个产生式 $T\rightarrow T\times F$ 进行试探，即有：$E\Rightarrow T\Rightarrow T\times F$。

进一步试探表明，推导式 $E\Rightarrow T\Rightarrow T\times F\Rightarrow F\times F\Rightarrow i\times F\Rightarrow i\times i$ 同样不能达到预期的结果。因此，可以断言推导式 $E\Rightarrow T$ 本身就是不正确的选择。这样就必须把前面所做的全部推导作废，重新从 E 出发，选用它的第二个产生式即从 $E\Rightarrow E+T$ 开始进行试探，最终可以推导出 $i+i\times i$，证明了 $i+i\times i$ 是文法 G[E] 的一个句子。对于在推导过程中有多个产生式可供选择的情况，推导失败并不意味着输入串不是给定文法所定义的句子。在自顶向下的语法分析过程中，如果出现多个产生式可供选择，每当一个选择失败就选取下一个选择再进行试探。即应沿着所走的道路退回，回到最近那个能做多种选择的地方，做另一种选择，然后继续进行分析，这种过程称为回溯。由于这种带回溯的自顶向下的语法分析方法实际上采用了一种穷举的试探法，因此，效率很低，代价极高。严重的低效率使得这种分析法只有理论意义，而在实践上价值不大。实际的自顶向下的语法分析中，为了避免这种回溯，普遍采用了下面介绍的 3 个集合。

4.1.4　3 个重要的集合

为了实现不带回溯的自顶向下的语法分析方法，下面首先引入 3 个集合：首符集（First 集）、跟随符集（Follow 集）和预测符集（Predict 集）。

设 $G=(V_T, V_N, S, P)$ 是上下文无关文法，$A\in V_N$，S 是开始符号，则

1）$First(\beta)=\{a\in V_T \mid \beta\overset{*}{\Rightarrow}a\cdots\}\cup(\text{if } \beta\overset{*}{\Rightarrow}\varepsilon \text{ then } \{\varepsilon\} \text{ else } \varnothing)$

2）$Follow(A)=\{a\in V_T \mid S\overset{+}{\Rightarrow}\cdots Aa\cdots\}\cup(\text{if } S\overset{*}{\Rightarrow}\cdots A \text{ then } \{\#\} \text{ else } \varnothing)$

3）$Predict(A\rightarrow\beta)=First(\beta)$，　　　　if $\varepsilon\notin First(\beta)$

$\qquad =(First(\beta)-\{\varepsilon\})\cup Follow(A)$，if $\varepsilon\notin First(\beta)$

其中，#表示输入串的结束标志，First(β)表示 β 串所能推导出来的终极符串的头终极符集，如果 β 能推导出空串，则令 First(β)包含 ε。Follow(A)表示所有那些终极符的集合，这些终极符在某个句型中出现在 A 的后面，这种集合主要用于求 Predict(A→β)集合。

自顶向下语法分析过程中，可以根据当前的输入符号是属于哪个产生式右部的 First 集而决定选择相应产生式进行推导。假设非终极符 A 对应的输入符号为 a，则应该选择这样的产生式进行推导：$A\rightarrow\beta$，$a\in First(\beta)$；但当 β 能推导出空串时，应选择这样的产生式进行推导：$A\rightarrow\beta$，$a\in Follow(A)$。综合上述两种情况，即在推导过程中选择如下的产生式进行推导：$A\rightarrow\beta$，$a\in Predict(A\rightarrow\beta)$，这就是引入集合 Predict 的原因。

在求 First（β）集时要对构成 β 的每一文法符号 X 计算 First(X)，因此，首先给出求 First(X)的算法要点。

1）若 $X\in V_T$，则 $First(X)=\{X\}$。

2）若 $X\in V_N$，则 $First(X)=\{a \mid X\rightarrow a\cdots$是文法的一个产生式，$a\in V_T\}$。

3）若 $X\in V_N$，且有产生式 $X\rightarrow\varepsilon$，则 $\{\varepsilon\}\in First(X)$。

4）若 $X\in V_N$，有产生式 $X\rightarrow Y_1Y_2\cdots Y_n$，且 $Y_1, Y_2, \cdots, Y_i\in V_N$

当 $Y_1, Y_2, \cdots, Y_{i-1}\overset{*}{\Rightarrow}\varepsilon$，则 $First(Y_1)-\{\varepsilon\}$，$First(Y_2)-\{\varepsilon\}$，$\cdots$，$First(Y_{i-1})-\{\varepsilon\}$，

First(Y_i)都包含在 First(X)中；

当 $Y_i \stackrel{*}{\Rightarrow} \varepsilon$ (i = 1，2，…，n)，将 {ε} 并入 First(X) 中。

若符号串 $\beta = X_1X_2\cdots X_n$，则下面是求 First(β)的算法要点：

1）当 X_1，X_2，…，$X_{i-1} \stackrel{*}{\Rightarrow} \varepsilon$，$X_i$ 不能推导出 ε，则

$$\text{First}(\beta) = \cup_1^{i-1}(\text{First}(X_j) - \{\varepsilon\}) \cup \text{First}(X_i)$$

2）若 $\forall X_i$，$X_i \stackrel{*}{\Rightarrow} \varepsilon$，则 $\text{First}(\beta) = \cup_1^{n}(\text{First}(X_j))$

求 Follow(A)的算法要点：

1）对所有 $A \in V_N$，令 Follow(A) ={}；对开始符 S，令 Follow(S) ={#}。

2）若有产生式 A→xBy，如果 ε ∈ First(y)则

$$\text{Follow}(B) = (\text{First}(y) - \{\varepsilon\}) \cup \text{Follow}(A)$$

否则，Follow(B) = First(y)。

3）重复上一步，直至对所有 $A \in V_N$，Follow(A)收敛为止。

例 4.3 下列文法 G[E]的所有非终极符的 First 集、Follow 集见表 4.1，每个产生式的 Predict 集见表 4.2。

E→TE '

E '→ + TE ' | ε

T→FT '

T '→ * FT ' | ε

F→i

F→(E)

表 4.1 First 集和 Follow 集

文法符号	First 集	Follow 集
E	{ i, (}	{), # }
E '	{ +, ε}	{), # }
T	{ i, (}	{ +,), # }
T '	{ *, ε}	{ +,), # }
F	{ i, (}	{ *, +,), # }

表 4.2 产生式的 Predict 集

产生式	Predict 集
E→TE '	{ i, (}
E '→ + TE '	{ + }
E '→ε	{ #,) }
T→FT '	{ i, (}
T '→ * FT '	{ * }
T '→ε	{ +,), # }
F→i	{ i }
F→ (E)	{ (}

4.1.5 自顶向下语法分析条件

设计不带回溯的自顶向下的语法分析程序需要考虑的主要问题是：

1）当一个非终极符有多个产生式时，如何保证唯一地确定其中一个产生式？

2）如果有空产生式 $A \to \varepsilon$ 怎么办？

在自顶向下语法分析过程中，当某个非终极符 A 面临输入符号 a 时，若 $a \in First(\beta_i)$ 且 $a \notin First(\beta_1) \cup First(\beta_2) \cup \cdots \cup First(\beta_{i-1}) \cup First(\beta_{i+1}) \cup \cdots \cup First(\beta_n)$，其中，A 对应的产生式为 $A \to \beta_1 | \beta_2 | \cdots | \beta_n$，那么就可以唯一地确定用产生式 $A \to \beta_i$ 进行推导；如果输入符号 a 不属于 A 的任意产生式的首符集且 A 的某个产生式的首符集中包含 ε 时，不难发现，只有当 $a \in Follow(A)$ 时，才能选择首符集包含 ε 的那个产生式进行推导；若 a 都不属于这两个集合，则出现语法错误。换言之，假设 A 的全部产生式为 $A \to \beta_i (i = 1, 2, \cdots, n)$，则有下面的结论：

1）产生式 $A \to \beta_k$ 被选择的条件是当前输入符属于 predict $(A \to \beta_k)$。

2）至多有一个产生式被选择的条件是

$$predict(A \to \beta_k) \cap predict(A \to \beta_j) = \varnothing, \text{当 } k \neq j$$

其中，第二个条件就是不带回溯的自顶向下语法分析的条件，满足这个条件的文法称为 LL(1) 文法。同样，可以定义 LL(k) 文法，LL(1) 文法是 LL(k) 文法的特例(k = 1)。

在实际的程序设计语言中，文法不满足 LL(1) 文法条件的情形主要有下面两种情形：

1）公共前缀：某个非终极符 A 有如下的两个产生式 $A \to \alpha\beta$，$A \to \alpha\gamma$，且 $\alpha \neq \varepsilon$。

2）左递归：某个非终极符 A 有直接左递归产生式 $A \to A\alpha$ 或间接左递归。

公共前缀表示 A 的不同产生式的右部具有相同的前缀，这种情形不满足 LL(1) 分析条件是显而易见的。这时可用第 2 章中讲的提取左因子的方法消除产生式的公共前缀。

如果有推导 $A \stackrel{+}{\Rightarrow} A\cdots$，则称 A 左递归。左递归情形，一定使得 LL(1) 分析条件不成立。这时可用第 2 章中讲的消除左递归算法消除文法中的左递归。

消除公共前缀和消除左递归是把文法转换成 LL(1) 文法的最基本的转换技术，但是消除了文法的公共前缀和左递归并不意味着文法一定是 LL(1) 文法，有时还需要其他的转换方法。例如，假设有如下文法：

Stm→Label ：UnLabeledStm

Stm→id

UnLabeledStm→id：=Exp

Label→id

显然，这个文法没有公共前缀和左递归，但是它不满足自顶向下语法分析条件。显然，如果把第四条产生式代入到第一条产生式中，并消除公共前缀即可得到如下文法。

Stm→id Suffix

Suffix→：UnLabeledStm |ε

UnLabeledStm→id：=Exp

已经证明，非 LL(k) 文法是存在的，即有些文法是无法变换成 LL(k) 文法的。事实上，通常程序设计语言的文法大都可以转换成 LL(1) 文法，只有 if-then-else 结构语句例外。

S→if id then S ELSE

S→OtherStm

ELSE→else S

ELSE→ε

该文法中 ELSE 部分是可有可无的，即所谓的“悬空”问题。这种结构使得 then 部分可比 else 部分多，它将导致 then 与 else 的匹配不是一一对应的。从该文法容易看出

Predict(ELSE→else S) ={else}

Predict(ELSE→ε) = Follow(ELSE) ={else, …}

则 Predict(ELSE→else S)∩Predict(ELSE→ε)≠∅，因此它不是 LL(1)文法，而且可以证明它不是 LL(k)文法。

4.2 递归下降法

4.2.1 递归下降法语法分析原理

递归下降法的主要做法是：对文法中每个非终极符 U（代表一种语法成分）都编写一个子程序，以完成该非终极符所对应的语法成分的分析和识别任务。某个非终极符的语法分析子程序的功能是：用该非终极符的规则的右部符号串去匹配输入串。分析过程是按文法的规则自顶向下一级一级地分配任务，即调用有关的子程序来完成。当编译程序根据文法和当前的输入符号预测到下一个语法成分为 U 时，即预测到待匹配的输入符号串可以被从 U 出发所推导出的符号串相匹配时，就确定 U 为目标，并调用分析和识别 U 的子程序。在分析和识别某语法成分的子程序匹配输入串成功并正确返回时，该语法成分才算真正获得了识别，并确定输入串无语法错误。由于这种分析方法的特点是带有预测性的，并在分析过程中面对着一个目标，所以称为预测的或面向目标的。

下面，我们简单讨论一下，为什么针对某些非终极符所编写出的分析程序要写成递归子程序？回答很简单，因为文法具有递归性。前面已经讲过，自顶向下分析不能处理左递归文法，若有左递归，则应改写文法予以消除。但是，消除了左递归并不等于消除了文法的所有递归性质，此时，文法仍可以有右递归性或自嵌入性。如在文法中有规则

U→…U 或 U→…U…

此仍为递归规则，故分析 U 子程序要编成递归子程序。因为该子程序在用规则右部符号串去匹配输入串的过程中，又要调用 U 自己。即在通过该子程序正常出口返回调用程序以前，又要重新直接进入该子程序，这就是直接递归。此外，还有间接递归，如在文法中有规则

U→…V

V→…UW

那么，有：U⇒…V⇒…UW，即 U⇒…UW。

在这种情况下，在分析 U 的子程序中需要调用分析 V 的子程序，而在分析 V 的子程序中又要调用分析 U 的子程序。这样，对 U 的分析程序就要编成递归子程序。因为，在进入 U 的分析程序以后、在返回调用程序以前，又可能要间接地进入自己。

由于程序设计语言的文法大都具有这种递归性质，所以，其分析程序大都应该是可递归调用的。因此，也称递归下降法为递归子程序法。

综上所述，递归下降法的主要原理是：对每个非终极符按其产生式结构产生相应的语法分析子程序，其中的终极符产生匹配命令，而非终极符则产生调用命令。

子程序的结构与产生式结构几乎一致。所以，它是最容易掌握而不需要其他知识的一种简单分析方法。例如，假设有产生式 Stm→while Exp do Stm，则对应该产生式右部的语法分析程序部分如下：

begin Match(#while); Exp; Match(#do); Stm end

其中，#while 和#do 分别表示 while 和 do 的 TOKEN 码，Match(#while)表示检查当前输入符的 TOKEN 是不是#while，若是，则输入流指针向前移一位。

4.2.2 递归下降法语法分析程序的构造

下面将介绍从给定产生式出发编写相应递归子程序的方法。当然此处的文法应该满足 LL(1)文法的条件。为了方便起见，首先引进下面两个基本动作：

1） ReadToken：从输入流把下一个 TOKEN 码读到变量 token 中。

2） Match（a）：检查 token = a? 若是，则执行 ReadToken，否则报错并停机。其中，a 是终极符（TOKEN 码）。

假设文法中有如下的产生式 $A \rightarrow \beta_1 \mid \beta_2 \mid \cdots \mid \beta_n$，则应按如下方法编写语法分析子程序：

```
procedure A()
  begin    if token ∈ Predict(A→β1) then   θ(β1) else
           if token ∈ Predict(A→β2) then   θ(β2) else
           …
           if token ∈ Predict(A→βn) then   θ(βn) else
           error()
  end
```

其中，对 $\beta_i = X_1X_2\cdots X_n$，$\theta(\beta_i) = \theta'(X_1); \theta'(X_2); \cdots; \theta'(X_n)$;

- 如果 $X_i \in V_N$，则 $\theta'(X_i) = X_i$
- 如果 $X_i \in V_T$，则 $\theta'(X_i) = Match(X_i)$
- 如果 $X_i = \varepsilon$，则 $\theta'(\varepsilon) = skip$(空语句)

例 4.4 假设有如下文法：

Z→aBa

B→bB

B→c

则相应的递归子程序可如下：

```
procedure Z()
    begin
        if token = a
        then begin Match(a); B; Match(a) end
        else error();
```

```
        end.
    procedure B( )
        begin
            if token  =  b then Match(b); B;
            else
                if token = c
                then Match(c);
                else error( )
        end;
```

可以写一个主程序调用文法开始符所对应的子程序进行语法分析。

begin ReadToken; Z end.

递归下降法的优点是：程序结构和层次清晰明了，易于手工实现；就语义加工来说，这种方法十分灵活，可以在过程的任何地方插入有关语义加工程序，进行语义处理，而不一定要在查出短语之后再插入。该方法与那些能使用部分自动化系统的方法相比，其主要缺点是需要做更多的编写程序和调试程序工作。使用本方法时一定要把诸递归子程序的接口搞清楚，例如，对于上述文法处理子程序而言，进入每个分析处理子程序时第一个字符已经读入Token中，而在退出处理子程序时，又读出了下一个单词到Token中。因此，任何别的递归子程序，若要调用这个子程序，都必须遵守这一要求，否则会发生混乱，无法把语法分析进行下去。

4.3 LL(1)分析方法

本节将介绍实现自顶向下分析的另一种方法，即所谓的LL(1)分析方法。如此命名该分析方法的原因在于，相应的语法分析将按自左至右的顺序扫描输入符号串（LL(1)中的第一个L)，并在此过程中产生一个句子的最左推导（LL(1)中的第二个L)。至于括号中的“1”，则表示在分析过程中，每进行一步推导，只要向前查看一个输入符号，便能确定当前所应选用的产生式规则，它是LL(k)分析法的特例。因此，通常把按上述方法执行语法分析任务的程序称为LL(1)分析程序或LL(1)分析器，使用这种方法进行语法分析，可借助于一张分析表及一个语法符号栈，在一个驱动程序控制下很方便地实现。

4.3.1 LL(1)分析法原理

LL(1)分析法属于自顶向下分析方法，因此和递归下降法一样需要预测匹配的产生式。即在LL(1)分析法中，每当在符号栈的栈顶出现非终极符时，要预测用哪个产生式的右部去替换该非终极符。因此，LL(1)分析方法和递归下降法一样，要求文法满足如下条件：对于任一非终极符A，其任意两个产生式$A\to\alpha$，$A\to\beta$，都要满足下面的条件：

$\text{Predict}(A\to\alpha)\cap\text{predict}(A\to\beta)=\varnothing$

在逻辑上，一个LL(1)分析器由输入流、LL(1)分析表、符号栈和驱动程序组成，如图4.2所示。其中：

1）输入流即待分析的符号串，它以定界符“#”作为结尾。在各种分析技术的实现中，总是让输入符号串后面紧跟一个“#”标志输入串的结束。在输入符号串之前也有标志符号“#”，LL(1)分析器的驱动程序将把“#”事先压入符号栈。因此，“#”被称为左右端标志符号，它不是文法符号，是由分析程序自动添加的。

2）分析表T可用一个矩阵（或二维数组）来表示，它概括了相应文法的全部信息。矩阵的每一行对应文法的一个非终极符，而相应的列则指出该非终极符对某个终极符（向前看的符号）选择哪个产生式。分析表中的元素是产生式（编号）或Error，其中，Error表示当前的输入符号不能与相应的非终极符匹配，产生错误。即分析表元素T(A, a)，$A \in V_N$，$a \in V_T \cup \{\#\}$，或者指示了当前推导所应使用的产生式，或者指出了输入串中含有的语法错误。

3）符号栈中存放分析过程中的文法符号串，即文法的一个左句型。

4）LL(1)分析器对每个输入串的分析在驱动程序下进行。具体分析时是根据当前输入符号 a_i 和符号栈栈顶符号 X_i 决定所选产生式，按分析表进行相应的操作。

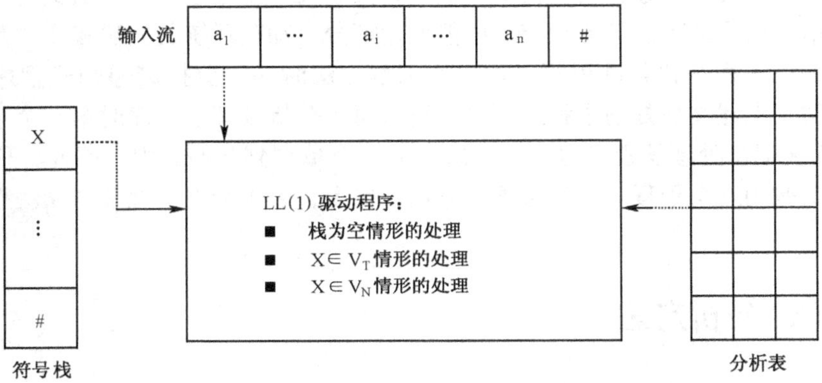

图4.2 LL(1)分析器的构成

4.3.2 LL(1)分析表的构造

显然，LL(1)分析方法的实现关键在于LL(1)分析表和驱动程序的构造，这里先讨论LL(1)分析表的构造。LL(1)分析表的作用是对当前非终极符和输入符号确定应该选择用哪个产生式进行推导。它的行对应文法的非终极符，列对应终极符，表中的值有两种：一是产生式的编号，一是错误编号。若用T表示LL(1)分析表，则T可表示如下：

$T: V_N \times V_T \to P \cup \{Error\}$

$$T(A,t) = \begin{cases} A \to \alpha, & 当\ t \in Predict(A \to \alpha) \\ Error, & 否则 \end{cases}$$

其中，P表示所有产生式的集合。显然，一个文法G是LL(1)文法，当且仅当T的元素包含唯一的一个产生式或Error。很容易看出，如果G是LL(1)文法，则可用自顶向下的方法进行语法分析。

例4.5 构造文法G[E]的LL(1)分析表，产生式如下：

$E \to TE'$ (1)

E '→+TE '　　(2)

|ε　　(3)

T→FT '　　(4)

T '→*FT '　　(5)

|ε　　(6)

F→(E)　　(7)

| i　　(8)

首先，求各个产生式的 Predict 集见表 4.3。

表 4.3　文法 G[E]的 Predict 集

	产生式	Predict 集
1	E→TE '	{(,i}
2	E '→+TE '	{+}
3	E '→ε	{#,)}
4	T→FT '	{i,(}
5	T '→*FT '	{*}
6	T '→ε	{+,),#}
7	F→(E)	{(}
8	F→i	{i}

因此，上述文法的 LL(1)分析表见表 4.4，其中为了方便起见，空白处均指“出错标志”——Error。

表 4.4　文法 G[E] 的 LL(1)分析表

	i	+	*	(	)	#
E	1			1		
E '		2			3	3
T	4			4		
T '		6	5		6	6
F	8			7		

例 4.6　构造文法 G[S]的 LL(1)分析表，文法如下：

S→if id then S ELSE　　(1)

ELSE→else S　　(2)

ELSE→ε　　(3)

容易看出该文法是一个二义性文法。首先，求各产生式的 Predict 集

Predict(S→if id then S ELSE) = {if}

Predict(ELSE→else S) = {else}

Predict(ELSE→ε) = {else, #}

显然，Predict(ELSE→else S) ∩ Predict(ELSE→ε) ≠∅，即不满足 LL(1)分析的条件，具体体现在 LL(1)的分析表中

T(ELSE,else) = {(2), (3)}

如果我们定义

T(ELSE,else) = {(2)}

则它将实现 Pascal 语言中的 else 匹配原则，即每个 else 与其前面最近的还未匹配的 then 相匹配。

4.3.3 LL(1)驱动程序的构造

前面介绍了 LL(1)分析表的构造方法，现在考虑如何用 LL(1)分析表自顶向下地进行语法分析。LL(1)分析器对每一输入串的分析均在驱动程序控制下执行。LL(1)分析主要包括以下 4 个动作，其中，X 为符号栈栈顶元素，a 为输入流当前字符。

1) 替换：当 $X \in V_N$ 时选相应产生式的右部 β 去替换 X。

2) 匹配：当 $X \in V_T$ 时它与 a 进行匹配，其结果可能成功，也可能失败，如果成功则符号栈中将 X 退栈并将输入流指针向前移动一位，否则报错。

3) 成功：当格局为(空,空)时报告分析成功。

4) 报错：出错后，停止分析。

下面给出构造 LL(1)驱动程序的算法：

(1) 分析开始时，首先，将标志符号#和文法开始符号 S 依次压入符号栈；输入流指针指向第一个输入符号，即由符号栈和输入流构成的初始格局为

$$(\#S,\ a_1a_2\cdots a_n\#)$$

然后，反复执行第二步所列的工作。

(2) 设在分析的某一步，符号栈及剩余的输入流处于如下的格局：

$$(\#X_1X_2\cdots X_{m-1}X_m,\quad a_ia_{i+1}\cdots a_n\#)$$

其中，$X_1X_2\cdots X_{m-1}X_m$ 为分析过程中所得的文法符号，此时，可视栈顶符号 X_m 的不同情况分别做如下动作：

1) 若 $X_m \in V_N$，则以 X_m 及 a_i 组成的符号对(X_m, a_i)查分析表 T。设 $T(X_m, a_i)$为一产生式，假设是 $X_m \to UVW$，此时将 X_m 从分析栈中退出，并将 UVW 压入栈中，从而得到新的格局

$$(\#X_1X_2\cdots X_{m-1}WVU,\quad a_ia_{i+1}\cdots a_n\#)$$

但若 $T(X_m, a_i) = \text{Error}$，则调用出错处理程序进行处理。

2) 若 $X_m = a_i \neq \#$，则表明栈顶符号已经与当前扫描的输入符号得到匹配，此时应将 X_m（即 a_i）从栈中退出，并将输入流指针向前移动一个位置。

3) 若 $X_m = a_i = \#$，则表明输入串已经完全得到匹配，此时即可宣告分析成功而结束分析。

4) 其他情形，转错误处理程序。

从上面的 LL(1)驱动程序构造算法可以看出，LL(1)分析法的驱动程序对任何文法都是一样的，只是不同的文法其 LL(1)分析表不同而已。对于例 4.6 中的表达式文法，句型 i + i *i 的分析过程见表 4.5。

表 4.5 句型 i+i*i 的分析过程

分析栈	输入流	矩阵元素
#E	i + i * i #	T[E,i] = 1
#E'T	i + i * i #	T[T,i] = 4
#E'T'F	i + i * i #	T[F,i] = 8
#E'T'i	i + i * i #	Match
#E'T'	+ i * i #	T[T',+] = 6
#E'	+i * i #	T[E',+] = 2
#E'T+	+i * i #	Match
#E'T	i * i #	T[T,i] = 4
#E'T'F	i* i #	T[F,i] = 8
#E'T'i	i * i #	Match
#E'T'	* i #	T[T',*] = 5
#E'T'F*	* i #	Match
#E'T'F	i #	T[F,i] = 8
#E'T'i	i #	Match
#E'T'	#	T[T',#] = 6
#E'	#	T[E',#] = 3
#	#	成功

4.4 自顶向下分析程序的自动生成

LLGen 是 LL(1)分析器的自动生成系统，是由威斯康辛大学的 Jon Mauney 研制的。它输入 LLGen 所规定格式的输入文件，并输出 LL 分析表和其他有用的一些信息，要输出哪些信息可由用户来选择。

LLGen 的输入文件主要由三部分组成，其每部分由特殊符开始。因为，LL(1)分析的驱动程序是通用的，因此，自动生成器不需要产生此部分，而只需要构造出 LL(1)分析表和文法的内部表示等。所以要构造文法的内部表示，是因为在进行分析时要做出用产生式右部替换非终极符的动作。

*fmq <选择部分>

*define <常数定义部分>

*terminals <终极符定义部分>

*productions <产生式定义部分>

*end

前面和后面可有<注释部分>。

选择部分由*fmq 开始，其主要功能是控制输出信息。其中，可列出 LLGen 所规定的几种选择名，其具体名和含义分别如下：bnf(输出文法规则)；first(输出 first 集)；follow(输出 follow 集)；parstable(输出分析动作表)；vocab(输出文法符号)；text、binary(以文本或二进制形式输出信息)。

常数定义部分可有可无。*define 之后是常数定义表，而每个常数定义由常数名和无符号整数组成，其中每个常数定义占一行。

终极符定义部分由*terminals 开头，此后是终极符表。其中，每个终极符占一行。终极符在表中的序号作为其序号。

产生式定义部分由 * productions 开头，此后是产生式表。其中，每个产生式占一行。产生式的一般形式是 <左部>: = <右部>，具体细节不再赘述。

结束部分由 * end 表示，其作用是使得 LLGen 系统完成所要做的补充工作。

LLGen 的输出主要包括以下信息：

1）终极符个数、产生式个数等信息。

2）产生式右部的长度。

3）LL(1)分析表。

4）可导出空串的符号表。

5）文法中所有符号的内部表示。

6）如果文法不是 LL(1)文法，则报告所有冲突部分。

习　题　4

1. 设有如下文法 G[S]：

S→aABbcd | ε

A→ASd | ε

B→SAh | eC | ε

C→Sf | Cg | ε

(1) 求每个产生式的 Predict 集。

(2) 该文法是否为 LL(1)文法？为什么？

2. 下列描述括号匹配的文法中，哪些是 LL(1)文法？

(1) S→(SS' | ε

　　S'→) |ε

(2) S→(S)S | ε

(3) S→S(S)S | ε

(4) S→(S | S'

　　S→(S') |ε

3. 已知文法 G[E]

E→E + T | T

T→T * F | F

F→i | (E)

请按递归下降法构造该文法的语法分析程序。

4. 构造一个 LL(1)文法 G，它能识别语言 L

L = {ω | ω 为字母表Σ上不包括两个相邻的 1 的非空串}，其中Σ = {0, 1}。

并证明你所构造的文法是 LL(1)文法。

5. 已知文法 G[A] 为

A→aABe | a

B→Bb | d

(1) 试给出与 G[A]等价的 LL(1)文法 G'[A]。

(2) 构造 G'[A]的 LL(1)分析表并给出输入串 aade#的分析过程。

第 5 章　语法分析——自底向上分析方法

本章介绍自底向上语法分析方法。自底向上分析方法和自顶向下分析方法的分析过程方向相反，它是从给定的符号串出发，逐步进行“归约”，直至归约到文法的开始符号。因此，自底向上分析法，又称为“移入-归约”分析法。本章着重讨论简单优先分析和 LR(k) 分析这两种重要的自底向上分析方法。

5.1　自底向上语法分析方法介绍

自底向上分析方法的基本思想是从待分析的符号串开始，自左向右进行扫描，自下而上进行分析，通过反复查找当前句型的句柄，并使用产生式规则将找到的句柄归约为相应产生式的左部非终极符。这样，一步一步进行分析归约，试图逐步将输入串归约为文法的开始符。如果它能被归约为文法的开始符，则表示给定的符号串是正确的句子，否则表明符号串不是文法的句子。现举一个简单例子来说明这种分析过程。在自底向上的分析过程中，关键是在分析的每一步，如何寻找或确定当前句型的句柄。

例 5.1　有文法 G[S]

S→aAcBe

A→b

A→Ab

B→d

输入符号串为 abbcde，则自底向上归约过程如图 5.1 所示。

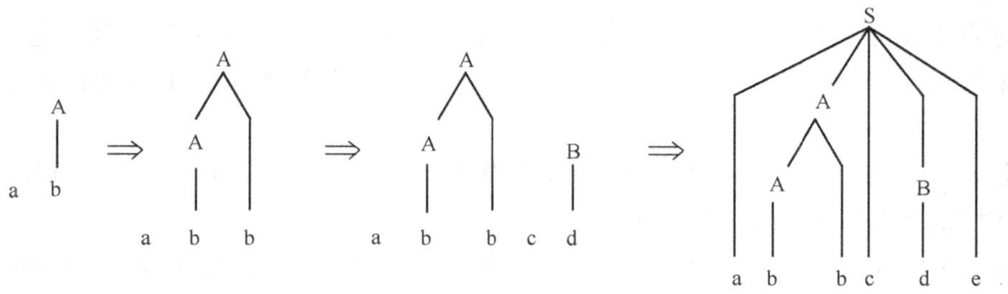

图 5.1　自底向上归约过程

在实现自底向上分析的过程中，设置一个先进后出的分析栈，用来记录分析的过程和指示分析的下一步动作。分析开始后，将输入符号自左而右逐个移入分析栈，边移入边分析，一旦栈顶符号串形成某个句型的句柄时，就进行一次归约，即用相应产生式的左部非终极符替换当前句柄；继续查看栈顶是否形成新的句柄：若栈顶还是句柄，就再进行归约；若栈顶不是句柄，则继续移入后续输入符号，重复上述过程，直到栈中只有文法的开始符并且输入流为空，此时说明分析成功，也就确认输入串是文法的一个句子，否则，分析失败，表明输入符号串不是文法的一个句子，其中存在语法错误。例 5.1 中的文法 G[S] 和句子 abbcde 的栈式分析过程可以表示成表 5.1 的形式。

表 5.1　用栈表示的自底向上分析过程

符号栈	输入流	分析动作	符号栈	输入流	分析动作
#	abbcde#	移入	#aAc	de#	移入
#a	bbcde#	移入	#aAcd	e#	用 B→d 归约
#ab	bcde#	用 A→b 归约	#aAcB	e#	移入
#aA	bcde#	移入	#aAcBe	#	用 S→aAcBe 归约
#aAb	cde#	用 A→Ab 归约	#S	#	成功
#aA	cde#	移入			

通过上述分析过程，还可以看到下述事实，即每次归约的句柄都出现在符号栈栈顶，而不会出现在栈的中间，这是因为算法是自左向右的，所进行的归约是最左归约。

在自底向上分析中，如何确定一个句型的句柄，是构造一个自底向上语法分析的关键所在，也是自底向上分析的难点之一。不同的分析方法有不同的解决途径，在下面的章节中，将逐步介绍。

5.2　简单优先分析

简单优先分析法是一种分析准确、规范但效率较低的自底向上分析方法。简单优先分析法的基本思想是依据一定原则预先确定文法的各个符号（包括终极符和非终极符）之间的优先关系，然后按照这种优先关系确定归约过程中的句柄并进行归约。

5.2.1　简单优先文法及其优先关系矩阵的构造

简单优先分析技术是由 Wirth 和 Weber 于 1966 年提出的，曾用于开发 Algol W 的分析器。简单优先分析技术非常简单，其中，有 3 种优先关系：≅、⋖、⋗。它们表示任意两个相继出现的文法符号 A、B 之间的相邻关系。下面给出这 3 种优先关系的具体定义：

定义 5.1　假定 G 是一个文法，A、B 是 G 中的任意两个符号（终极符或非终极符），则

- 若 G 中存在形如 P→…AB…的产生式规则，A、B 可以同时被归约，则说 A 和 B 有相同的优先关系，记作 $A \cong B$。
- 若 G 中存在形如 P→…AX…的产生式规则，且 $X \stackrel{+}{\Rightarrow} B\cdots$，使 B 先于 A 被归约，则说符号 A 的优先级低于 B，记作 $A \lessdot B$。
- 若 G 中存在形如 P→…XY…的产生式规则，且 $X \stackrel{+}{\Rightarrow} \cdots A$，$Y \stackrel{*}{\Rightarrow} B\cdots$ 使得 A 先于 B 被归约，则说符号 A 的优先级高于 B 的优先级，记作 $A \gtrdot B$。

定理 5.1　设 $X_1 \cdots X_i X_{i+1} \cdots X_j \cdots X_n$ 是一个句型，若有

$$X_i \lessdot X_{i+1} \cong X_{i+2} \cong \cdots \cong X_{j-1} \cong X_j \gtrdot X_{j+1}$$

则 $X_{i+1} X_{i+2} \cdots X_{j-1} X_j$ 一定是该句型的简单短语。

从定理可以看出，⋖用来确定栈中句柄的头，≅则用来确定栈中句柄的内部，而⋗则用来确定栈中句柄的结束。定义了上述 3 种优先关系之后，便可给出简单优先文法的定义如

下：

定义 5.2 若一个文法 G 满足下列条件，则称 G 为简单优先文法。

- 文法符号集中的任意两个符号之间至多存在一种优先关系。
- 文法中任意两个产生式均无相同的右部。

定义 5.3 优先关系矩阵：一个文法的全部优先关系可以用矩阵来表示，称作优先关系矩阵。

如何判断一个文法是否是简单优先文法，首先要分析确定文法中各符号之间的优先关系，即需要构造文法的优先关系矩阵。下面给出构造文法优先关系矩阵的方法：

定义 5.4 FIRST 集与 LAST 集定义如下：

$$FIRST(W) = \{S \mid W \overset{+}{\Rightarrow} S\cdots,\ S \in (V_N \cup V_T)\}$$

$$LAST(W) = \{S \mid W \overset{+}{\Rightarrow} \cdots S,\ S \in (V_N \cup V_T)\}$$

则构造文法优先关系矩阵方法如下：

- 若有 $U \to \cdots S_i S_j \cdots$：则有 $S_i \cong S_j$。
- 若有 $U \to \cdots S_i W \cdots$：任 $S_j \in FIRST(W)$，有 $S_i \lhd S_j$。
- 若有 $U \to \cdots VW \cdots$：任 $S_i \in LAST(V)$，$S_j \in (FIRST(W) \cup \{W\})$ 则有 $S_i \rhd S_j$。
- 输入流的开始和结束标志“#”，文法的开始符为 Z

$$S \in FIRST(Z)，有 \# \lhd S，且 \# \lhd Z$$

$$S \in LAST(Z)，有 S \rhd \#，且 Z \rhd \#$$

例 5.2 已知文法 G［E］，判断该文法是否为简单优先文法。

$$E \to E_1$$

$$E_1 \to E_1 + T_1 \mid T_1$$

$$T_1 \to T$$

$$T \to T^* F \mid F$$

$$F \to (E) \mid i$$

从简单优先关系的定义，可以得到文法符号的全部优先关系，写成优先关系矩阵的形式见表 5.2。

表 5.2 优先关系矩阵

	E	E_1	T	T_1	F	+	*	(	)	i	#
E									≅		▷
E_1						≅			▷		▷
T						▷	≅		▷		▷
T_1						▷			▷		▷
F						▷	▷		▷		▷
+			◁	≅	◁			◁		◁	
*					≅			◁		◁	
(	≅	◁	◁	◁	◁			◁		◁	
)						▷	▷		▷		▷
i						▷	▷		▷		▷
#	◁	◁	◁	◁	◁			◁		◁	

从表 5.2 所示的优先关系矩阵可以看出，例子中的各个文法符号相互之间的优先关系是唯一的，其中“空”表示文法 G 中不会出现这两个符号的相邻关系；并且文法中任意两个产生式都没有相同的右部。由此可以判断文法 G 是一个简单优先文法。

5.2.2 简单优先分析算法

由简单优先分析法的基本思想可以设计如下优先分析算法：

1）首先根据已知文法构造相应的优先关系矩阵。

2）设立符号栈 S，将输入符号串“$\#X_1X_2\cdots X_n\#$”从左至右依次压入符号栈 S 中，同时检查相邻符号 X_i 与 X_{i+1} 的优先关系，一旦出现关系 $X_i \gtrdot X_{i+1}$ 时停止压栈，进入下一步。

3）栈顶当前符号为 X_i，再从 X_i 开始从右至左逐个检查栈中符号，直到找到某相邻的两个符号间存在优先关系 $X_{k-1} \lessdot X_k$ 为止。

4）符号串 $X_k\cdots X_i$ 即为当前句型的句柄，查找文法的产生式规则右部为 $X_k\cdots X_i$ 的产生式，若找到则将 $X_k\cdots X_i$ 归约为左部，若找不到则出错。

5）重复 2）～4），直到扫描完所有输入符号，归约结束后，如果 S 栈中只剩文法的开始符号，则分析成功，否则分析失败。

下面，以例 5.2 中文法 G[E] 的句子“i * i”为例，说明按上述算法进行语法分析的过程，具体过程见表 5.3。

表 5.3 简单优先分析过程

步骤	S 栈	优先关系	输入符号串	句柄
1	#	⋖	i * i#	
2	#i	⋗	* i#	i
3	#F	⋗	* i#	F
4	#T	≅	* i#	
5	#T *	⋖	i#	
6	#T * i	⋗	#	i
7	#T * F	⋗	#	T * F
8	#T	⋗	#	T
9	$\#T_1$	⋗	#	T_1
10	$\#E_1$	⋗	#	E_1
11	#E		成功	

5.3 LR 分析法

LR(k)分析方法是 1965 年由 D. Knuth 提出来的一种自底向上的语法分析方法。这里的 L 表示从左向右扫描输入串，R 表示构造一个最右推导的逆过程。由于 LR(k)分析方法对文法的限制很少，因而大多数能用上下文无关文法描述的程序设计语言都可用 LR 分析法进行有效的分析。LR(k)分析方法适用范围较广、分析速度快，并且能准确及时地发现语法错误，因此，LR 分析法是当前最一般的语法分析方法。

本节首先讨论 LR 分析器的基本工作过程。然后将讨论 4 种不同 LR 分析方法。第一种，也是最简单的一种，叫做 LR(0)分析法，这种方法的局限性很大，但它是建立其他较一般的 LR 分析法的基础；第二种叫做 SLR(1)分析法，虽然，有一些文法构造不出 SLR(1)分析表，但是，这是一种比较容易实现又极有使用价值的方法；第三种叫做 LR(1)分析法，这种分析法能力最强，能够适用一大类文法，但实现代价过高，或者说，分析表所占空间非常大；第四种叫做 LALR(1)分析法，这种分析方法的能力介于 SLR(1)和 LR(1)之间，是一种既实用又高效的分析方法。最后，我们将对这四种自底向上的语法分析方法进行比较。

5.3.1 LR 类分析法的工作过程

自底向上分析方法的关键问题是在分析过程中如何确定句柄。LR 分析方法主要是根据当前分析栈中的符号串和向前顺序查看输入串中 k(k > =0)个符号来唯一确定分析器的动作是移入还是归约，并确定归约时用哪个产生式进行归约，即能唯一地确定句柄。

一个完整的 LR 分析器的逻辑结构图如图 5.2 所示。

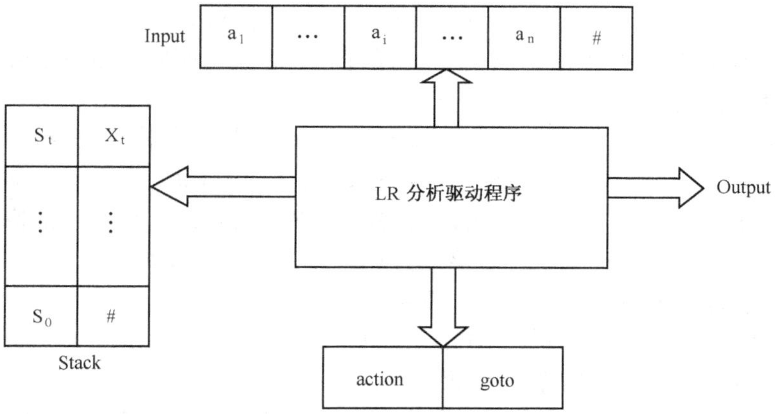

图 5.2 LR 分析器的逻辑结构图

从图 5.2 可以看出，一个 LR 分析器由以下几个部分组成：

1）输入流（Input）：一个有待分析的输入符号串。

2）分析栈：其中包括文法符号栈和相应状态栈。

3）分析表：其中包括 action 表和 goto 表。

4）驱动程序：对于不同的 LR 分析方法其驱动器都是相同的。

LR 分析器的工作过程就是在驱动程序的控制下，从左到右扫描输入符号串，根据分析栈中栈顶文法符号和状态及当前输入符号，按分析表的指示完成相应的分析动作。

LR 分析器的核心部分是一张分析表。这张分析表包括两部分，一是“动作”表（action 表），另一是“状态转换表”（goto 表）。它们都是二维数组。action(s，a)规定了当状态 s 面临输入符号 a 时应采取什么动作。goto(s，X)规定了状态 s 面对文法符号 X（终极符或非终极符）时下一状态是什么。显然，goto(s，X)定义了一个以文法符号为字母表的 DFA。

自底向上分析的动作共有 4 种：移入、归约、成功、报错。因此，每一项 action(s，a)

所规定的动作不外是下述 4 种可能之一：

1）移入。把(s，a)的下一状态 $s' = goto(s, a)$ 和输入符号 a 压入栈，下一输入符号变成当前输入符号。

2）归约。指用某一产生式 $A\to\beta$ 进行归约。假若 β 的长度为 r，则退掉栈顶的 r 个项，使状态 s_{m-r} 变成栈顶状态，然后把(s_{m-r}，A)的下一状态 $s' = goto(s_{m-r}, A)$ 和文法符号 A 压入栈。归约动作不改变当前输入符号。执行归约动作意味着 $\beta(=X_{m-r+1}\cdots X_m)$ 已出现在栈顶并且是一个句柄。

3）成功。语法分析成功，停止分析。

4）报错。发现源程序含有错误，调用出错处理程序。

一个 LR 分析器的工作过程可以看成是分析栈中的状态序列、已归约串和输入流所构成的格局的变化过程。分析开始时的初始格局为

$$(s_0,\ \#,\ a_1a_2\cdots a_n\#)$$

其中，s_0 为分析器的初始状态；#为句子的开始标志；$a_1a_2\cdots a_n$ 为输入串，其后的#为结束标志。若分析过程的当前格局为

$$(s_0s_1\cdots s_m,\ \#X_1X_2\cdots X_m,\ a_ia_{i+1}\cdots a_n\#)$$

则分析器的下一步动作是由栈顶状态 s_m 和当前输入符号 a_i 所唯一决定的。即执行 action(s_m，a_i)所规定的动作

- 若 action(s_m，a_i)为“移入”，且 $s = goto(s_m, a_i)$，则当前格局变为

$$(s_0s_1\cdots s_ms,\ \#X_1X_2\cdots X_ma_i,\ a_{i+1}\cdots a_n\#)$$

- 若 action(s_m，a_i) = {$A\to\beta$}，则按产生式 $A\to\beta$ 进行归约。此时当前格局变为

$$(s_0s_1\cdots s_{m-r}s,\ \#X_1X_2\cdots X_{m-r}A,\ a_ia_{i+1}\cdots a_n\#)$$

其中，$s = goto(s_{m-r}, A)$，r 为 β 的长度，$\beta = X_{m-r+1}\cdots X_m$。

- 若 action(s_m，a_i)为“成功”，则分析成功。
- 若 action(s_m，a_i)为“报错”，则报告错误。

一个 LR 分析器的工作过程就是一步一步地变换格局，直到执行“成功”或“报错”为止。具体的 LR 驱动程序流程图如图 5.3 所示。

一个 LR 分析器有时需要展望 k 个符号才能决定应采取什么样的动作。一般而言，一个文法，如果能用一个每步至多向前看 k 个输入符号的 LR 分析器进行分析，则这个文法就称为 LR(k)文法。但对多数的程序语言来说，k = 0 或 k = 1 就足够了。因此，只考虑 k≤1 的情形。

考虑前面讲过的 LL(1)分析法，要求文法的每个非终极符的所有候选产生式的 Predict 集的交集为空，即 LL(1)分析程序认为，一旦看到 Predict 集之后就看准了该用哪一个产生式进行推导。但 LR 分析程序只有在看到整个右部所推导的串之后才认为是看准了归约方向。因此，LR 方法比 LL 方法更加一般化。

5.3.2 LR(0)分析方法

LR(0)分析法是 LR(k)分析法中 k = 0 时的情况，也就是在分析的每一步，只要根据当前的栈顶状态，而无需向前看输入符号，即可确定分析动作。虽然很少有实用的文法是符合 LR(0)的，但是由于 LR(0)分析表的构造思想和方法是构造其他 LR 分析表的基础，所以，

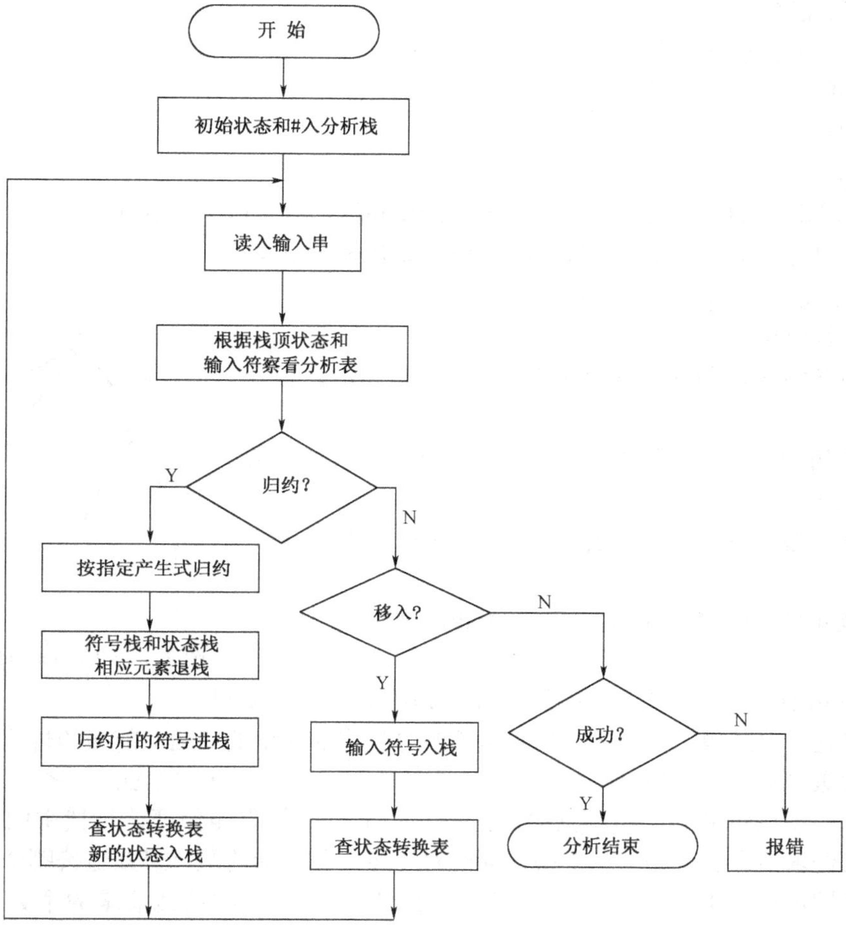

图 5.3 具体的 LR 驱动程序流程图

首先介绍 LR(0)分析方法。

首先给出一些基本概念和术语，要掌握好 LR 分析法的基本原理必须充分理解这些基本概念的含义。

- 规范句型：用最右推导导出的句型（也称为右句型）。
- 规范前缀：若有规范句型 $\alpha\eta$，且 η 是终极符串或空串，则称 α 为规范前缀。
- 规范活前缀：若规范前缀 α 不含句柄或含一个句柄并且句柄在 α 的最右端，即具有形式 $\alpha=\alpha'\pi$(π 是句柄)，则称规范前缀 α 为规范活前缀（简称活前缀）。
- 归约规范活前缀：若活前缀 α 是含句柄的活前缀，并且句柄在 α 的最右端，即具有形式 $\alpha=\alpha'\pi$(π 是句柄)，则称活前缀 α 为归约规范活前缀（简称归约活前缀或者可归活前缀）。

事实上，在自底向上分析过程中，如果分析的输入串没有语法错误，则在分析的每一步，若将分析栈中的全部文法符号与剩余的输入串进行拼接，得到的一定是所给文法的一个规范句型。也就是说，当前分析栈中的全部文法符号应该是某一规范句型的前缀；而且这种前缀不会含有句柄右边的任何符号（因为栈顶一旦出现句柄，会被立即归约），这就是我们定义的规范活前缀。

例 5.3 对于文法 G[S]

S→aAbB

A→c | Ac

B→d | dB

句子 accbdd 的规范推导是 $S \Rightarrow_{rm} aAbB \Rightarrow_{rm} aAbdB \Rightarrow_{rm} aAbdd \Rightarrow_{rm} accbdd$。

规范归约为：accbdd⇒aAcbdd⇒aAbdd⇒aAbdB⇒aAbB⇒S。

其相应的语法树如图 5.4 所示。

由规范前缀和归约活前缀的定义可求得：

- 规范句型 accbdd 的规范前缀是 a、ac，归约活前缀是 ac。
- 规范句型 aAcbdd 的规范前缀是 aA、aAc，归约活前缀是 aAc。
- 规范句型 aAbdd 的规范前缀是 aA、aAb、aAbd、aAbdd，归约活前缀是 aAbdd。
- 规范句型 aAbdB 的规范前缀是 aAbdB，归约活前缀是 aAbdB。
- 规范句型 aAbB 的规范前缀是 aAbB，归约活前缀是 aAbB。

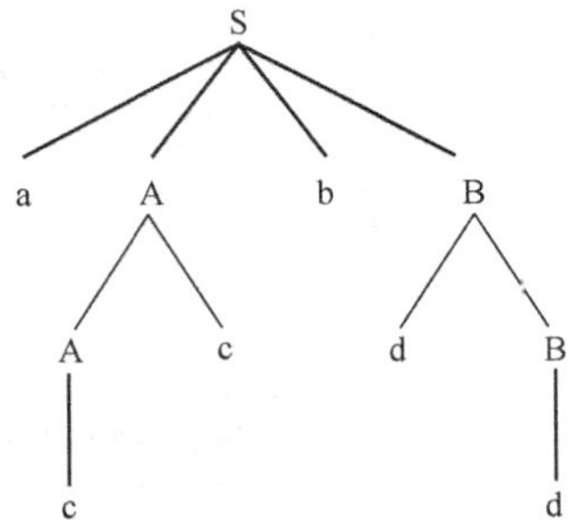

图 5.4 句子 accbdd 的语法树

由此可见，上述规范归约的过程正是不断寻找当前句型的归约活前缀的过程，因为每一个归约活前缀中都会含有当前句型的句柄。一个 LR 分析器，实质上就是一个逐步产生或识别所给文法的规范句型的归约活前缀的过程。很显然，如果能保证分析栈中的内容是活前缀，并且已经求出所有的归约活前缀，同时对于每个归约活前缀已经知道按哪个产生式进行归约，那么即可进行 LR 分析。但是这里有两个问题：一是归约活前缀的个数未必是有限的，因此不可能事先全部求出来；二是即便归约活前缀的个数是有限的，也许花费很多时间来判断分析栈内容是众多归约活前缀中的哪一个，这是非常不现实的事情，因此必须想出别的有效办法。

LR 分析法的创始人 Knuth 证明了：一个与具体文法相联系的规范推导的所有规范活前缀能够被有限自动机接受。因此，如果能够构造一个识别所给文法的所有的规范活前缀的有限自动机，那么就能很方便地构造出相应的 LR 分析表。为了构造这个自动机，首先引入所谓的派生定理。

引进派生定理的意义是把归约活前缀的定义性概念转换为操作性概念。假设文法开始符的产生式为：$S \to \alpha_1 \mid \alpha_2 \mid \cdots \mid \alpha_n$，则首先根据归约活前缀的定义，$\alpha_1$，$\alpha_2$，…，$\alpha_n$ 是归约活前缀（称之为初始归约活前缀）。因此，自然地想到有没有办法从初始归约活前缀集出发求出所有的归约活前缀。事实上，可以有下面的重要结论（不妨称为派生定理）：

1）开始符产生式的右部是归约活前缀。

2）如果 $\alpha A\beta$ 是归约活前缀，且 $A \to \pi$ 是产生式，则 $\alpha\pi$ 也是归约活前缀。

3）任何归约活前缀，都可按上述方法被派生。

上述派生定理为我们提供了求归约活前缀的理论根据。如果用 RPS_G(Reducible Prefix) 表示文法 G 的所有归约活前缀的集合，并假设 α_1，α_2，…，α_n 是文法开始符 S 的所有产生式的右部，则有下面的方程：

$$RPS_G = \{\alpha_1, \alpha_2, \cdots, \alpha_n\} \cup \{\alpha\pi \mid \alpha A\beta \in RPS_G, A\rightarrow\pi \text{ 是产生式}\}$$

根据派生定理，对于一个文法 G，可以构造一个有限自动机，它能识别 G 的所有归约活前缀，称这种自动机为线性正则式状态机(LRSM)。在这个基础上，可以把 LRSM 转变成 LR 分析表。为此，引入如下定义：

定义 5.5 LR(0)项目：若 $A\rightarrow\alpha\beta$ 是产生式，则称 $A\rightarrow\alpha\cdot\beta$ 为 LR(0)项目（简称项目）。

定义 5.6 LR(0)项目集的投影：设 IS 是 LR(0)项目集，则称 $IS_{(X)}$ 为 IS 关于 X 的投影集

$$IS_{(X)} = \{A\rightarrow\alpha X\cdot\beta \mid A\rightarrow\alpha\cdot X\beta \in IS, X\in(V_T\cup V_N)\}$$

定义 5.7 LR(0)项目集的闭包：假设 IS 是 LR(0)项目集，则称 CLOSURE(IS)为 IS 的闭包集

$$CLOSURE(IS) = IS\cup\{B\rightarrow\cdot\pi \mid A\rightarrow\beta\cdot B\eta \in CLOSURE(IS), B\rightarrow\pi \text{ 是产生式}\}$$

定义 5.8 若 IS 是一个 LR(0)项目集，X 是一个文法符号，函数 GO(IS, X)定义为

$GO(IS, X) = CLOSURE(IS_{(X)})$，其中，$IS_{(X)}$ 为 LR(0)项目集 IS 的投影。

为了使“成功”状态易于识别，通常 LR 文法要求文法的开始符唯一且不出现于产生式的右部，因此要增加一个新的产生式 $Z\rightarrow S$（称为拓广产生式），其中，S 是原文法的开始符，Z 是新符号。下面给出构造识别 LR(0)归约活前缀状态机（以下简称 $LRSM_0$）的算法：

1）构造初始项目集 $ISS = \{CLOSURE(\{Z\rightarrow\cdot S\#\})\}$，其中，Z 为拓广产生式的左部。

2）对于 ISS 中的每个项目集 IS_i 和 $X\in V_T\cup V_N\cup\{\#\}$，令 $IS_j = GO(IS_i, X)$，如果 IS_j 不空且不属于 ISS，则 $ISS = ISS\cup IS_j$。

3）重复第 2）步直到 ISS 收敛为止。

4）对 ISS 中的每个项目集 IS_i 和 $X\in V_T\cup V_N\cup\{\#\}$，令 $IS_j = GO(IS_i, X)$，若 IS_j 不空，则 $IS_i \xrightarrow{X} IS_j$。

例 5.4 假设有表达式文法 G[E]

$$S\rightarrow E\ \$$$
$$E\rightarrow E+T \mid T$$
$$T\rightarrow id \mid (E)$$

则其活前缀状态机 $LRSM_0$ 如图 5.5 所示。

例 5.5 假设有文法 G[Z]

$$Z\rightarrow aAc$$
$$A\rightarrow bB \mid ba$$
$$B\rightarrow dB \mid e$$

则其活前缀状态机 $LRSM_0$ 如图 5.6 所示。

前面给出了用 LR(0)项目集的办法构造 $LRSM_0$ 的方法，有如下结论：

1）形如 $A\rightarrow\pi\cdot$ 的项目称为 LR(0)归约型项目；形如 $A\rightarrow\alpha\cdot\beta$ 的项目称为移入型项目，其中 β 不空。

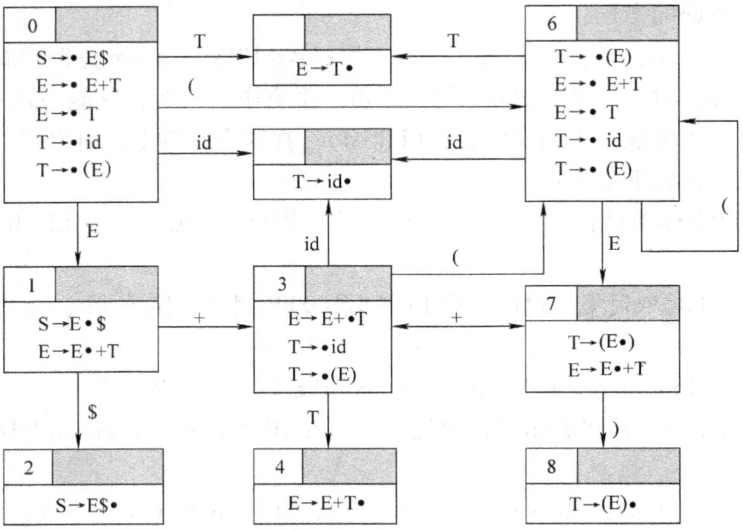

图 5.5　G[E]的活前缀状态机

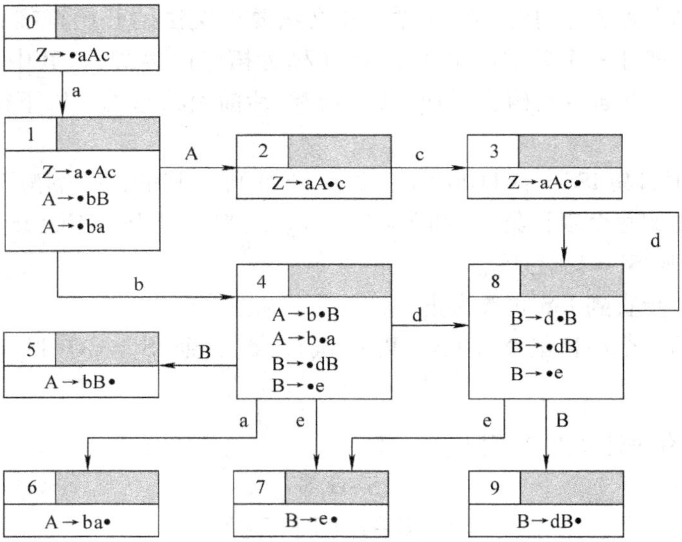

图 5.6　G[Z]的活前缀状态机

2）若 $LRSM_0$ 中存在一个状态，使得其项目集既包含移入型项目又包含归约型项目，则说有移入—归约冲突；如果同时存在两个归约型项目，则说有归约-归约冲突。

3）若 $LRSM_0$ 中任何状态都不存在冲突，则称该文法为 LR(0) 文法。如果存在冲突的状态，但只要在那些状态下，再向前看一个输入符即可判定冲突操作中哪个是正确的，那么称该文法为 SLR(1) 文法。

LR(0)活前缀状态机不能直接用于 LR 分析的原因是，通常程序设计语言的活前缀状态机是庞然大物，而且在 LR 分析时其中的大部分信息用不到；另一方面，活前缀状态机能识别 $V_T \cup V_N$ 上的给定符号串是不是活前缀，但实际给的是 V_T 上的串，因此，不能把活前缀状态机作为自动机来使用。既然活前缀状态机不能直接用于 LR 分析，必须设法从其中提取 LR 分析所需要的信息。事实上，活前缀状态机提供了如下一些信息：

1）合法性检查信息。如果活前缀状态机中状态 IS_i 包含形如 $A \to \alpha \cdot a\beta$ 的项目，即 IS_i 有 a 的输出边，其中 a 是终极符，则表示 IS_i 状态下允许当前输入符是 a。

2）移入/归约信息。如果活前缀状态机中状态 IS_i 包含形如 $A \to \alpha \cdot a\beta$ 的项目，则表示 IS_i 状态可做移入动作，其中 $a \in V_T$；如果状态 IS_i 包含形如 $A \to \pi \cdot$ 的项目，则表示 IS_i 状态可做归约动作（按 $A \to \pi$）。

3）移入/归约后的转向状态信息。如果 IS_i 状态下输入了 a，并且有 IS_i 到 IS_j 的 a 输出边，则输入后的转向状态应是 IS_j；如果归约后的当前状态为 IS_i，归约出的非终极符是 X，并且有 IS_i 到 IS_j 的 X 输出边，则归约后的转向状态应是 IS_j。

这里最难理解的恐怕是归约后的转向状态的问题，因为移入后应转向哪个状态是很直观的。为了说明问题下面将用符号栈，其中状态栈和符号栈同步进退（即状态栈中的一个状态对应一个语法符号）。假设当前格局是：

#	X_1	X_2	…	X_k	…	X_t
S_{i0}	S_{i1}	S_{i2}	…	S_{ik}	…	S_{it}

$a_ia_{i+1}\cdots a_n$#

并且考虑移入和归约后的新状态如何确定的问题。首先考虑做移入动作情形。当只完成移入动作时格局将变成下面的形式：

#	X_1	X_2	…	X_k	…	X_t	a_i
S_{i0}	S_{i1}	S_{i2}	…	S_{ik}	…	S_{it}	

$a_{i+1}\cdots a_n$#

这时新的状态应该是使得状态机中 S_{it} 的 a 输出边所指向的状态，假设其状态为 S^*，则格局应变成下面的形式：

#	X_1	X_2	…	X_k	…	X_t	a_i
S_{i0}	S_{i1}	S_{i2}	…	S_{ik}	…	S_{it}	S^*

$a_{i+1}\cdots a_n$#

如果要做归约动作，并且按 $A \to X_{k+1}X_{k+2}\cdots X_t$ 进行归约，则首先要将符号栈顶的 X_{k+1}，X_{k+2}，…，X_t 归约为 A，于是得到如下格局（删除 $t-k$ 个栈顶元素，并把 A 压入符号栈）：

#	X_1	X_2	…	X_k	…	X_k	A
S_{i0}	S_{i1}	S_{i2}	…	S_{ik}	…	S_{ik}	

$a_ia_{i+1}\cdots a_n$#

那么归约后的新状态应是什么状态？它应该是由 S_{ik} 的 A 输出边所指向的状态，因此如果令它为 S^*，则格局将变成下面的形式：

#	X_1	X_2	…	X_k	…	X_k	A
S_{i0}	S_{i1}	S_{i2}	…	S_{ik}	…	S_{ik}	S^*

$a_1a_{i+1}\cdots a_n$#

LR 分析法用 action 表和 goto 表来表示分析所需要的信息。它们都是一个矩阵形式的表，这些信息将从 $LRSM_0$ 中得到。其中，action 表的行代表状态，列代表输入符号，而矩阵元素则表示相应的动作；goto 表的行代表状态，而列代表任意语法符号。

对于 LR(0)文法，可以直接从它的活前缀状态机($LRSM_0$)构造出 LR(0)分析表。下面给出构造 LR(0)分析表的算法，假设 IS_k 为 LR(0)项目集，则

1）若 $A \to a \cdot a\beta \in IS_k$，且 $GO(IS_k, a) = IS_i$，$a \in V_T$，则 $action(IS_k, a) = S_i$，表示把状态 IS_i 和展望符 a 入栈。

2）若 $A \to \alpha \cdot \in IS_k$，则对任意 $a \in V_T \cup \{\#\}$，令 $action(IS_k, a) = R_j$，其中产生式 $A \to \alpha$ 的编号为 j，表示用编号为 j 的产生式进行归约。

3）若 $Z \to \alpha \cdot \in IS_k$，且 Z 为拓广产生式的左部非终极符，则 $action(IS_k, \#) = Accept$。

4）若 $GO(IS_k, A) = IS_i$，$A \in V_N$，则 $goto(IS_k, A) = i$。

5）其他情形，则 Error(n)，表示出错标志，也可不填。

例 5.6 求下列文法 G[S]的 LR(0)分析表，见表 5.4。

$S \to E\$$ (1)

$E \to E + T$ (2)

$\quad | \ T$ (3)

$T \to id$ (4)

$\quad |(E)$ (5)

表 5.4 文法 G[S]的 LR(0)分析表

	action 表						goto 表	
	\$	+	i	(	)	#	E	T
S_0			S_5	S_6			1	9
S_1	S_2	S_3						
S_2						Accept		
S_3			S_5	S_6				4
S_4	R_2	R_2	R_2	R_2	R_2	R_2		
S_5	R_4	R_4	R_4	R_4	R_4	R_4		
S_6			S_5	S_6			7	9
S_7		S_3			S_8			
S_8	R_5	R_5	R_5	R_5	R_5	R_5		
S_9	R_3	R_3	R_3	R_3	R_3	R_3		

一个文法如果构造了它的 LR(0)分析表后，就可以根据其驱动程序对输入串进行分析，即根据输入串的当前符号和分析栈的栈顶状态查分析表，以确定应采取的分析动作（移入、归约、成功或报错），直到整个输入串分析结束。下面是 LR(0)驱动程序的具体算法（一步动作），首先置状态栈、符号栈和输入流构成的开始格局为：$(\#S_1, \#, a_1a_2 \cdots a_n\#)$，则：

- 若当前格局为$(\#S_1S_2 \cdots S_n, \#X_1X_2 \cdots X_n, a_ia_{i+1} \cdots a_n\#)$，且 $action(S_n, a_i) = S_j$，$a_i \in V_T$，则 a_i 入符号栈，第 j 个状态 S_j 入状态栈。即移入后的格局变为

$$(\#S_1S_2 \cdots S_nS_j, \#X_1X_2 \cdots X_na_i, a_{i+1} \cdots a_n\#)$$

- 若当前格局为 $(\#S_1S_2\cdots S_n,\ \#X_1X_2\cdots X_n,\ a_ia_{i+1}\cdots a_n\#)$，且 $action(IS_n,\ a) = R_j$，$a \in V_T \cup \{\#\}$，则按照第 j 个产生式进行归约，符号栈和状态栈相应元素退栈，归约后的文法符号入栈。假设第 j 个产生式为 $A \to \alpha$，$k = |\alpha|$ $(\alpha = X_{n-k+1}\cdots X_n)$，则归约后的格局变为

$$(\#S_1S_2\cdots S_{n-k}S,\ \#X_1X_2\cdots X_{n-k}A,\ a_ia_{i+1}\cdots a_n\#)$$

其中，$S = goto(S_{n-k},\ A)$。

- 若状态栈的栈顶状态为 S_i，输入流当前值为#，且 $action(S_i,\ \#) = Accept$，则分析成功。
- 若状态栈的栈顶状态为 S_i，输入流当前值为 a，且 $action(S_i,\ a) = Error$ 或空，则转向出错处理程序。

例 5.4 中文法的句子 i + i 的 LR(0)分析过程见表 5.5。

表 5.5　句子 i + i 的分析过程

状态栈	符号栈	输入串	action	goto
0		i + I$#	shift	5
05	i	+ i$#	reduce4	9
09	T	+ i$#	reduce3	1
01	E	+ i$#	shift	3
013	E +	i$#	shift	5
0135	E + i	$#	reduce4	4
0134	E + T	$#	reduce2	1
01	E	$#	shift	2
012	E$	#	accept	

5.3.3　SLR(1)分析方法

上面所说的 LR(0)文法是一类非常简单的文法，这种文法的活前缀状态机的每一个状态都不含冲突性项目，但是，即使是算术表达式这样的简单文法也不是 LR(0)文法。LR(0)方法只看状态栈的内容，而不看输入符，因此容易出现冲突状态。出现 LR(0)冲突状态，并不意味着文法有二义性，而是因为 LR(0)方法只用到了非常有限的信息。

如果不仅看状态栈的内容，而且还看当前输入符，那么可能会减少冲突状态。我们将会看到，许多冲突性的动作都可能通过考察有关非终结符的 Follow 集而消除。例如，假定一个 LR(0) - $LRSM_0$ 中含有状态 S(项目集)

$$S = \{X \to \alpha \cdot b\beta,\ A \to \alpha \cdot,\ B \to \alpha \cdot\}$$

其中，第一个项目是移入项目，第二、三个项目是归约项目，从而出现冲突，使得文法不能成为 LR(0)文法。事实上，当按 $A \to \alpha \cdot$ 进行归约时，展望符必须是 A 的某一后继符，即 $a \in Follow(A)$，a 为展望符（输入流的当前值）；当按 $B \to \alpha \cdot$ 进行归约时，展望符必须是 B 的某一后继符，即 $a \in Follow(B)$；如果展望符 $a \notin Follow(A)$ 并且 $a \notin Follow(B)$，那么这两个归约项目是无效的，即只有移入项目有效，而此时的展望符应当是 b。一般而言，假定 LR(0)的 $LRSM_0$ 中某个状态 S 的项目集中含有 m 个移入型项目 $A_1 \to \alpha \cdot a_1\beta_1$，$A_2 \to \alpha \cdot a_2\beta_2$，…，$A_m \to \alpha \cdot a_m\beta_m$，同时含有 n 个归约型项目 $B_1 \to \alpha \cdot$，$B_2 \to \alpha \cdot$，…，$B_n \to \alpha \cdot$，如果满足如下集合 $Follow(B_1)$、…、$Follow(B_n)$、$\{a_1,\ \cdots,\ a_m\}$ 中的任意两个集合的交集都为空，则当 $LRSM_0$ 的某个状态出现冲突时采取如下策略可消除冲突，其中，a 表示输入流的当

前值。

- 若 a 是某个 a_i，i=1，2，…，m，则移入。
- 若 $a \in Follow(B_i)$，i=1，2，…，n，则按产生式 $B_i \to \alpha$ 进行归约。
- 此外即为报错。

从上面的分析，可以看出 SLR(1)的活前缀状态机可以直接使用 LR(0)的状态机 $LRSM_0$，只是在出现状态冲突时，向前看一个符号来消除冲突。下面讨论如何用 $LRSM_0$ 来构造 SLR(1)分析表。假设 IS_k 为 LR(0)项目集，则

- 若 $A \to \alpha \cdot a\beta \in IS_k$，且 $GO(IS_k, a) = IS_i$，$a \in V_T$，则 $action(IS_k, a) = S_i$，表示把状态 IS_i 和展望符 a 入栈。
- 若 $A \to \alpha \cdot \in IS_k$，则对任意 $a \in V_T$，$a \in Follow(A)$，令 $action(IS_k, a) = R_j$，其中产生式 $A \to \alpha$ 的编号为 j，表示用编号为 j 的产生式进行归约。
- 若 $Z \to \alpha \cdot \in IS_k$，且 Z 为拓广产生式的左部非终极符，则 $action(IS_k, \#) = Accept$。
- 若 $GO(IS_k, A) = IS_i$，$A \in V_N$，则 $goto(IS_k, A) = i$。
- 其他情形，则 Error(n)，表示出错标志，也可不填。

对于一个文法，若按照上述算法构造的分析表中没有冲突动作，则称该文法为 SLR(1)文法。从定义可以看出 SLR(1)分析方法是用 LR(0)项目构成的 $LRSM_0$ 来识别活前缀，因此它们的状态数相同，但是，由于 LR(0)方法只看状态栈的内容而 SLR(1)方法还要向前看展望符，因此 SLR(1)文法要比 LR(0)文法广。

例 5.7 假设有文法 G[S]

$S \to E\$$

$E \to E + T$

$E \to T$

$T \to T \times P$

$T \to P$

$P \to id$

$P \to (E)$

则构造出的 $LRSM_0$ 如图 5.7 所示，相应的 SLR(1)的 action 和 goto 如表 5.6 所示。从图中可以看出状态 7 和 11 有 LR(0)冲突，因此该文法不是 LR(0)文法；但是没有 SLR(1)冲突，因此是 SLR(1)文法。其中

Follow(S) = {#}

Follow(E) = {#, +,)}

Follow(T) = {#, +,), ×}

Follow(P) = {#, +,), ×}

LR 类分析方法的驱动器是通用的，将 LR(0)方法中讲过的驱动器稍作修改即可作为 SLR(1)的驱动器。为了加深理解 SLR(1)分析方法的原理，下面给出其分析的一步动作，它的分析器实质上就是这几个动作的反复执行。

- 初始格局 $(\#S_0, \#, a_1a_2\cdots a_n\#)$
- 若当前格局为 $(\#S_0S_1\cdots S_n, \#X_1X_2\cdots X_n, a_ia_{i+1}\cdots a_n\#)$，则

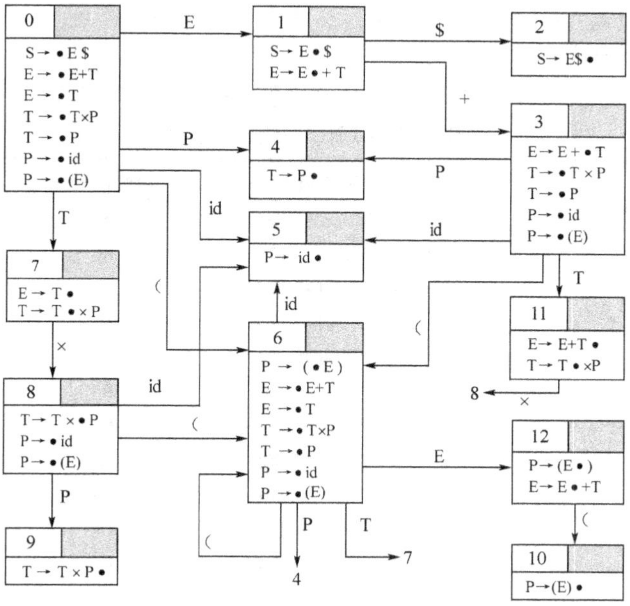

图 5.7 G[S]的 $LRSM_0$

表 5.6 G[S]的分析表（action 和 goto）

State	action—Lookahead							goto		
	+	×	id	(	)	$	#	E	T	P
0			S5	S6				1	7	4
1	S3					S2				
2							Acc			
3			S5	S6					11	4
4	R5	R5			R5	R5				
5	R6	R6			R6	R6				
6			S5	S6				12	7	4
7	R3	S8			R3	R3				
8			S5	S6						9
9	R4	R4			R4	R4				
10	R7	R7			R7	R7				
11	R2	S8			R2	R2				
12	S3				S10					

1）若 $action(S_n, a_i) = S_k$，则当前格局变为

$$(\#S_0S_1\cdots S_nS_k,\ \#X_1X_2\cdots X_na_i,\ a_{i+1}\cdots a_n\#)$$

2）若 $action(S_n, a_i) = R_p$，则当前格局变为

$$(\#S_0S_1\cdots S_{n-k}S',\ \#X_1X_2\cdots X_{n-k}A,\ a_ia_{i+1}\cdots a_n\#)$$

其中，$goto(S_{n-k}, A) = S'$。

3）若 action(S_n，a_i) = Accept，则成功

- 其他情形即为出错。

例 5.7 中文法的句子 id × id + id#的 SLR(1)的分析过程见表 5.7。

表 5.7　SLR(1)的分析过程

分析栈	符号栈	输入流	分析动作	转向状态
0		id × id + id$#	S5	
0，5	id	× id + id$#	R6	4
0，4	P	× id + id$#	R5	7
0，7	T	× id + id$#	S8	
0，7，8	T ×	id + id$#	S5	
0，7，8，5	T × id	+ id$#	R6	9
0，7，8，9	T × P	+ id$#	R4	7
0，7	T	+ id$#	R3	1
0，1	E	+ id$#	S3	
0，1，3	E +	id$#	S5	
0，1，3，5	E + id	$#	R6	4
0，1，3，4	E + P	$#	R5	11
0，1，3，11	E + T	$#	R2	1
0，1	E	$#	S2	
0，1，2	E$	#	Accept	

5.3.4　LR(1)分析方法

每个 SLR(1)文法都是无二义性的，但在实际的编译器的设计中，有很多无二义性的文法并不是 SLR(1)文法，那么这种文法就不能用 SLR(1)分析法来进行语法分析。例如，下面的文法 G[Z]：

$Z \to S$　　(1)

$S \to L = R$　　(2)

$S \to R$　　(3)

$L \to {}^{*}R$　　(4)

$L \to i$　　(5)

$R \to L$　　(6)

它的部分 $LRSM_0$ 如图 5.8 所示。

对于图 5.8，由于“=” ∈ Follow(R)，因此构造 SLR(1)分析表时出现 action(S_1，=) = {Shift，Reduce 6}，因此它不是 SLR(1)文法。从例 5.6 中可以看到，由计算 Follow 集所得到的展望符号集大于实际上能够出现的展望符号集。本节将介绍一种更精确的求展望符集的方法。由这种方法所生成的展望符集被添加到项目集中的各个项目上。

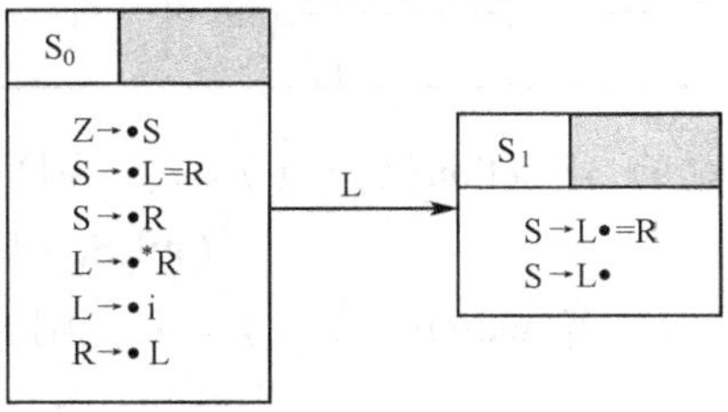

图 5.8　文法 G[Z]的部分 $LRSM_0$ 图

考虑下面的文法：

$Z \to B^1 a B^2 c$

$Z \to B^3 d$

B→b

其中，有3个B，很显然归约为B^1的展望符只能是a，归约为B^2的展望符只能是c，而归约为B^3的展望符只能是d。如果用SLR(1)分析方法，则因为follow(B) = {a, c, d}，当B^2的后继符是a或d时也要进行归约。从这个文法可以看出：一个非终极符在不同的位置上出现，它所允许的后继符是不同的。LR(1)针对不同位置上的非终极符，分别定义其后继符集（称为归约展望符集ReduceLookup），因而减少了移入/归约冲突。例如对于上面的例子有

ReduceLookup(B^1) = {a}

ReduceLookup(B^2) = {b}

ReduceLookup(B^3) = {d}

为了给出不同位置上的非终极符的展望符集，将项目扩展成两部分：第一部分与前一节所使用的项目相同，第二部分是一个展望符集。

定义5.9 LR(1)项目：若A→αβ是产生式，$u \in V_T$是一个展望符，则称［A→α·β, u］为LR(1)项目，其中，A→α·β是一个LR(0)项目，称为LR(1)项目的核。

定义5.10 LR(1)项目集的投影：设IS是LR(1)项目集，则称$IS_{(X)}$为IS关于X的投影集。

$$IS_{(X)} = \{[A \to \alpha X \cdot \beta, a] \mid [A \to \alpha \cdot X\beta, a] \in IS, X \in (V_T \cup V_N)\}$$

定义5.11 LR(1)项目集的闭包：设IS是LR(1)项目集，则称CLOSURE(IS)为IS的闭包集。

$CLOSURE(IS) = IS \cup \{[B \to \cdot \pi, b] \mid [A \to \beta \cdot B\eta, a] \in CLOSURE(IS), b \in First(\eta a), B \to \pi$ 是产生式}

定义5.12 若IS是一个LR(1)项目集，X是一个文法符号，函数GO(IS, X)定义为

$$GO(IS, X) = CLOSURE(IS_{(X)})$$

其中，$IS_{(X)}$为LR(1)项目集IS的投影。

LR(1)状态机和LR(0)状态机的构造原理有相似之处，因此只要熟悉LR(0)状态机的构造方法，就不难掌握LR(1)状态机的构造方法。下面是用LR(1)项目构造LR(1)—LRSM的算法，假设文法为$G = (V_N, V_T, P, Z)$。

1）构造初始项目集ISS = {CLOSURE({[Z→·S#, {}]})}，其中，Z为拓广产生式的左部。

2）对于ISS中的每个项目集IS_i和$X \in V_T \cup V_N \cup \{\#\}$，令$IS_j = GO(IS_i, X)$，如果$IS_j$不空且不属于ISS，则$ISS = ISS \cup IS_j$。

3）重复第2）步直到ISS收敛为止。

4）对ISS中的每个项目集IS_i和$X \in V_T \cup V_N \cup \{\#\}$，令$IS_j = GO(IS_i, X)$，若$IS_j$不空，则$IS_i \xrightarrow{X} IS_j$。

例5.8 求下面文法G[Z]的LR(1)状态机，如图5.9所示。

Z→S

S→L = R

S→R

L→aR

L→b

R→L

下面讨论从文法的 LR(1)状态机构造 LR(1)分析表的方法。假设 IS_k 为 LR(1)项目集则。

- 若[Z→α·，#]∈IS_k，且 Z 为拓广产生式的左部非终极符，则 action(IS_k，#) = Accept。
- 若[A→α·，a]∈IS_k，且产生式 A→α 的编号为 j，则 action(IS_k，a) = R_j，表示用编号为 j 的产生式进行归约。
- 若[A→α·aβ，b]∈IS_k，且 GO(IS_k，a) = IS_i，a∈V_T，则 action(IS_k，a) = S_i，表示把状态 IS_i 和展望符 a 入栈。
- 若 GO(IS_k，A) = IS_i，A∈V_N，则 goto(IS_k，A) = i。
- 其他情形，则 Error(n)，表示出错标志，也可不填。

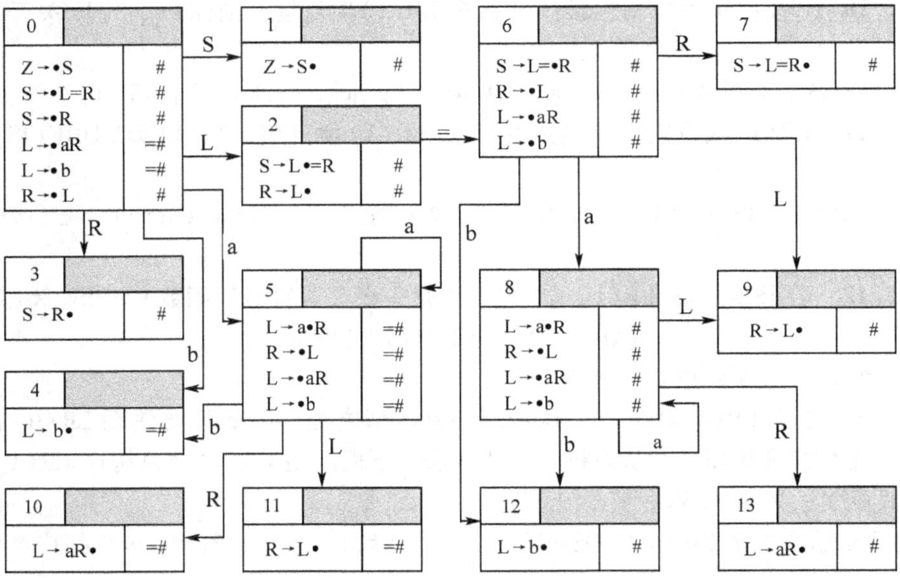

图 5.9　文法 G[Z]的 LR(1)状态机

按照上述算法构造的分析表，若不存在动作冲突（分析表中的值唯一），则称其文法为 LR(1)文法。例 5.7 中文法的分析表见表 5.8。

表 5.8　LR(1)分析表

	a	b	=	#	S	L	R
0	S5	S4			1	2	3
1				Accept			
2			S6	R6			
3				R3			

（续）

	a	b	=	#	S	L	R
4			R5	R5			
5	S5	S4				11	10
6	S8	S12				9	7
7				R2			
8	S8	S12				9	13
9				R6			
10			R4	R4			
11			R6	R6			
12				R5			
13				R4			

5.3.5 LALR(1)分析方法

LR(1)分析方法的分析能力较强，能适应大多数文法。但是其状态机的状态数太多，其构造分析表的工作量及所占的存储空间较大。因此本节将介绍一种功能较强，但状态数不多的更为实用的LR语法分析方法，即LALR(1)分析法。这种方法分析能力比LR(1)弱，但其分析表所占空间比LR(1)要小得多。一般程序设计语言的多数语法结构都可用LALR(1)文法来描述，并且著名的语法分析器的生成器YACC也是采用了这种语法分析方法。

LALR(1)分析法的主要思想是来自这样的事实：一是LR(1)状态机和LR(0)状态机从它们所表示的自动机角度来看是等价的；二是自动机可通过合并等价状态来减少状态个数。在LR(1)状态中出现很多同心状态，而LALR(1)状态机则不产生同心状态，从而大大减少状态数，这就是LALR(1)和LR(1)的主要差别。

LALR(1)状态机的定义可以有以下两种方式：

1）用LR(1)状态机来定义：合并LR(1)状态机中的等价状态。

2）用LR(0)状态机来定义：用传播方式求每个项目的展望符集。

限于篇幅，只介绍前一种定义方式，对于后一种方式有兴趣的读者可以参阅De Remer和Pennello（1979，1982）的文章。

定义5.11 假设 $[A\rightarrow\alpha\cdot\beta, b]$ 是LR(1)项目，则称其中的LR(0)部分 $A\rightarrow\alpha\cdot\beta$ 为该项目的心。

定义5.12 如果LR(1)状态机中的两个状态具有相同的心，则称它们为同心状态。

从图5.9的LR(1)状态机可以看出有一些项目集是同心状态，如状态5和8、10和13。构造LALR(1)状态机的一种做法是合并LR(1)状态机中的同心状态，后面将用Core(S)表示状态S的心部分，用SameCorState(S)表示所有与S同心的状态集合，用Merge(SS)表示同心状态集SS中所有状态项目的合并。具体定义如下：

$Core(S) = \{LR0item \mid [LR0item, a] \in S\}$

$SameCoreState(S) = \{S' \mid Core(S') = Core(S)\}$

$Merge(SS) = \{LR1item \mid LR1item \in S, S \in SS\}$

例如对 LR(1)中的任意两个状态 S_1 和 S_2，假设

$S_1=\{[A\to\alpha\cdot\beta, a_1], [B\to\pi\cdot, b_1]\}$；$S_2=\{[A\to\alpha\cdot\beta, a_2], [B\to\pi\cdot, b_2]\}$

则有

$\mathrm{Core}(S_1)=\mathrm{Core}(S_2)=\{A\to\alpha\cdot\beta, B\to\pi\cdot\}$

$\mathrm{SameCoreState}(S_1)=\{S_1, S_2\}$

$\mathrm{Merge}(\{S_1, S_2\})=\{[A\to\alpha\cdot\beta, \{a_1, a_2\}], [B\to\pi\cdot, \{b_1, b_2\}]\}$。

下面考虑由 LR(1)状态机构造 LALR(1)状态机的问题，其中，LALR(1)状态机的每个状态由 LR(1)状态机中同心状态的项目组成。具体算法如下：

- 初始化：OldSS = LR(1)状态机的状态集；NewSSS = { }；
- 构造 LALR(1)状态：while OldSS≠{ } do

```
begin S = OneStateOf(OldSS);
      NewSSS = NewSSS ∪ {SameCoreState(S)};
      OldSS = OldSS - SameCoreState(S);
      end
```

- 确定 LALR(1)的边：对于 SS_1，$SS_2\in$ NewSSS，画 $\mathrm{Merge}(SS_1)\xrightarrow{X}\mathrm{Merge}(SS_2)$ 当且仅当存在：$S_1\in SS_1$ 和 $S_2\in SS_2$，使得 $S_1\xrightarrow{X}S_2$。

这种先构造 LR(1)状态机，然后再合并同心状态形成 LALR(1)状态机的方法简单、明确，但实现起来既浪费时间又浪费空间。在实际处理时，可以按 LR(1)状态机的方式构造，但发现同心状态时不产生新状态，而是采用合并状态的方法，具体方法可参阅相关的文献资料。

对于图 5.9 所示的 LR(1)状态机来说，构造出的 LALR(1)状态机如图 5.10 所示。如果合并同心状态后得到的 LALR(1)状态机中没有冲突，则称其文法是 LALR(1)文法。如果已

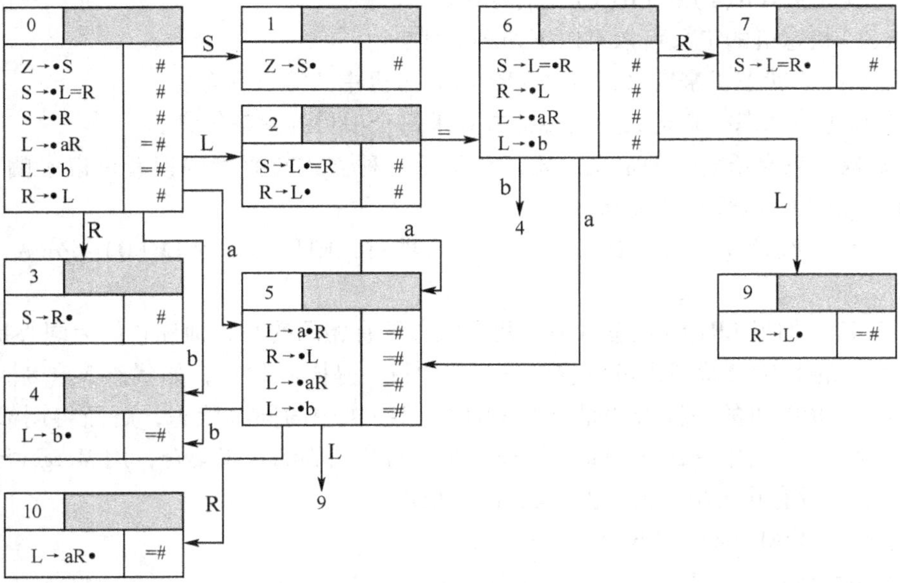

图 5.10　LALR(1)状态机

构造出文法的 LALR(1)状态机，则 LALR(1)分析表的构造算法和 LR(1)分析表的构造算法一样。

LALR(1)分析方法由于把 LR(1)中不同状态的项目合并到一个状态中，因此一些错误不能及时检查，即要慢一步。这里必须要提到的是这样一个问题，即本来在 LR(1)中是没有冲突的，但到了 LALR(1)可能变成冲突。可能产生归约—归约冲突，但是不可能产生移入—归约冲突。例如，假定 S_i、S_j 是某一 LR(1)状态机的两个状态，即

S_i	
$A \to \alpha \bullet$ $B \to \alpha \bullet$ $C \to \gamma \bullet a\delta$	u_1 v_1 t_1

S_j	
$A \to \alpha \bullet$ $B \to \alpha \bullet$ $C \to \gamma \bullet a\delta$	u_2 v_2 t_2

其中，u_1、u_2、v_1、v_2、t_1、t_2 分别为归约展望符集，$a \in V_T$。

因为该文法是 LR(1)文法，所以 S_i、S_j 中都不存在“移入—归约”冲突和“归约—归约”冲突，即在 S_i 中有$\{u_1\} \cap \{v_1\} = \varnothing$、$\{u_1\} \cap \{a\} = \varnothing$、$\{v_1\} \cap \{a\} = \varnothing$，在 S_j 中有$\{u_2\} \cap \{v_2\} = \varnothing$、$\{u_2\} \cap \{a\} = \varnothing$、$\{v_2\} \cap \{a\} = \varnothing$。显然 S_i 和 S_j 是同心状态，合并后得到新状态 S_{ij}。

S_{ij}	
$A \to \alpha \bullet$ $B \to \alpha \bullet$ $C \to \gamma \bullet a\delta$	u_1,u_2 v_1,v_2 t_1,t_2

由于在 S_{ij} 中，$(\{u_1\} \cup \{u_2\}) \cap \{a\} = \varnothing$、$(\{v_1\} \cup \{v_2\}) \cap \{a\} = \varnothing$，所以不存在新的“移入—归约”冲突。但是由于$\{u_1\} \cap \{v_1\} = \varnothing$、$\{u_2\} \cap \{v_2\} = \varnothing$并不意味着$(\{u_1\} \cup \{u_2\}) \cap (\{v_1\} \cup \{v_2\}) = \varnothing$，所以合并后的状态可能出现“归约—归约”冲突。

5.3.6 LR 方法小结

我们学习了 4 种 LR 类语法分析方法：LR(0)、SLR(1)、LR(1)和 LALR(1)。其中，LR(0)分析方法是最简单的一种，也是建立其他 LR 分析法的基础，但它的缺点是分析能力低、局限性大；SLR(1)分析方法是一种比较容易实现又极有实用价值的方法，但是有一些文法不能构造出 SLR(1)分析表；LR(1)分析方法分析能力最强，能够适应大多数语言的文法，缺点是实现代价过高；LALR(1)分析方法分析能力介于 SLR(1)和 LR(1)之间，合并同心状态后对某些错误发现的时间会产生推迟现象，但仍然能够找到错误出现的位置，一般来说 LALR(1)分析表所占空间要比原 LR(1)分析表小得多。下面从功能和状态数两个方面来具体讨论这 4 种分析方法的优缺点：

从功能上看，各种语法分析方法的分析能力从小到大依次为

$$LR(0) < SLR(1) < LALR(1) < LR(1)$$

例 5.9 有如下文法 G_1：

$T \to F * T$

$T \to F$

$F \to a$

该文法对应的部分 LR(0)状态机如图 5.11 所示。

在该 LR(0)状态机中，状态 S_1 含有一个移入型项目和一个归约型项目，存在移入—归约冲突，因此它不是 LR(0)文法；如果再向前看一个展望符，有 Follow(T) = {#}，并且 Follow(T) ∩ {＊} = ∅，因此，状态 S_1 中不含 SLR(1)冲突，实际上该文法的 LR(0)状态机中的所有状态都不含 SLR(1)冲突，因此，该文法是 SLR(1)文法。

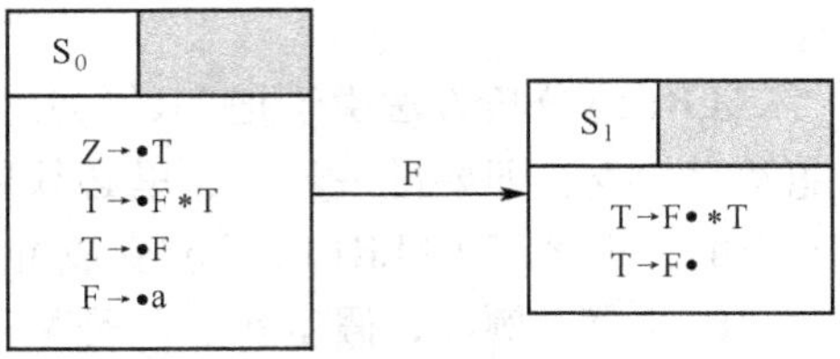

图 5.11 文法 G_1 的部分状态机

例 5.10 有如下文法 G_2：

S→Aa

S→B

A→aB

A→b

B→A

该文法对应的部分 LR(0)状态机如图 5.12 所示。

从该 LR(0)状态机可以看出该文法不是 LR(0)文法；又因为 Follow(B) = {#, a}，则 Follow(B) ∩ {a} ≠ ∅，因此该文法也不是 SLR(1)文法；为了验证该文法是否为 LALR(1)文法，我们给出该文法的部分 LALR(1)状态机如图 5.13 所示。

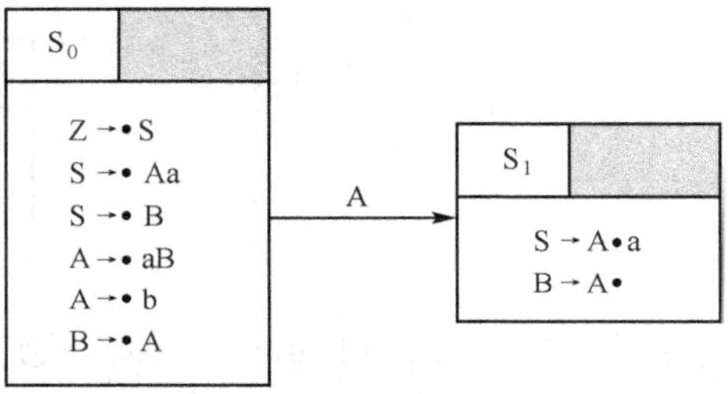

图 5.12 文法 G_2 的部分 LR(0)状态机

从图 5.13 可以看出，状态 S_1 中，当展望符为#时，就要按照 B→A 进行归约，当展望符为 a 时要移入，因此不存在 LALR(1)冲突，可以验证该文法的 LALR(1)状态机中的所有状态都不存在 LALR(1)冲突，因此，该文法是 LALR(1)文法。

例 5.11 有如下文法 G_3：

S→aAd

S→bAc

S→aBc

S→bBd

A→e

B→e

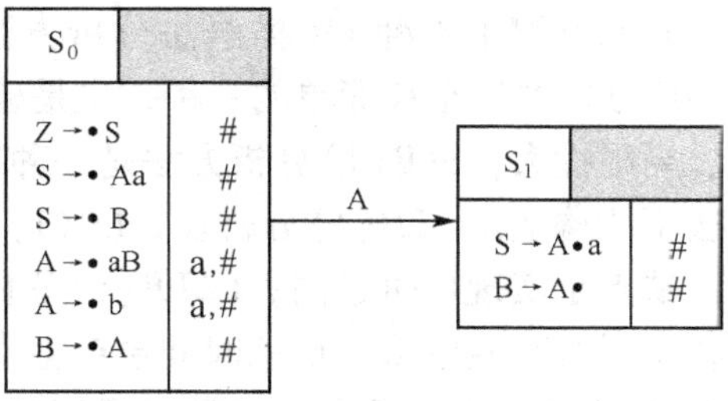

图 5.13 文法 G_2 的部分 LALR(1)状态机

该文法对应的部分 LR(1)状态机如图 5.14 所示。

从图 5.14 可以看出，该状态机中不存在 LR(1)冲突，因此，该文法是 LR(1)文法；为了判断该文法是否为 LALR(1)文法，我们给出该文法的部分 LALR(1)状态机如图 5.15 所示，即合并图 5.14 中的同心状态 S_3 和 S_4。

合并同心状态后的 LALR(1)状态机中的状态 S_3 存在 LALR(1)冲突，因此该文法不是 LALR(1)文法。

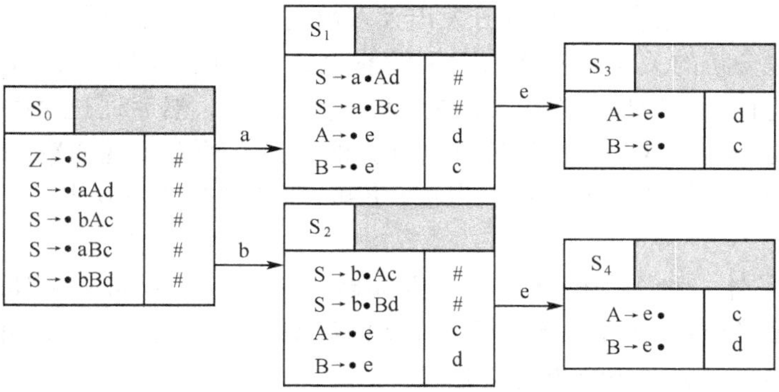

图 5.14 文法 G_3 的部分 LR(1)状态机

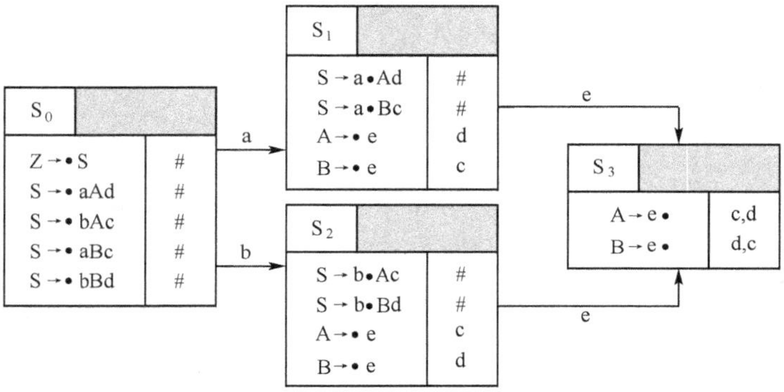

图 5.15 文法 G_3 的部分 LALR(1)状态机

从活前缀状态机的状态数方面考虑：LR(0)和 SLR(1)分析用的都是 LR(0)状态机，因此，它们的状态数相等；LALR(1)分析是把 LR(1)状态机中的同心状态合并，显然合并同心状态后的 LALR(1)状态机的状态个数和 LR(1)状态机的状态个数是相等的；因此从状态数方面看，有：

$$LR(0)=SLR(1)=LALR(1)<LR(1)$$

5.4 自底向上分析程序的自动生成

本节介绍几种语法分析器的自动生成工具。

1. YACC/Bison

YACC（Yet Another Compiler-Compiler）是一个 LALR(1)分析器的自动生成器。YACC 与 LEX 一样，是贝尔实验室在 UNIX 上首先实现的，而且与 LEX 有直接的接口，它是 UNIX 的标准应用程序。GNU 工程推出 Bison，是对 YACC 的扩充，同时也与 YACC 兼容。目前，YACC/Bison 与 LEX/FLEX 一样，可以在 UNIX、Linux、MS-DOS 等环境下运行，鉴于 YACC/Bison 的兼容性，下面只简单介绍 Bison。

Bison 是一个通用的语法分析器生成器，它读入一个 LALR(1)上下文无关文法，生成一个用来分析该文法的语法分析器，通常生成的语法分析器是一个 C 程序。只要熟练掌握 Bison 这个强有力的工具，很容易就可以开发出大多数语言的语法分析器。

自底向上语法分析的关键是构造出识别活前缀的状态机。LALR(1)文法的活前缀状态机的构造有两种途径，一种是先构造文法的 LR(1)状态机，然后通过合并同心状态的方法得到 LALR(1)状态机，YACC 采用的就是这种方法；另一种先实现构造 LR(0)状态机，再通过展望符传播的方式得到 LALR(1)状态机，Bison 采用的是这种方法。

2. LALRGen

LALRGen 是另外一种 LALR 分析器的生成器。它是由 Wisconsin - Madison 大学的 Jon Mauney 编写的。LALRGen 接受上下文无关文法的说明书，其说明书主要由三部分组成：运行选项、文法的终极符和文法的产生式规则。

习　题　5

1. 设有下列文法：

(1) S→aA
A→Ab
A→b

(2) S→aSSb
S→aSSS
S→c

(3) S→AS
S→b
A→SA
A→a

(4) S→cA
S→ccB
B→ccB
B→b
A→cA
A→a

构造上述文法的 LR(0)归约活前缀状态机，并给出 LR(0)分析表。

2. 设有下列文法：

(1) S→SaS|b

(2) S→bSb|cSc|b|c

(3) S→bSb|bSc|d

(4) S→aSb|bSa|ab

(5) S→Sab|bR
R→S|a

(6) S→SAB|BA
B→b
A→aA|B

(7) S→AaAb|BbBa

B→ε

A→ε

(8) A→aABe|Ba

B→dB|ε

说明上述文法是否为SLR(1)文法。若是，请构造SLR(1)分析表；若不是，请说明理由。

3. 设有下列文法：

S→aAd|bBd|aBe|bAe

A→g

B→g

说明该文法是LR(1)文法，但不是LALR(1)文法。

4. 设有下列文法：

(1) E→E+T|T

T→TF|T

F→(E)|F* |a|b

(2) S→Aa|bAc|dc|bda

A→d

说明上述文法是否为SLR(1)文法？是否为LALR(1)文法？并构造相应的分析表。

5. 设有下列文法：

L→MLb|a

M→ε

说明上述文法是否为LR(1)文法，若不是，请说明理由。

第 6 章　语义分析和符号表

源程序在经过了词法分析、语法分析之后，源程序形式上以及结构上的正确性已经基本得到了保证。然而，仅有形式上的正确性，并不能保证源程序就是完全正确的，还要检查源程序的含义是否正确，即符号的使用是否得当，表达式的类型是否兼容等，完成这些功能的编译阶段称为语义分析（Semantic Analysis）。语义分析是任何编译程序必不可少的一个阶段，也是编译过程中比较重要的一个阶段。符号表是实现语义分析时必需的一种数据结构，符号表将标识符映射到它们的类型、存储位置等属性，语义分析阶段的工作可看作是符号表的维护过程。因此，本章在简要介绍语义分析的功能后，重点介绍符号表的建立和维护过程，特别是针对不同特性的程序语言的符号表的管理方法。

6.1　语义分析概述

源程序在经过了词法分析之后，首先保证了构成它的每个单词的形式是正确的，然后再经过语法分析，保证了构成它的各个语法成分的构成是正确的。但是，源程序是要完成一定功能的，仅仅形式和结构正确并不能保证相应功能得到实现，所以源程序在经过词法分析、语法分析之后，还要进行语义分析，即检查程序的含义是否正确。例如，标识符的使用是否正确，表达式的类型是否兼容，数组下标变量的类型是否与数组声明中的类型一致等。当然，语义分析对于源程序由于计算逻辑上的错误导致的失败仍然是无能为力的。

6.1.1　语义

一般地，语言的定义包括 4 个方面的内容：词法、语法、语义和语用。其中，词法定义了构成语言的句子的基本单位——单词的构成规则，语法定义了由单词构成句子，由句子构成语言的结构规则，而语义则定义了单词、句子和语言的含义，语用说明了语言的用途。不同的程序设计语言，它们词法、语法的定义可能是不同的，但语义可能是相同的。即形式可能是不同的，但含义是一样的。例如，就条件语句而言，不同的程序设计语言其语法结构是不同的，但其含义都是相同的，即进行条件判断，根据条件的满足情况，完成后续的操作。

Pascal 语言的条件语句

```
if x > y then z: = z + 1 else z: = z - 1
```

C 语言的条件语句

```
if (x > y) {z = z + 1; } else {z = z - 1;}
```

程序设计语言的语义可分为静态语义和动态语义。编译阶段能确定的语义称为静态语义，即不需要执行程序就能确定的语义，或者说从程序文本确定的语义。动态语义是指只有在目标代码运行时才能确定的语义。类型在大多数语言里都属于静态语义，而且它是最重要的静态语义。显而易见地，编译程序只能进行静态语义的检查工作，因为编译程序在处理源程序时，程序尚未执行。

作为静态/动态区别的一个例子，考虑下面给出的C程序，其中标识符a是一个代表了表达式（x+1）的宏。但x到底是什么呢？不能静态地（即通过程序文本）确定。

```
#define a (x+1)
int x=2;
void b() {int x = 1; printf ("%d\n", a);}
void c() {printf ("%d\n", a);}
void main() {b(); c();}
```

在上述例子中，main函数首先调用函数b。当b执行时打印宏a的值。因为，首先必须用（x+1）替换掉a，即打印x+1的值，而此时的x是指函数b中声明的x，x的值被定义为1，因此打印出a的值是2。在函数b运行结束之后，函数c被调用，我们仍需要打印a的值。而此时的x是指全局变量x，x的值被定义为2，因此打印出a的值是3。

常见的程序设计语言语义的描述方法有属性文法、指称语义、操作语义、代数语义和公理语义。其中，属性文法和指称语义适合描述静态语义，操作语义适合描述动态语义，代数语义和公理语义适合程序的正确性证明。

6.1.2 语义分析的功能

在程序设计语言的编译程序中，语义分析（Semantic Analysis）阶段的功能是在变量的定义和使用之间建立起联系，检查每个表达式是否拥有一个正确的类型，并将抽象语法表示翻译成一种更简单的便于生成代码的形式。为进行语义检查，需要建立一个标识符名字到标识符属性的映射表，即符号表，在语义学中，将符号表称为环境（Environment）。语义分析阶段的工作可以看作是符号表的建立和维护过程：程序声明部分是标识符的定义部分，程序中用到的标识符都要在这里定义，随着类型、变量、函数的声明不断被处理，与它们对应的标识符也随之被“绑定”到它们的“含义”，即填入符号表中；程序的语句体部分是标识符的使用部分，每当处理一条语句时，与该语句相关的标识符的“含义”可以通过查找符号表获得，并检查该标识符在该位置的使用是否正确。因此，在程序的声明部分被定义的标识符，称为标识符的定义性出现，在程序的语句部分出现的标识符，称为标识符的使用性出现。标识符在定义性出现时，建立其名字到属性的映射，并填入符号表；标识符在使用性出现时，查找符号表，检查该使用是否符合该标识符原有的属性定义。

例如，有下面一小段C语言程序，在函数头部分定义了一个返回值为整数类型，有两个形式参数的函数SemanticsTest，其中一个参数x是int类型，一个参数y是float类型，函数体部分只有一条if语句。

```
int SemanticsTest (int x, float y)
{
    if (x > y)
        return x;
    else
        return &y;
}
```

其中，函数头部分建立了标识符x、y和SemanticsTest到相应属性的映射，即如图6.1

给出的环境（此处我们暂时只关心类型属性，其中，SemanticsTest 的类型是指函数的返回值的类型）。

函数体部分是上述声明部分标识符的使用性出现，其中在条件表达式 x > y 中出现的标识符 x 和 y，经查找环境，x 的类型是 int，y 的类型是 float，C 语言允许 int 类型与 float 类型进行比较运算，计算结果是返回一个布尔值，符合条件语句中条件表达式的类型规定。

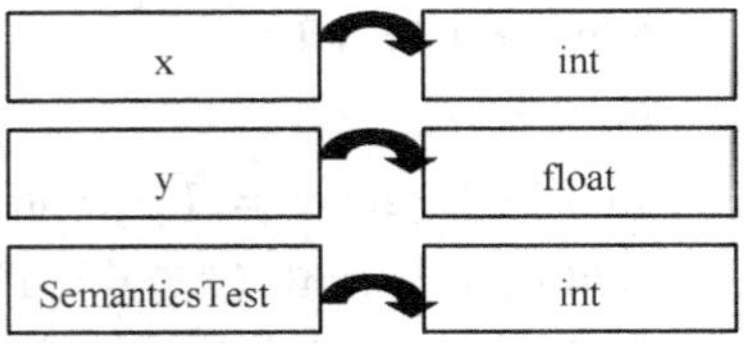

图 6.1　示例程序的环境

当扫描到 return x 语句时，查找环境，x 的类型是 int，SemanticsTest 的返回值类型也是 int，所以，x 的值可以作为 SemanticsTest 的返回值。

接下来扫描 return y 语句，查找环境，y 的类型是 float，则 &y 的类型是指向 float 类型值的指针类型显然与 Semantics Test 的返回值类型 int 不匹配，因此存在语义错误。

语义检查又可分为一般性的语义检查和类型检查两大类。顾名思义，类型检查就是与类型定义和使用有关的语义检查。一般地，常见的类型检查有：

1）各种条件表达式的类型是不是 boolean 型？

2）运算符的分量的类型是否相容？

3）赋值语句的左右部的类型是否相容？

4）形参和实参的类型是否相容？

5）下标表达式的类型是否为所允许的类型？

6）函数说明中的函数类型和返回值的类型是否一致？

一般性的语义检查主要有下列内容：

1）下标变量 V[E] 中的 V 是不是变量，而且是数组类型？

2）结构体变量 V.id 中的 V 是不是变量，而且是结构体类型？id 是不是该结构体类型中的域名？

3）指针变量 * V 中的 V 是不是指针或文件变量？

4）表达式 y + f(…) 中的 f 是不是函数名？形参个数和实参个数是否一致？

5）过程调用语句 p(…) 中的 p 是不是过程名？形参个数和实参个数是否一致？

6）每个使用性标识符是否都有声明？在同层内有无标识符被声明多次？

除以上常规性的检查以外，不同的程序设计语言可能还需要一些特殊的检查，例如唯一性检查。唯一性检查是指对象在某些场合只能被定义一次，例如在 Pascal 的分情况语句和 C 的 switch 语句中，各分支的常量表达式不能有重复，枚举类型的元素不能重复，结构类型的域名不能重复等。下面的 switch 语句就有语义错误：其中有两个分支的常量表达式都是 1。请读者思考一下，应该如何进行唯一性检查呢？

```
int i;
switch(i) {
case 0: printf("%s\n","auto"); break;
case 1: printf("%s\n","static"); break;
case 2: printf("%s\n","extern"); break;
case 1: printf("%s\n","register"); break;
}
```

6.1.3 语义分析的一般过程

语义分析可以作为编译程序的独立的一遍，也可以结合到语法分析或代码生成的过程中进行。从提高编译程序效率的角度讲，最好还是将语义分析结合到语法分析或代码生成的过程中进行。此处，为方便说明问题，将语义分析作为编译程序的独立的一遍进行介绍。当语义分析作为独立的一遍时，语义分析是在语法分析构造的抽象语法树的层次结构或词法分析输出的TOKEN序列上进行的（此时，语法分析时只检查语法错误，不构造抽象语法树）。

不同的程序设计语言，由于其程序结构的定义，即语法规定是不同的，因此其抽象语法树的结构也是不同的，相应的语义分析的具体过程也是不一样的。不同的程序设计语言，针对抽象语法树进行语义分析的区别在于扫描抽象语法树节点的顺序不同，但总的来说，都是遇到声明节点时构造符号表，遇到语句节点时查找符号表。图6.2给出的是C语言的一种抽象语法树结构：整个程序构成一棵树，树由一系列的节点构成，每个节点可能是常量声明节点、变量声明节点、类型声明节点和函数声明节点，这些节点连接到根节点的先后顺序就是相应声明在程序中出现的顺序。其中函数声明节点可能还包含常量声明、变量声明（包括形参声明）、类型声明节点。

基于上述抽象语法树结构的语义分析的过程是自左向右先根遍历抽象语法树的过程：每当遍历到一个节点，首先判断一下节点的类别，如果是声明节点，就向符号表中添加一项，同时检查有没有重复声明的错误。如果遇到的是常量声明，就填写常量标识符的属性；如果遇到的是变量声明，就填写变量标识符的属性；如果遇到的是类型声明，就填写类型标识符的属性；如果是过程/函数声明，就填写过程/函数标识符的属性；如果是语句节点，则每当遇到一个标识符，就查符号表，检查该标识符的使用是否符合声明中所说明的属性。如果符合，则说明没有语义错误；如果不符合，则说明这个标识符的使用是不正确的。

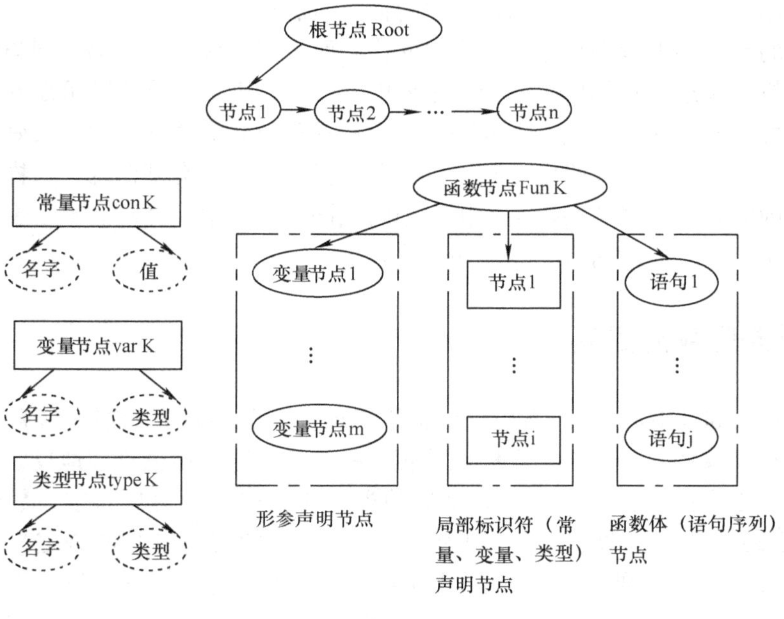

图6.2 C语言的一种抽象语法树结构

如果是基于 TOKEN 序列，则语义分析的过程是从左向右扫描 TOKEN 序列的过程，输出是与输入几乎一样的 TOKEN 序列，不同的仅仅是把 TOKEN 序列中的标识符 TOKEN：($id，idName）统统替换成新的 TOKEN：($id，Entry），其中，idName 是标识符的名字，而 Entry 是标识符在符号表 SymbTable 中的地址。基于 TOKEN 序列的语义分析没有看起来那样简单，因为在每个 TOKEN 中只包含了很少的语义信息，还要有额外的算法考虑如何获得更多的标识符的属性信息。例如，对于下面的简单的 C 代码：

```
int x, y;
int f ()
```

它的 TOKEN 序列如下：

($int，-）($id，x）($comma，-）($id，y）($semi，-）

($int，-）($id，f）($lparen，-）($rparen，-）

当扫描到第一个（$int，-）TOKEN 时，编译程序需要记录这是一个声明，可能是变量声明也可能是函数声明，并且变量的类型或函数的返回值类型是整型。当继续扫描到（$id，x）时，获得标识符的名字是 x。当扫描到（$comma，-）时，可以确定这是一个变量声明，将变量标识符的属性信息填入符号表，同时用 x 在符号表中的地址 xEntry 替换掉 TOKEN ($id，x）中的 x。扫描到（$id，y）的处理与此类似。

当扫描到第二个（$int，-）时，编译程序仍然记录这是一个声明，并且类型是整型。当继续扫描到（$id，f）时，获得标识符的名字是 f。当扫描到（$lparen，-）时，可以确定这是一个函数声明，它的参数信息等需要继续扫描后面的 TOKEN 来得到。但可以向符号表申请一个记录来存放 f 的属性，同时用 f 在符号表中的地址 fEntry 替换掉 TOKEN（$id，f）中的 f。当扫描完后续的 TOKEN 时，再把相应的参数信息等填入符号表中。

从通用的角度出发，本书将介绍基于抽象语法树结构的语义分析器，它将完成常规的静态语义检查工作，并且输出与输入结构一样的抽象语法树。

需要说明的是，如果编译程序不生成中间代码而直接生成目标代码，则类型检查工作应安排在语义分析阶段进行；如果编译程序生成中间代码，则类型检查既可以安排在语义处理阶段进行，也可以安排在中间代码生成时进行。从提高效率的角度考虑，最好是安排在中间代码生成时进行，因为中间代码生成时，也要参考操作分量的类型信息，这样可以减少一些重复性工作。因此，本书将类型检查安排在中间代码生成一章中介绍。本章主要是给大家介绍一般性的语义检查工作的内容、技术和方法。

6.2 符号表的数据结构

符号表（Symbol Table）是一种供编译器用于保存有关源程序构造的各种信息的数据结构。符号表的每个条目中包含与一个标识符相关的信息，这些信息全面地反映该名字的属性及它们在编译过程中的特征，例如，名字的种类（常数名字、变量名字、数组名字、函数名字等）、名字的类型（整型、实型、布尔型等）、名字的特征（当前是定义性出现还是使用性出现等）、给该名字分配的存储单元地址等。这些信息将在词法分析、语法和语义分析过程中陆续填入，它们将用于语义检查（如检查一个名字的使用和原先的声明是否一致）和生成中间代码等。在目标代码生成阶段，当对名字进行地址分配时，符号表还可以是地址分配的依据。符号表的一般结构如图 6.3 所示。

		属性 1	属性 2	…	属性 n
名字 1 的 Entry	名字 1				
名字 2 的 Entry	名字 2				
⋮	⋮				
名字 m 的 Entry	名字 m				

图 6.3　符号表的结构图

6.2.1　标识符的属性

程序设计语言的程序中通常会定义许多的标识符，一般地，有常量标识符、变量标识符、类型标识符、过程/函数标识符等，这些标识符在程序执行的过程起着不同的作用。例如，常量标识符代表取固定值的内存单元，变量标识符代表值可以改变的一个或一段内存单元，过程/函数标识符代表一段目标代码等，因此，不同标识符需要记录的属性也不同。

一般而言，标识符的符号表中应包含以下几种信息：

1. 名字

在程序语言中，标识符可以作为变量的名字、函数的名字或过程的名字，是变量、函数或过程的唯一标志，因此在符号表中标识符名一般不允许重名。若程序中出现重名标识符，则将根据语言的定义，按照该标识符在程序中的作用域和可视性规则进行相应的处理。在一些允许操作符重载（Operator Overload）的语言中，函数名、过程名是可以重名的，对于这类标识符要通过它们的参数个数和类型以及函数返回值类型来区别，以保证它们在符号表中的唯一性。

2. 类型

一般地，函数和变量标识符还具有类型属性，函数的数据类型指的是函数返回值的数据类型，变量标识符的类型属性决定了变量所占存储空间的大小以及能够施于变量上的操作等。程序设计语言的基本类型有整型、实型、字符型以及布尔型等，在基本类型的基础上，程序员还可以根据实际问题的需要在程序中定义数组、结构体、联合、枚举、子界、集合、指针等结构类型。标识符的类型是在程序的声明部分该标识符的定义部分得到的。

3. 存取方式

因为变量标识符代表的是一个内存单元或一段连续的内存单元，根据这些内存单元中存放信息的类别又可以把变量分为间接存取变量和直接存取变量。如果变量标识符 p 所代表的内存单元中存放的是另一个变量 q 对应的内存地址，则称变量 p 为间接变量；如果变量标识符 p 所代表的内存单元中存放的是一个值，则称变量 p 为直接变量。

例如有如下的变量声明：

```
char c = 'S';
float u = 27;
int v = 32;
int *p = &u;
```

这里不考虑实际目标机的规定，假定整型、字符型和指针类型变量分配 1 个内存单元（8 位，一个字节），浮点类型分配两个内存单元，则编译程序分别给变量 c、v、u、p 分配的存储空间如图 6.4 所示，其中，c、v、u 是直接存取变量，p 是间接存取变量。

4. 存储分配信息

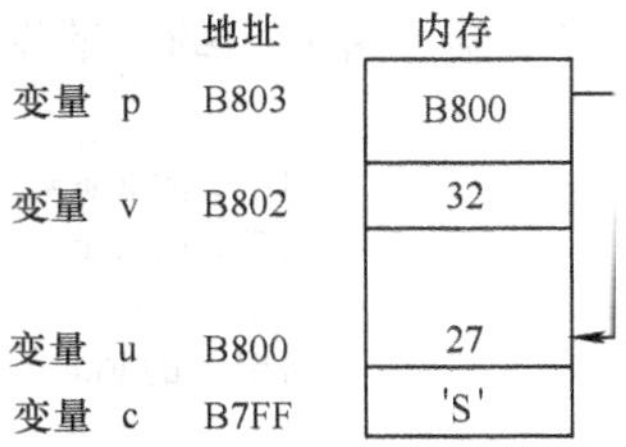

图 6.4 变量存储空间分配示意图

标识符的存储类别属性是编译过程语义处理、检查和存储分配的重要依据。编译程序一般根据变量的存储类别以及它们出现的位置和次序来确定每一个变量应分配的存储区及在该区中的具体位置。

存储类别是指数据的存储方式，存储方式可分为两大类：静态和动态。静态存储方式是指在程序运行前即为数据分配好存储空间（分配在静态区），在程序运行期间，数据的存储空间仍保持不变。动态存储方式则是在程序运行期间根据函数调用（函数被激活）和分程序语句的开始执行（分程序语句被激活）的需要进行动态存储分配（分配在栈区）。

程序设计语言采用两种方式定义变量的存储类别。一种是用关键字指定，如在 C 语言中，用 auto、static、register、extern 等几个关键字定义变量的存储类别，其中，auto 和 register 定义了变量的动态存储方式，static 和 extern 定义了变量的静态存储方式；一种是根据变量定义说明在程序中的位置来决定，C 语言中，在函数体外默认存储类关键字所定义的变量是外部变量（extern 类别），属于静态存储方式，分配到静态区中，而在函数体内或分程序语句中默认存储类关键字所定义的变量是自动变量（auto 类别），属于动态存储方式，分配到栈区中。

在同一存储区（静态区或栈区）内，变量根据它们在程序中出现的先后顺序依次进行分配，变量所占空间大小由变量的类型决定。例如在图 6.4 中，变量 c 被分配在 B7FF 开始的一个字节的内存区域中，变量 u 被分配在 B800 开始的两个字节的内存区域中，变量 v 被分配在 B802 开始的一个字节的内存区域中，变量 p 被分配在 B803 开始的一个字节的内存区域中。

6.2.2 标识符的内部表示

程序语言中常见的标识符有常量标识符、变量标识符、类型标识符、过程/函数标识符、结构体域名标识符等。不同的编译程序在设计每类标识符的内部表示时采用的结构是不同的，因此，如何表示标识符的属性，并没有一种统一的结构，本书只给出一种可行的表示，读者可根据自己的需要，重新设计属性的内部表示结构。

为统一起见，本书将所有标识符的内部表示都统一成符号表的内部表示，并用一个属性域 Kind 来区分符号表中不同种类的标识符。

1. 常量标识符的内部表示

为了更好地设计常量标识符的内部表示，首先来看一下不同程序设计语言的常量定义部分的构成情况。

Pascal 语言的常量定义：const pai = 3.14;
count = 100;

C 语言的常量定义：#define pai 3.14
#define count 100

可见，不论是何种语言，常量定义中直接给出了常量的名字、常量的值，由常量的值还可以推知常量的类型。因此常量标识符的内部表示可以定义成一个四元组（Name，Kind，

Type，Value）。

常量标识符的内部表示：

Name	Kind	Type	Value

其中，各个域的含义如下：

- Name 是常量的名字；
- Kind = constKind，表明该标识符是常量标识符；
- Type = TypePtr，其中，TypePtr 是指向具体常量的类型的内部表示的指针；
- Value = ValPtr，其中，ValPtr 是指向具体常量值的内部表示的指针。

对于上面分别用两种语言给出的常量定义，它们的内部表示是相同的，具体如下：

pai	constKind	realPtr	↑(3.14)
count	constKind	intPtr	↑(100)

其中，↑(3.14)表示实数值 3.14 的内部表示指针，↑(100)表示整数值 100 的内部表示指针。

2. 变量标识符的内部表示

首先，还是先来看看不同程序设计语言的变量声明。

Pascal 语言的变量声明：

```
var x: integer;
    y: real;
    ↑z : real;
```

C 语言的变量声明：

```
int x = 10;
float y;
float * z;
```

可见，变量声明中通常会给出变量的名字、变量的类型和变量的初始值信息。除此以外，变量声明中还隐含了变量的存取方式和存储分配信息。

上述声明中 z 是间接存取的变量，x、y 是直接存取的变量，即 z 的内存单元中存放的是某个内存单元的地址，而 x、y 的内存单元中存放的是 x、y 的值。

如果上述变量声明出现在 Pascal 语言的主程序或 C 语言的全局数据声明之中，则 x、y、z 将分配在编译程序为全局数据分配的内存块中，并且 x、y 和 z 是依次分配的，即 y 的偏移是在 x 的偏移基础上，增加了整数类型数据占用内存空间的大小而得到的，z 的偏移是在 y 的偏移的基础上，增加了实数（浮点）类型数据占用内存空间的大小而得到的；如果上述变量定义出现在 Pascal 语言或 C 语言的某个函数的局部声明中时，则 x、y、z 将分配在编译程序为该函数分配的内存块中，同样 x、y、z 也是依次分配的。变量的内存地址用变量所在的内存块的起始地址和变量相对于这个起始地址的偏移量表示。因为内存分配的工作要在目标代码运行时才进行，所以编译程序只能进行抽象地址的分配。而内存分配时是以过程/函数为单位进行的，所以，可以用过程/函数的层数信息来暂时表示内存块的起始地址。

所以，设计变量标识符的内部表示如下：

Name	Kind	Type	Access	Level	Off	Value

其中各个域的含义如下：

- Name 是变量的名字；
- Kind = varKind，表明该标识符是变量标识符；
- Type = TypePtr，其中 TypePtr 是指向具体变量的类型的内部表示的指针；
- Access = dir 表示变量是直接变量，Access = indir 表示变量是间接变量；
- Level 表示该变量声明所在主程序/函数/过程的层数；
- Off 表示该变量相对它所在主程序/函数/过程的内存块起始地址的偏移量；
- Value = ValPtr，如果变量定义时说明了初值，则为初值的内部表示的指针，否则为空。

假定上述变量定义出现在主程序中，且是最早的变量声明（初始偏移量为0），则 x、y、z 的内部表示如下：

x	varKind	intPtr	dir	0	0	↑(10)
y	varKind	realPtr	dir	0	1	NULL
z	varKind	realPtr	indir	0	3	NULL

其中，↑(10) 表示整数值 10 的机器内部表示指针。

注 1：Pascal 语言不允许在变量声明中为变量赋初值；

注 2：本书规定整数类型数据分配 1 个内存单元，实数（浮点）类型数据分配两个内存单元。

3. 类型标识符的内部表示

程序语言为提供更多的功能和增加程序的可读性和灵活性，常常允许程序员自己定义一些类型和为一些已有的类型重新赋予一个名字。类型标识符就是类型的名字，类型定义就是给已有类型或新定义的类型重新定义一个名字。

Pascal 语言的类型定义：

```
type t1 = integer;
     t2 = array[1..10] of integer;
```

C 语言的类型定义：

```
typedef int t1;
typedef int t2[10];
```

可见，类型定义中通常会给出类型的新名字、已有的类型名或新定义的类型等信息。

所以，类型标识符的内部表示设计如下：

Name	Kind	Type

其中，各个域的含义如下：

- Name 是类型标识符的名字；
- Kind = typeKind，表示标识符是类型标识符；
- Type = TypePtr，指向类型标识符指代的类型的内部表示。

对于上面给出的类型定义，类型 t1 和 t2 的内部表示如下：

t1	typeKind	intPtr
t2	typeKind	ptr

其中，ptr 是指向数组类型内部表示的指针，由于程序语言对于数组下界的规定不同，所以上述数组类型的内部表示也是不同的。数组类型的内部表示见 6.2.3 节。

Pascal 语言数组的下界允许用户自定义，在本例中是1，所以上述 Pascal 的数组类型标识符的内部表示如下：

ptr→	10	arrayTy	1	10	intPtr

C 语言数组的下界默认从0开始，所以上述C数组的类型标识符的内部表示如下：

ptr→	10	arrayTy	0	9	intPtr

4. 过程/函数标识符的内部表示

为支持模块化程序设计，现代的程序设计语言都有子程序的概念，可以认为子程序就是一段可能被重复使用多次的代码或者是对程序某个功能的抽象。在 Pascal 中，子程序体现为过程或函数，在C语言中，子程序体现为函数。C语言没有过程的概念，其中返回值为 void 类型的函数相当于 Pascal 中的过程。函数定义一般需包含两部分的内容，一部分是函数头，定义函数的形式参数的名字、类型和个数，以及函数返回值的类型；另一部分是函数体，定义函数的语句序列，即函数的功能部分的具体体现。

Pascal 语言的过程/函数标识符定义：

```
function f(x: integer; var y: real; function inc(var a: integer): integer): integer; "头"
begin
  …f 的函数体部分
end;
procedure p(x: integer; var y: real); …"头"
begin
  …p 的过程体部分
end;
```

C 语言的函数定义：

```
int f(int x, real * y, int inc (int * a)) …"头"
{
  …f 的函数体部分
}
void p(int x, real * y) …"头"
{
  …p 的函数体部分
}
```

可见，过程/函数定义中通常会给出过程/函数的名字，参数的名字、类型和个数，返回值（如果有返回值）的类型，过程/函数的局部声明（如果有局部声明），过程/函数的代码，过程/函数的层次等信息。

通过以上形式定义的过程/函数 f、p 称为实在过程/函数，因为它们都有自己的函数体部分，而出现在其他过程/函数定义的参数部分的过程/函数称为形式过程/函数，因为它们只是起着说明参数的性质的作用，并没有实际的函数体部分，只有形实参结合时才能获得真正的函数体，如 inc 就是形式函数。所以，过程/函数的内部表示中需要用属性 class 来区分当前过程/函数是实在过程/函数，还是形式过程/函数。对于形式过程/函数，因为没有真正的体部分，所以 code、size 和 forward 属性都是无效的。

根据上述分析，设计过程/函数标识符的内部表示如下：

Name	Kind	Type	Class	Level	Off	Param	Code	Size	Forward

其中，各个域的含义如下：

- Name 是过程/函数标识符的名字；
- Kind = routKind；
- Type 表示函数返回值类型的内部表示（过程情形是 NULL）；
- Class = actual 表示实在过程/函数，Class = formal 表示形式过程/函数；
- Level 表示过程/函数的层数；
- Off 只对形式过程/函数有效，表示形式过程/函数标识符在所属过程/函数内存块中的偏移；
- Param 表示过程/函数的参数表指针，参数表的结构同符号表的结构相同，参数信息可以填入符号表，也可以填入单独的参数表当中；
- Code 只对实在过程/函数有效，表示过程/函数定义对应生成的目标代码的起始地址，当目标代码生成时回填得到，形式过程/函数的 code 为 NULL；
- Size 只对实在过程/函数有效，表示过程/函数的目标代码所占内存区的大小，也要当目标代码生成以后回填得到；
- Forward 属性只对实在过程/函数有效，Forward = true 表示过程/函数是超前声明，Forward = false 表示过程/函数不是超前声明。

其中，Code 和 Size 属性，在语义分析阶段没有用处。在目标代码生成时，如果仍保留符号表，则设置这两个属性会方便过程/函数调用的目标代码生成。否则如果不保留符号表，则两个属性都可以不要。

对于前面给出的过程/函数声明，生成的符号表项如下，其中每个函数的参数放在单独的参数表中：

f	routKind	intPtr	actual	L	0	ptr1	NULL	0	false
p	routKind	NULL	actual	L	0	ptr2	NULL	0	false

x	varKind	intPtr	dir	L+1	0				
y	varKind	realPtr	indir	L+1	1				
inc	routKind	intPtr	formal	L+1	2	ptr3	NULL	0	false

a	varKind	intPtr	indir	L+2	0

x	varKind	intPtr	dir	L+1	0
y	varKind	realPtr	indir	L+1	1

5. 域名标识符的内部表示

在 Pascal 语言和其他许多语言中，记录是很有用的数据结构。本质上，记录是多个成分的聚集，每个成分有不同的标记。任何对该类型的记录 r 中的成分 x 的引用可用加点的记号 r. x 来表示，我们称这样的 x 为域名标识符。在记录类型定义中出现的域名标识符是定义性出现，必须将它们的属性信息记录下来。

记录域名标识符属性信息的一种方法是将域名标识符同其他标识符一样登记到符号表中，但这样做的缺点是同层符号表中可能会出现多个同名域名标识符，因为记录类型的域仍然允许是记录类型，外层记录的域名可能同内层记录的域名相同。例如，假设有记录类型：

```
RECORD j: integer;
       r: RECORD j: integer;
                 b: boolean
          END
END
```

其中，有两个名字相同的域标识符 j，因此在同层符号表中会构造两个 j 符号项，这就给查表带来了困难，只能依靠在 j 的表项中增加 j 所属记录类型来区分开不同的 j。

另一种方法是将域名标识符的属性信息登记在记录类型的内部表示中，这样的话，即使内外层记录中有重名域名，也能够区分开，因为每层记录都有自己独立的内部表示。这样做的缺点是域名标识符不是出现在符号表中，而是当遇到域名标识符的使用性出现时采取查记录类型的内部表示，但这样可以避免第一种方法中的复杂的类型等价性判断。因此，本书采用后一种方案。

C 语言中的结构类型同记录类型的语义是相同的。Pascal 语言中的记录类型还允许有可变的域，其语义同 C 语言的联合类型的语义相同。因此，我们将固定域的域名标识符称为结构体域名标识符，可变域的域名标识符称为联合体域名标识符。结构体域名标识符同联合体域名标识符的内部表示的结构是相同的，区别只在于联合体域名标识符因为共用同一块空间，其起始偏移都是相同的，所以不必记录 Off 属性。

在程序中，域名标识符的作用同变量是一样的，但域名标识符的作用域仅限定在它所属的记录，因此要用 r. x 来引用。所以域名标识符不需要有层数信息，而且域名标识符的偏移量是该域名相对于记录类型所占内存块的偏移。

本书设计的域名标识符的内部表示如下：

Name	Type	Off	Next

其中，各个域的含义如下：

- Name 表示标识符的名字；
- Type = TypePtr，TypePtr 是域名标识符类型的内部表示指针；
- Off 表示域名标识符相对于记录类型分配的内存块起始地址的偏移量，对于联合类型而言，所有的域名标识符的起始偏移都是相同的，所以可以省略；
- Next 表示指向下一个域名标识符内部表示的指针。

对于下面的结构类型和联合类型，其中包含的域名标识符的内部表示分别如下：

typedef struct StudType

{

int num;　　| num | intPtr | 0 | ──→ | name | stringPtr | 1 | · |

```
    char * name;
};
typedef union
{
    int StudNo;
    int EmployNo;
};
```

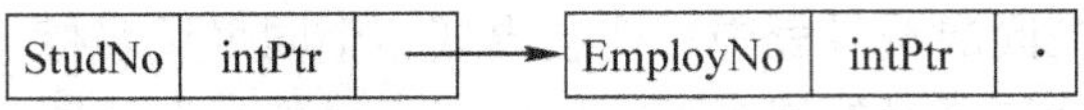

可见结构体域名各个域的偏移是依次增加的，而联合体域名的偏移量都是相同的（所以省略不写）。这一点不难理解，因为结构体类型的各个域都是必需的，所以都要分配内存空间，而联合类型的各个域只取其一，即只有一个是有效的，因此，只要为这个有效的域分配空间即可。但是哪个域会有效，只有目标代码运行时才能确定，所以联合体所占空间的大小要按照占用空间最大的那个域的类型来分配。

6.2.3　类型的内部表示

语义分析的一个很重要的工作就是进行类型检查，除整数类型、字符类型、布尔类型和浮点类型等基本类型的信息能够直接得到以外，其他类型如数组、记录、枚举等结构类型的信息需要从类型表达式中提取并记录下来，以便于进行语义检查。即使类型检查工作放在代码生成部分完成，在语义分析阶段也要把程序中定义的各种类型的信息变成一种内部表示记录下来。

由于不同语言的类型种类和结构并不相同，因此我们无法考虑所有可能的类型种类和所有可能的类型结构。为简单起见，本书只考虑 C 语言的类型的子集，即整数类型、布尔类型、字符类型、浮点类型、数组类型、结构类型、联合类型和指针类型等。

整数类型、浮点类型、布尔类型和字符类型等基本类型是由目标机决定的，称为标准类型，它们的内部表示已经由编译程序事先构造好了，它们的内部地址分别表示为 intPtr、boolPtr、charPtr、realPtr。非标准类型的内部表示，均在编译程序处理类型表达式时生成。数据的类型决定了为这种数据分配的内存空间的大小和能被施与的操作。所以任何类型（包括标准类型和构造类型）的内部表示中都有一个 size 属性，表示此种类型数据应该分配的内存空间的大小，其他属性依类型的不同而不同。

标准类型的内部表示如下：

	Size	Kind
intPtr→	IntSize	intTy
boolPtr→	BoolSize	boolTy
charPtr→	CharSize	charTy
realPtr→	RealSize	realTy

其中，IntSize、BoolSize、CharSize 和 RealSize 分别代表整数值、布尔值、字符值和浮点值所需要的存储单元的个数，这些值依赖于具体编译器的规定。本书为方便起见，规定 RealSize 的值取 2，IntSize、BoolSize 和 CharSize 的值都取 1。

本书只考虑数组、记录（结构体、联合）、枚举、指针等构造类型的内部表示。

1. 数组类型的内部表示

数组是变量的一个有序集合，其中的所有变量具有同一数据类型，这个数据类型称为数组的成分类型，成分类型可以是任意类型（包括前面介绍的简单类型，以及以后要介绍的结构、联合、指针以及正在介绍的数组等类型）。每个成分数据在数组中都有一个唯一的编号，称为“下标”。C 语言默认下标从 0 开始顺序递增，步长为 1。Pascal 语言允许用户自己定义数组下标的起止值。访问数组的一个成分使用此成分在数组中对应的下标。

Pascal 语言的数组类型定义的例子如下：

```
type A = array [1..10] of integer;
     B = array [1..5] of array [1..10] of char;
```

数组 A 是包含 10 个整数的数组，数组的下标从 1 到 10；数组 B 是一个二维数组，数组的第一维包含 5 个数组类型（由第二维定义）的数据，下标从 1 到 5，数组的第二维包含 10 个字符类型数据，下标从 1 到 10。

C 语言的数组类型定义的例子如下：

```
int A' [10];
char B' [5] [10];
```

数组 A'是包含 10 个整数的数组，数组的下标从 0 到 9；数组 B'是一个二维数组，数组的第一维包含 5 个数组类型（由第二维定义）的数据，下标从 0 到 4，数组的第二维包含 10 个字符类型数据，下标从 0 到 9。

可见，不同的程序设计语言，相同语法成分的定义形式不一定是相同的。下面给出数组类型的可能的内部表示定义（不针对任何一种语言）：

Size	Kind	Low	Up	ElemType

其中，各个域的含义如下：

- Size 表示数组类型所占空间的大小，是数组所有成分数据占用空间的和，需要通过计算得到，Size = (Up − Low + 1) * sizeof (ElemType)，其中 sizeof 是一个辅助函数，用于计算每种类型的 size；
- Kind = arrayTy，表示是数组类型；
- Low 表示数组下标的下界，在 C 语言中 Low = 0；
- Up 表示数组下标的上界；
- ElemType = TypePtr，表示数组成分类型的内部表示指针。

对于上面的 Pascal 语言数组和 C 语言数组，它们的内部表示分别如下：

Aptr →	10	arrayTy	1	10	intPtr						
Bptr →	50	arrayTy	1	5	——→		10	arrayTy	1	10	charPtr

A'ptr →	10	arrayTy	0	9	intPtr						
B'ptr →	50	arrayTy	0	4	——→		10	arrayTy	0	9	charPtr

2. 结构体类型的内部表示

结构体类型在程序中描述的是由多个子数据项组成的，而每个子数据的类型可能是不同样的数据。

struct date {int year, month, day;};

struct bookno {char catalogue; int order;};

结构类型的内部表示:

Size	Kind	FieldList

其中,各个域的含义如下:

- Size 表示结构类型所占空间的大小,是结构体所有域占用空间的和,需要通过计算得到,$Size = \sum_{i=1}^{length(FieldList)} sizeof\ (field_i \to type)$,其中,$field_i$ 表示第 i 个域在域名表中的地址;$field_i \to type$ 表示域 i 的类型;
- Kind = structTy,表示是结构体类型;
- FieldList = $field_1$,$field_1$ 是结构体内部的域名表的表头。

则上述结构体的内部表示如下:

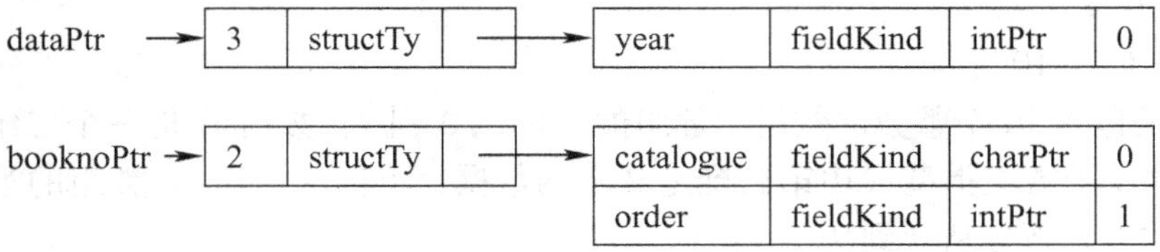

3. 枚举类型的内部表示

枚举类型表示互相独立并且用于某方面信息的元素的集合。例如,一年的 12 个月,一周内的 7 天等。虽然这些数据对象也可以用整数类型变量代替,但却不直观。枚举类型通过枚举标识符确定一个类型的值的集合,其形式是将表示值的标识符顺序列举出来,并用花括号将其括上。例如

enum color {red, yellow, blue}

花括号中的标识符都是常量,称为枚举常量,每个枚举常量对应一个整数值。一般情况下,枚举常量表的第一个标识符对应于整数值 0,其他标识符对应于前一个标识符的整数值 +1。也可以在声明枚举类型时,在枚举常量标识符后标明此常量所对应的整数值,例如

enum color' {red = 10, yellow = red +2, blue}

表示 red 对应于 10、yellow 对应于 red +2,即 12、blue 对应于 yellow +1,即 13。

因此,枚举类型的内部表示定义如下:

Size	Kind	ElemList

其中,各个域的含义如下:

- Size 表示枚举类型所占空间的大小;
- Kind = enumTy 表示是枚举类型;
- ElemList 是指向枚举类型内部枚举常量表表头的指针,其中枚举常量表的内部表示结构如下:

Name	Value

- Name 表示枚举常量的名字
- Value 表示枚举常量所代表的整数值。

例如，上面给出的枚举类型 color 的内部表示是：

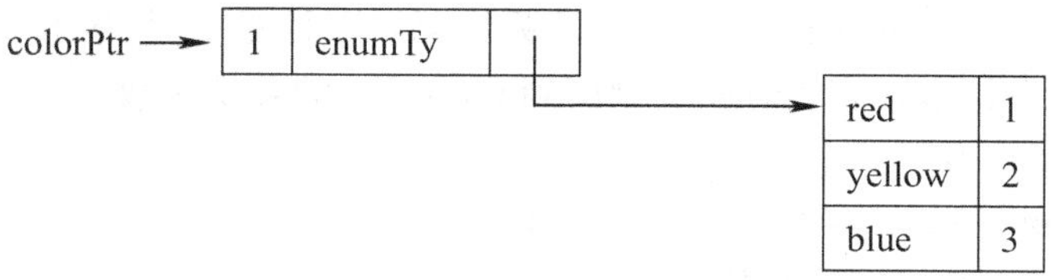

4. 指针类型的内部表示

指针类型是现代程序语言中应用较广的一种数据类型。在 C 语言中，任何一个类型（包括基本数据类型、构造类型、函数类型、指针类型等）都伴随着一个指向本类型变量的指针类型。其定义形式为

T *

T 称为此指针类型的基类型。由指针类型可以定义指针变量，指针变量的值被解释成另一个变量的地址，即计算机内存的一个地址。指针变量的定义形式为

T * p

p 就是一个指向 T 类型变量的内存地址的指针变量，即 p 的值是一个内存地址，而不是普通的数据值，p 就是前面所说的间接存取的变量。

指针类型的内部表示设计如下：

Size	Kind	TypeName

其中，各个域的含义如下：

- Size = PointerSize，PointerSize 表示指针类型的大小，由编译程序确定指针类型应分配的数据空间的大小，在同一个编译系统中，所有指针类型的 PointerSize 都是相同的；
- Kind = pointerTy 表示是指针类型；
- TypeName = TypePtr，表示指针所指向的数据的类型的内部表示的指针。

假设有指针类型的变量定义如下：

int * p1;

float * p2;

其中，p1 和 p2 分别是指向整数类型和浮点类型的指针变量，p1 和 p2 的类型分别是整型指针和浮点型指针，记为 t1、t2，则 t1、t2 的内部表示如下：

t1→	pointerSize	pointerTy	intPtr
t2→	pointerSize	pointerTy	realPtr

6.2.4 值的内部表示

一般地，计算机的机器指令能操作的数据类型只有整数类型和浮点类型，而且这两种类型的数据都有直接对应的机器表示，因此在程序中出现的其他类型的值都要直接或间接地转化为这两种类型的值。需要说明的是，只有简单类型的变量有值的概念，像数组、记录等构

造类型没有值的概念，但数组的下标变量、记录的域变量可以有值（如果下标变量、域变量是简单类型的）。

事实上，所有有序类型的值，在机器中均可表示为整数，因此在生成有序类型值的关系运算等操作代码时，可产生和整数相同的目标代码。下面是具体描述，其中 ord 是 Pascal（C）语言提供的一个函数，它是有序类型值到 integer 值的转换函数。

■ 整数常量：ord(N) = N;

■ 布尔常量：ord(false) = 0，ord(true) = 1;

■ 字符常量：ord(C) = ASCII 码(C);

■ 枚举常量：设有枚举类型（D，A，B），则有

ord(D) = 0，ord(A) = 1，ord(B) = 2。

6.3 符号表的管理

符号表作为语义分析、存储分配和代码生成时的一种重要数据结构，在编译程序工作的过程中，需要对符号表进行频繁的访问，因此，合理地组织符号表，并相应地选择好查表和填表的方法，是提高编译程序效率的重要一环。

6.3.1 符号表的建立与访问

通常的程序设计语言的程序都由声明和语句体两个部分构成，其中声明部分是对程序中用到的标识符的属性进行说明，包括这些标识符的类型、存储分配、参数信息等，语句体部分就是利用这些符号的属性完成相应的程序功能。因此，在程序的声明部分出现的标识符，称为定义性出现的标识符，在程序的语句部分出现的标识符，称为使用性出现的标识符。标识符的定义性出现确定了标识符的属性信息；标识符的使用性出现是检查标识符的使用是否合法，如标识符的有使用而无定义的错误，标识符为非期望的标识符类别等。

编译程序在扫描声明部分时，每遇到一个标识符的定义，就将标识符的名字及其属性填入符号表中。填入时，首先检查符号表中是否已有同名标识符，若没有则将该标识符填入；若有，说明可能有标识符的重复定义错误，报告语义错误。编译开始时，符号表一般是空的，或者预先存放了一些保留字和标准函数名的属性信息，随着编译过程的进行，不断地有新的标识符被填入进来。编译程序在处理语句部分时，每当遇到一个名字都要查找符号表，查找符号的相关属性，并检查语义错误。

例如有下面的 C 程序段：

```
void main()
{
  int x = 0;
  bool flag = true;
  while ((x < 10) &&flag)
  {
    y = x + 1;
    if (x == 10)
```

```
        flag = false;
    }
}
```

当语义分析程序扫描到声明部分时，将遇到的标识符 main、x、flag 及其属性依次填入符号表中，同时检查是否有重复声明的错误。

接下来处理语句体部分，语句体部分由一个 while 语句构成，首先扫描 while 语句的条件表达式，然后再处理 while 语句的循环体部分。while 语句的条件表达式由两个子表达式构成，当扫描第一个子表达式 x<10 时，用标识符 x 的名字查找符号表，符号表中有 x，说明没有标识符未声明的错误，而且 x 的类型是整数类型，进行关系运算也是允许的，所以表达式 x<10 没有语义错误，继续扫描第二个子表达式 flag 时，用标识符 flag 的名字查找符号表，符号表中有 flag，并且 flag 的类型是 bool，所以第二个子表达式也没有语义错误，而且这两个子表达式通过 && 运算得到的结果也必然是 bool 类型，符合 while 语句条件表达式的类型要求。继续向后扫描 while 语句的循环体部分。第一个语句是赋值语句，当用赋值语句左部标识符 y 去查符号表时，在符号表中没有找到，发现一个标识符没有声明的错误，报错并继续向后扫描。后面的部分也采用类似的查找、分析方法进行处理，限于篇幅，省略掉。

符号表中记录着各类标识符的属性，这些属性在语义分析阶段，以及后面的代码生成中经常会被用到，因此有必要定义一些与符号表相关的操作函数，就编译程序而言，对符号表的访问可以概括为以下几种操作：

1）新建一个符号表（NewTable）：每当进入一个新的局部化单位，需要为该局部化单位创建一个空的符号表，同时还要做一些初始化的工作，例如设定局部变量的初始偏移等。

2）作废一个符号表（DeleteTable）：每当退出一个局部化单位时，该局部化单位的所有表项成为无效表项，需要从符号表中删除掉。

3）向符号表中增加一个新的表项（AddItem）：在局部化单位内部，每当遇到一个新的标识符的声明，就需要将标识符的属性填入符号表中。

4）判断某个名字是否在表中（FindName）：为检查标识符是否有重复声明或未声明的错误，常常要在符号表中查找某个名字的标识符，所以定义这样一个辅助函数，当符号表中有该名字时返回 true，否则返回 false。

5）从符号表中查找某个特定名字相关的属性（FindAttri）：在进行语义检查时，常常要获得某个标识符的属性信息，如果在符号表中找到该名字，则返回对应的属性信息，否则返回空。

6.3.2 符号表的组织

一般地，计算机用户编写的程序中会定义许多不同种类的标识符，如常量标识符、变量标识符、类型标识符、函数标识符等。这些标识符在程序中起着不同的作用，所包含的语义信息也不同，因而不同标识符的内部表示也不同。例如，常量标识符需要包含类型和常量值信息；变量标识符需要包含变量类型和变量的存储地址等信息。所以，编译程序在设计符号表时，可以采取每类标识符一张表的多表结构，也可以采取所有种类标识符统一处理的单表结构。

多表结构是将种类相同的那些符号存放在一张符号表中，从而有常量表、类型表、变量表等。这样做的好处是每个符号表的属性域完全相同，各个表项是等长的，并且表项中的每个属性都是有效的，管理起来方便一致，空间效率高。但这样做的缺点是编译程序将同时管理若干个符号表，增加了总体管理的工作量和复杂度。并且对各类标识符的共同属性如类型的管理必须设置重复的运行机制。图 6.5 给出的就是多表结构。

常量表

Name	Type	Value
pai	realPtr	3.14
…	…	…
…	…	…

变量表

Name	Type	Access	Level	Offset
x	intPtr	dir	1	10
…	…	…	…	…
…	…	…	…	…

类型表

Name	Type
type-t	int

…

图 6.5　多表结构

单表结构是将所有符号都组织在一张符号表中。这样做的最大好处是总体管理集中单一，且不同种类符号的共同属性可一致地管理和处理。缺点是，由于符号属性的不同，为完整表达各类符号的全部属性必将出现不等长的表项，以及表项中属性位置交错重叠的复杂情况，这就极大地增加了符号表管理的复杂度。为使表项等长且实现属性位置的唯一性，可以把所有符号的可能属性作为符号表项属性。这种方法可能有助于降低符号表管理的复杂性，但对于某个具体的符号，有可能增加无用的属性空间，从而增加了空间开销。总之，究竟采用哪种符号表结构，并没有一种统一的规定，编译程序可根据实际处理语言的需要进行选择。图 6.6 给出的就是单表结构。

Name	Kind	Type	Value	Access	Level	Offset
pai	constKind	realPtr	3.14			
x	varKind	intPtr		dir	1	10
type-t	typeKind	intPtr				
…	…	…	…	…	…	…
…	…	…	…	…	…	…

图 6.6　单表结构

无论是采用多表结构还是单表结构，每个表内部的各个表项还可以有多种排列方式，如依据标识符出现的顺序顺次排列的顺序表方法；在建表时，根据某个关键字对表项进行排序的有序表方法（如二分表）；依据某个关键字计算散列值的散列表方法等。顺序表的插入、修改、删除等操作非常简单，但当程序比较大，而标识符也较多时，顺序表的查表速度慢的缺点就会暴露出来，因此，顺序表适合程序较小，标识符相对较少的情况；散列表方法是查找速度最快的一种方法，但如何定义散列函数使得冲突较少，是散列表方法广泛应用的巨大障碍；二分表方法是性价比介于顺序表和散列表之间的一种折衷的方法。这几种方法的适用情形和详细管理方案在数据结构课程中都有详细介绍，本书就不详细介绍了。

从符号表建立和访问的过程可以看出，符号表项只填写一次，却可能被访问多次，因此，在编译程序中具体采用哪种表项排列方式，要看编译程序对查表速度的要求，即查表方式决定了建表方式。

6.3.3 符号表的局部化处理

程序中声明的标识符不一定在整个程序的范围内有效（起作用），可能只在某个函数或程序段内有效，标识符有效的程序段称为标识符的作用域，标识符在其作用域内是有效的，或者说是可见的。很多程序设计语言对标识符的作用域都有相关规定，因为在源程序中的同名标识符，在不同的作用域里可能用来表示具有不同属性的对象，从而也就可能要求给它们分配不同的存储空间。因此，为了在编译过程中能够正确地使用不同作用域中的标识符，在组织符号表时，对各个标识符所处的作用域也应当有所反映。

程序中允许有声明的部分称为一个局部化单位。在局部化单位中声明的标识符在这个局部化单位内起作用，或者说有效、可视（Visible），或者说标识符的作用域是这个局部化单位。程序的局部化单位通常是一个子程序或分程序：例如 Pascal 语言中由 Procedure 和 end 括起来的过程声明、由 Function 和 end 括起来的函数声明、C 语言中由｛和｝括起来的分程序等。有些语言允许局部化单位的嵌套，如图 6.7 给出的是 Pascal 语言的过程/函数嵌套声明的例子，图 6.8 给出的是带有分程序嵌套的 C 程序的例子。

当有局部化单位的嵌套，即外层局部化单位内部还允许有内层局部化单位时，如果内层局部化单位有同外层同名的标识符，则外层局部化单位中的标识符的作用域中要将内层局部化单位剔除，这称为标识符的嵌套作用域原则。

例如图 6.7 中的过程嵌套声明情形：过程 P 中声明了整型变量 x、y 和过程 Q，过程 Q 中声明了实型变量 x、z，其中过程 P 中的变量 x 的作用域本应是从 P 的变量声明处开始，一直到 P 的过程体结束，但由于过程 Q 中又声明了同名变量 x，所以过程 P 的变量 x 的作用域是局部化单位 P 中除去局部化单位 Q 的部分，过程 P 的变量 y 的作用域是局部化单位 P，过程 Q 的变量 x、z 的作用域是局部化单位 Q。

```
procedure P( );
    var x, y: integer;
    procedure Q( );
        var x, z: real;
        begin
        …
        end
    begin
    …
    end
```

图 6.7 Pascal 语言的过程函数嵌套声明的例子

```
void main()
{
    int a = 1;                                   B1
    int b = 1;
    {
        int b = 2;                               B2
        {
            int a = 3;                           B3
            printf("a = %d, b = %d\n",a, b);
        }
        {
            int a = 3;                           B4
            printf("a = %d, b = %d\n",a, b);
        }
    }
    printf("a = %d, b = %d\n", a, b);
}
```

图 6.8 带有分程序嵌套的 C 程序

再比如图6.8中分程序嵌套的情形：其中声明 int a = 1 的作用域是 B1 – B3；声明 int b = 1 的作用域是 B1 – B2；声明 int b = 2 的作用域是 B2 – B4；声明 int a = 3 的作用域是 B3；声明 int b = 4 的作用域是 B4。

存放标识符属性的符号表必须很好地体现标识符的作用域，即在标识符的作用域内，应该可以查到该标识符，而在标识符的作用域之外，不会查到该标识符，实现这样功能的程序称为符号表的局部化处理程序。

符号表局部化的含义是：称一个局部化单位的符号表在程序的P点处是有效的，如果该局部化单位包含点P。假设标识符是出现在点P处，那么对它有效的声明是包含P的那些嵌套局部化单位中的声明部分。这意味着在点P处查符号表时，只能查在此处有效的那些符号表，这就要求编译程序在程序的每点都能判断哪些符号表（或符号表项）是有效的，这就是局部化处理的本质。

符号表局部化处理的基本思想是：

1）每当进入一个局部化区，记住本层符号表的始地址。

2）每当遇到定义性标识符时，构造其语义信息并查本层符号表，若查到同名标识符，则表示有错，否则往符号表里填写标识符及其语义信息。

3）每当遇到使用性标识符时，查整个符号表（从当前位置向前查），若查不到同名标识符，则表示有错（因为我们假定标识符必须先声明再引用），否则找出相应语义信息并将它传给有关部分。

4）每当结束一个局部化区时，“删除”本层符号表。

这里的“删除”之所以加了引号，是因为这个删除只是逻辑意义上的删除，而不一定是物理意义上的删除，即真删除。“删除”符号表的方法一般有两种：真删除法和驻留法。真删除法是每当离开一个局部化区（即退出一个过程/函数或分程序），就删除掉该局部化区声明的所有标识符，即当前层符号表；驻留法是当离开一个局部化区时，仍保留对应的符号表项（当前层符号表），但采取一定的措施保证那些已经无效的符号表项不会被查到，如给那些无效的表项加一个标记或在当前层符号表的表项末尾增加一个标记项，使得查表时跳过那些无效项。一般来说，如果编译器是一遍扫描式的，那么采取删除法，如果是多遍扫描式的，则采用驻留法。

例如，对于图6.9所示的C程序的例子，其中共有4个局部化单位。

若采用删除法，则各个时刻的符号表内容如图6.10所示，其中实线箭头表示表增长的方向，虚线箭头表示查表的方向。

若采用驻留法，则 t0、t1 和 t2 时刻的符号表与删除法相同，其余时刻的符号表内容分别如图6.11、图6.12和图6.13所示。

在 t3 时刻，局部化单位2已经结束，它里面声明的标识符 z 也将随之变为无效，为在符号表中将这一点体现出来，在符号表中填入一个特殊的表项（#, pointer），其中“#”表示这是一个标记项，标记一个局部化单位的结束，它的第二个元素，也就是 pointer 指向的是下一个有效标识符，在本例中是函数标识符 f。

在 t4 时刻，局部化单位2和3结束，进入局部化单位4。

在 t5 时刻，所有的局部化单位都已经结束，因此所有的符号表项都要无效。符号表如图6.13所示。

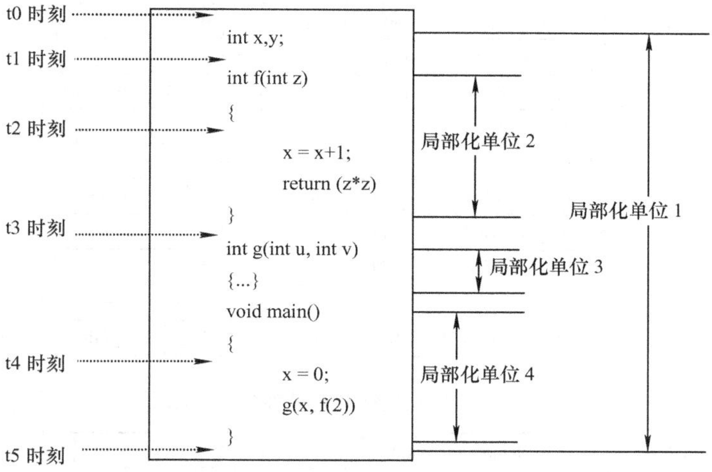

图 6.9 局部化单位的例子

t0 时刻，符号表为空

t1 时刻：

x	varKind	intPtr	dir	0	0
y	varKind	intPtr	dir	0	1

t2 时刻：

x	varKind	intPtr	dir	0	0		
y	varKind	intPtr	dir	0	1		
f	~~routKind~~	~~intPtr~~	~~actual~~	~~0~~		1	false
z	varKind	intPtr	dir	1	0		

t3 时刻：

x	varKind	intPtr	dir	0	0		
y	varKind	intPtr	dir	0	1		
f	routKind	intPtr	actual	0		1	false

t4 时刻：

x	varKind	intPtr	dir	0	0		
y	varKind	intPtr	dir	0	1		
f	routKind	intPtr	actual	0		1	false
main	routKind	NULL	actual	0	NULL	0	false

t5 时刻，符号表为空

图 6.10 删除法实现符号表局部化示意图

t3 时刻：

x	varKind	intPtr	dir	0	0		
y	varKind	intPtr	dir	0	1		
f	~~routKind~~	~~intPtr~~	~~actual~~	~~0~~		1	false
z	varKind	intPtr	dir	1	0		
#							

图 6.11 驻留法实现符号表局部化示意图（1）

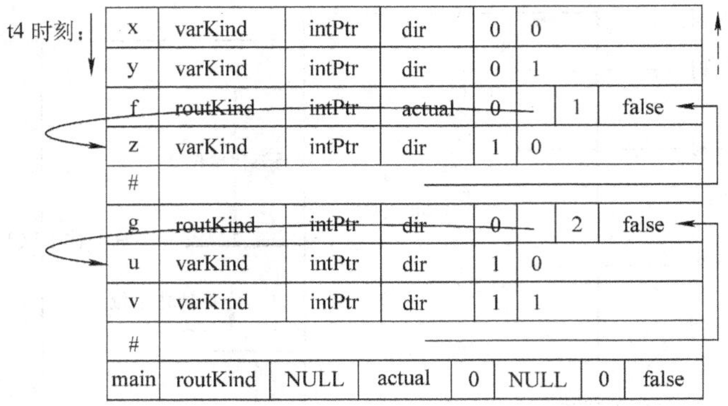

图 6.12　驻留法实现符号表局部化示意图（2）

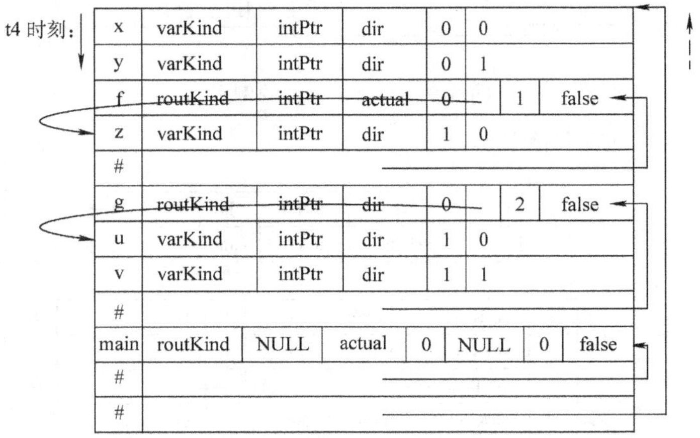

图 6.13　驻留法实现符号表局部化示意图（3）

从组织方式上看，符号表可分为局部式符号表和全局式符号表两大类。所谓局部式符号表是指为每个局部化单位建立一个独立的符号表，以它作为建表和查表的单位；而全局式符号表，则把整个程序的符号表作为一个表，即建表和查表单位是整个符号表，前面介绍的删除法、驻留法都是基于全局表的结构。

采用局部符号表时需要注意的一个问题是，在不同时刻，不是所有的局部符号表都有效。为了标记在某一时刻，哪些符号表是有效的，还要用到一个辅助数据结构 Scope 栈（栈便于体现标识符的嵌套作用域原则）。Scope 栈用于存放当前有效的局部化单位的局部符号表的始地址。每当进入一个新的局部化区，就将它的符号表始地址存入 Scope 栈，当退出一个局部化区时，再将 Scope 栈的栈顶元素弹出。

例如图 6.9 所示的 C 语言程序，在不同时刻，Scope 栈所存储的内容是不同的，如图 6.14 所示（其中标识符的属性部分省略了）。

t0 时刻，符号表为空，所以 Scope 栈也为空。

t1 时刻，进入局部化单位 1，所以 Scope 栈包含一个元素，指向局部化单位 1 的局部符号表的始地址。

t2 时刻，进入局部化单位 2，但此时，局部化单位 1 仍然有效，所以 Scope 栈包含两个元素，分别指向局部化单位 1 和局部化单位 2 的局部符号表的始地址。

t3 时刻，退出局部化单位 2，局部化单位 1 有效，所以 Scope 栈包含一个元素，指向局部化单位 1 的局部符号表的始地址。

t4 时刻，退出局部化单位 2 和 3，局部化单位 1 有效，所以 Scope 栈包含一个元素，指向局部化单位 1 的局部符号表的始地址。

t5 时刻，退出所有的局部化单位，所以 Scope 栈再次为空。

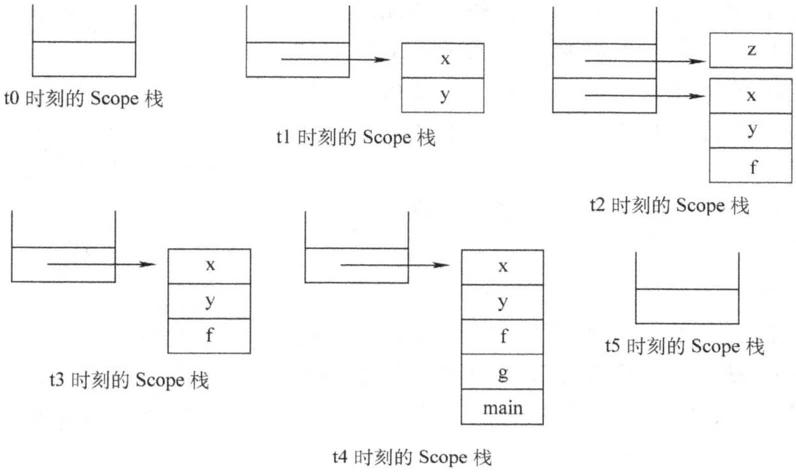

图 6.14　不同时刻的 Scope 栈的变化情况

6.4　程序设计语言符号表的实例

6.4.1　Pascal 的符号表

Pascal 语言的最大特点就是允许嵌套的过程声明，因此在建立符号表时应考虑体现这种声明的嵌套，即标识符作用域的嵌套。

为便于说明，规定 Pascal 主程序的层数为 0，在主程序中声明的标识符（包括过程/函数标识符）的层数为 1，在第 i 层过程/函数中声明的标识符（包括形参和局部标识符）的层数为 $i+1(i \geqslant 1)$。

下面用一张全局符号表和一个 Scope 栈来实现 Pascal 程序的符号表。Scope 栈的作用仍是用来记录在某个时刻仍有效的所有层次符号表的首项，具体说 Scope(i) 指向第 i 层符号表的首项（$i \geqslant 0$）。

假设有嵌套的过程声明如图 6.15 所示。若对于无效符号表采用删除法，则各个 ti 时刻的嵌套式全局符号表结构如图 6.16 所示，其中只给出了标识符，而没有列出其属性部分。

删除法实现符号表局部化的具体做法是：弹掉 Scope 栈的栈顶元素，同时释放当前层的符号表，即调整符号表区的指针。假设用 l 表示层数计数器，用 s 表示符号表的最后一项的地址，则删除式局部化的实现算法可描述如下：

```
s: = Scope [l]  -1;
l:  =l-1;
```

驻留法实现符号表的局部化比较麻烦，因为无效的符号表部分还保留在表区内，并且在查表时还要避免查询到这些表项。驻留式方法又可分为标记法和跳转法。标记法是给每个表项增加一个标记域，当某个表项变为无效时，就将该标记域设为无效；相对来讲，跳转法更节省空间，而且速度也更快些，因此这里将介绍跳转法。对于每层符号表来说，又可有从前往后和从后往前的两种顺序查表法，因此，跳转可有上跳和下跳两种。跳转法的主要思想是（考虑从后往前的情形）：

- 每当退出一个局部化区时，将一个跳转项填入到符号表中

s：=s+1；SymbTab[s]：=(#，Scope（l）－1)

- 当查表时，从当前符号表的末项 SymbTab[s] 开始往前查，当遇到跳转项时跳到跳转项的地址部分所指向的地址继续查找。

```
Procedure P();
    var i,j,k:integer; {t1}
    procedure Q();
        var a,b:real;
        procedure R();{t2}
            var a,b:boolean;{t3}
            begin
            R的过程体
            end
        begin
        Q的过程体
        end
    procedure S();
        var c,e:char;{t4}
        begin
        S的过程体
        end {t5}
begin
P的过程体
end
```

图 6.15　嵌套过程声明的例子

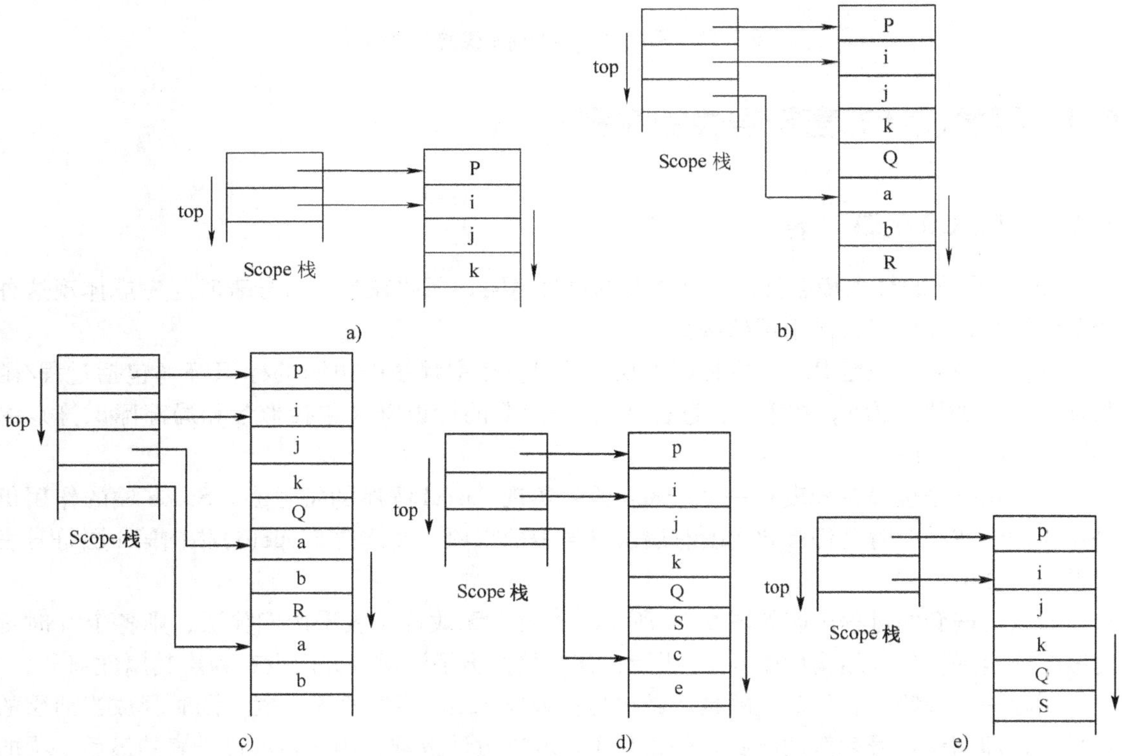

图 6.16　采用删除法的符号表

a）采用删除法时 t1 时刻的符号表　b）采用删除法时 t2 时刻的符号表

c）采用删除法时 t3 时刻的符号表　d）采用删除法时 t4 时刻的符号表　e）采用删除法时 t5 时刻的符号表

对于t1、t2和t3时刻，采用驻留法时的符号表和采用删除法时的符号表的内容是完全一致的，但对于t4和t5时刻而言，情况则不同了，因为此时符号表中将保留一些已经失效的符号表项。具体描述如图6.17所示。

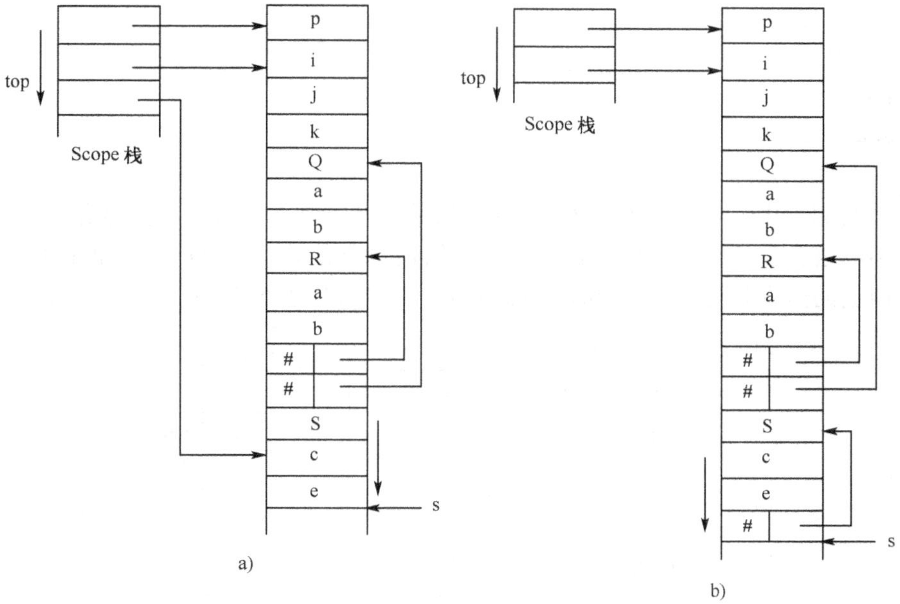

图6.17　采用驻留法的符号表

a）采用驻留法时t4时刻的符号表　b）采用驻留法时t5时刻的符号表

假设要查的是X的属性，则查表过程大致可描述如下：（开始i取s值）

[1] if SymbTab[i]. name = X then return （SymbTab[i]. attrib）;

[2] if SymbTab[i]. name = # then i = SymbTab[i]. addr else i = i - 1;

[3] if i = 0 then Error else goto [1];

6.4.2 C的符号表

C语言的程序结构与Pascal语言的程序结构不同，C语言不允许函数的嵌套声明。换句话说，一个C程序是由若干个函数并列组成的（其中一定要有main函数），这些函数的地位都是相同的。如在下面的C程序中，从main函数调用开始执行，在后面声明的函数可以调用在它之前声明的函数。若给C语言的每个标识符也都赋予一个层次，则这些标识符的层次只有两个，即0层和1层。全局标识符和所有的函数标识符的层数是0，函数的形式参数和局部标识符的层数是1。

```
int x, y;
void swap(int * a, int * b )
{
    int tmp;
    tmp = * a;
    * a = * b;
```

```
    *b = tmp;
}
void main()
{
    x = 10;
    y = 20;
    swap(x, y);
}
```

在上面的例子中，x、y、swap 和 main 的层数是 0，a、b 和 tmp 的层数是 1。

如果不考虑分程序语句，C 语言的符号表结构将非常简单。例如，上面的 C 程序，若采用基于驻留法的全局符号表，则当程序结束时，符号表如图 6.18 所示。

x	varKind	intPtr	dir	0	0	
y	varKind	intPtr	dir	0	1	
swap	routKind	NULL	actual	0	sptr	false
a	varKind	atptr	dir	1	0	
b	varKind	btptr	dir	1	1	
tmp	varKind	intPtr	dir	1	2	
#						
main	routKind	NULL	actual	0	NULL	false
#						
#						

图 6.18　基于驻留法的全局符号表示意图

其中，atptr 是指向整数指针类型的内部表示

atptr→

1	PointerTy	intPtr

btptr 指向整数指针类型的内部表示

btptr→

1	PointerTy	intPtr

sptr 指向函数 swap 的形式参数表的首地址

sptr→

a	varKind	atptr	dir	1	0
b	varKind	btptr	dir	1	1

当考虑 C 语言的分程序语句时，C 程序符号表的构造将变得复杂一些。前面说过了，C 语言的分程序语句也称程序块是由"{"和"}"括起来的程序段，其中可以包含标识符声明，并且可以出现在其他类型语句所能够出现的任何地方，还允许一个块嵌套在另一个块内。因此一个分程序就是一个局部化区。分界符"{"和"}"标记分程序的开始和结束，分界符保证分程序不是相互独立就是一个嵌在另一个里面，即不可能出现分程序 B_1 先于 B_2 开始，又先于 B_2 结束的情况。这种嵌套性有时又称作分程序结构。

例如图 6.19 给出的就是带有分程序嵌套的 C 程序（为便于说明，给每行代码加了一个

行号)。

```
1.   main( )
2.   {
3.       int a;
4.       float b, d;
5.         {
6.             int c;
7.             float a;
8.               {
9.                   int d;
10.                  float c;
11.                    {
12.                        float d;
13.                        ……
14.                        a = b + c + d;
15.                    }
16.              }
17.              {
18.                  char d;
19.              }
20.        }
21.  }
```

图 6.19 带有分程序嵌套的 C 程序

在上面的例子中，出现了 5 个分程序：第 2 行代码到第 21 行代码为分程序 1，第 5 行代码到第 20 行代码为分程序 2，第 8 行代码到第 16 行代码为分程序 3，第 11 行代码到第 15 行代码为分程序 4，第 17 行代码到第 19 行代码为分程序 5。可见，分程序不仅可以嵌套（如分程序 2 嵌套在分程序 1 中，分程序 3 嵌套在分程序 2 中）还可以并列（分程序 3 和分程序 5 并列）。

分程序嵌套和并列的情形与 Pascal 的过程/函数嵌套非常相似，因此处理方法也类似，但却不完全相同。因为分程序嵌套的层数与过程/函数嵌套的层数有着本质的差别。过程/函数嵌套的层数的概念是为了给标识符分配内存地址而提出来的，不同的层数对应于不同的内存块的起始地址（第 9 章将有详细说明）。而分程序结构中，无论分程序嵌套多少层，外层分程序和内层分程序中标识符的层数都是相同的，分程序中声明的标识符都属于所在函数的局部量，因此层数都是 1。例如，上面程序中各个分程序中的标识符的层数都是 1。所以当按照 Pascal 语言过程/函数嵌套那样处理分程序结构时，无法区分开各个分程序中的标识符，从而也就无法解决标识符的作用域问题。

事实上，可以考虑在原有标识符的内部表示中增加一个属性：标识符所属的分程序的编号，再配合符号表的局部化处理方法，就可以实现分程序结构的局部化问题。

分程序结构局部化处理的基本思想是：设置一个计数器 i 记录当前可分配的分程序的编号，初始为 0。每当编译程序扫描到一个分程序结构开始时，为该分程序分配一个编号（i

=i+1)，并建立一张符号表，将在该分程序中定义的标识符都记录在该符号表中；而当编译程序扫描到一个分程序的结束时，编译程序“删除”为该分程序所建立的符号表（将分程序编号等于i的标识符项都删除），并收回为其分配的编号（i=i−1）。

根据分程序的嵌套作用域原则，当编译程序扫描到某个标识符的使用性出现时，首先在当前分程序的符号表中查找，若没有查到，再根据分程序的层次结构，逐层向外地依次查找各层符号表，直到查到为止。若所有符号表都已查完仍未找到，则表示有语义错误。

分程序结构的符号表局部化可以采用驻留法实现，也可以采用删除法实现。当采用驻留法时，对于上面的C程序，当分析到第19行代码时的符号表结构如图6.20所示，其中加阴影的列表示的是标识符所在的分程序的编号。

main	routKind	NULL	actual	0	NULL	false
a	varKind	intPtr	dir	1	0	1
b	varKind	realPtr	dir	1	1	1
d	varKind	realPtr	dir	1	3	1
c	varKind	intPtr	dir	1	5	2
a	varKind	realPtr	dir	1	6	2
d	varKind	intPtr	dir	1	8	3
c	varKind	realPtr	dir	1	9	3
d	varKind	realPtr	dir	1	11	4
#						
#						
d	varKind	charPtr	dir	1	8	3

图6.20　分程序结构的驻留式符号表

截止到目前，介绍的符号表内部数据结构采用的都是顺序表，实际上数据结构中介绍的其他表组织结构都可以运用到符号表中，例如二分表、散列表等。不同的表结构的优缺点在数据结构课程中都有详细的介绍，此处不再赘述。

为了说明表结构的多样性，下面介绍一种基于外拉链式散列表方法实现分程序结构符号表的方法。这种方法的基本思想是采用“删除式”的全局符号表，其中符号表用散列表实现。散列表以标识符的名字为主键，通过将标识符名字应用在事先定义好的散列函数上，获得标识符的符号表地址。当多个分程序中有重名标识符时，名字作用到散列函数上得到的地址是相同的，这时候采用外拉链的方式化解散列冲突，具体是将外层分程序中的标识符对应的表项向里推，而内层分程序（最新层）的标识符放在外面。这样，当按照名字来查找这个标识符时，名字对应的地址中会有多个表项，而最外面的这个就是标识符的最近定义。可见，这样处理，正好符合分程序的最近嵌套原则。而我们称这种方法为“删除式”的，是因为当一些分程序已经无效时，分程序中声明的一些标识符对应的表项会被从符号表中直接删除掉而不会被查到。

采用这种“删除式”全局符号表方法，对于图6.19中的C程序，当分析到第5行代码时符号表如图 6.21 所示。

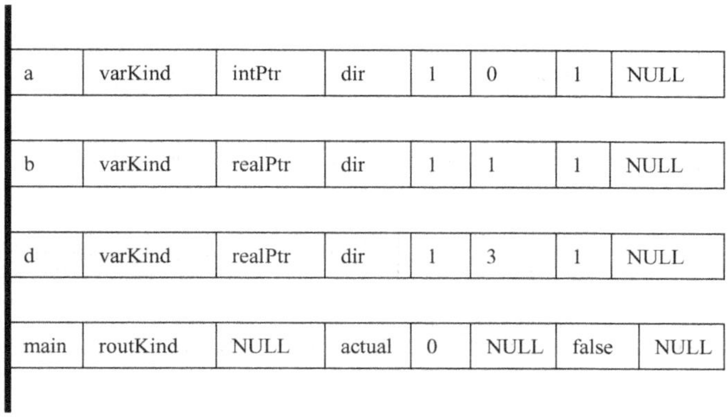

图 6.21 基于散列表的符号表（1）

此时，在符号表中只能查到标识符 main、a、b 和 d。

当分析到第 8 行代码时，符号表如图 6.22 所示。此时，在符号表中有两个标识符的名字都是 a，其中分程序 2 中的定义是最新的，所以在符号表中分程序 2 中声明的 a 列在最前面，表明此刻只有它是有效的，外层的 a 被屏蔽掉了。

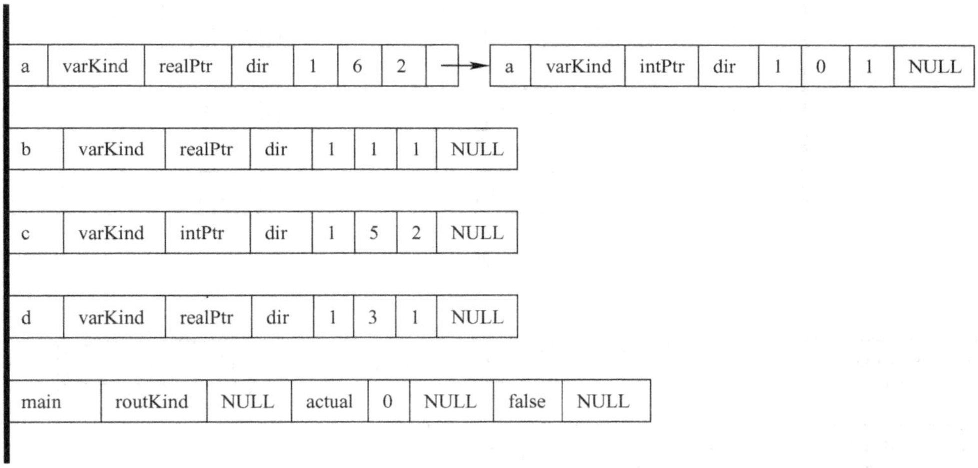

图 6.22 基于散列表的符号表（2）

当分析到第 15 行代码时，分程序 4 结束，分程序 4 中声明的标识符变得无效，因此要从符号表中删除。删除的方法是将符号表中分程序编号为 4 的表项全部删除，因为分程序编号为 4 的表项一定排在每个名字链的最前面，因此这种删除操作可以很容易地实现。分程序 4 中标识符被删除前后的符号表分别如图 6.23 和图 6.24 所示（为节省篇幅，省略掉一些标识符的属性）。

当分析到第 19 行代码时，分程序 3 结束，进入分程序 2，此时分程序 3 和 4 中的标识符都无效，所以需要从符号表中删除掉，删除后的符号表如图 6.25 所示。

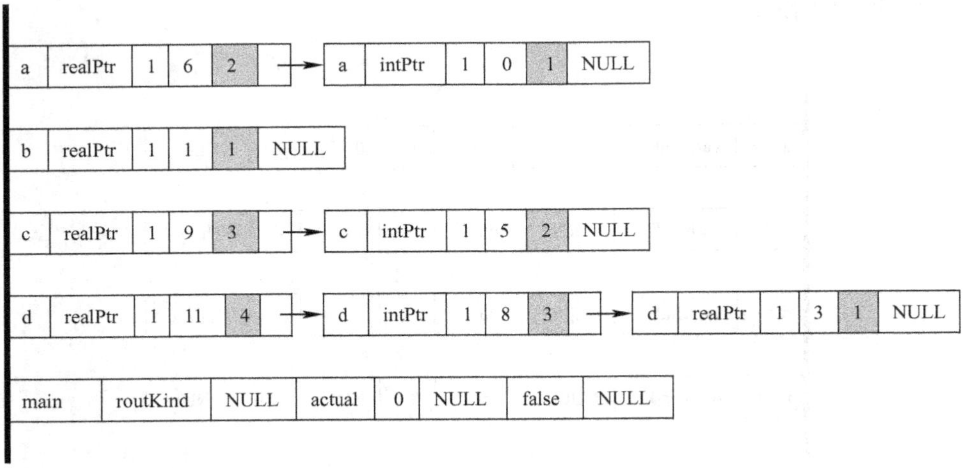

图 6.23　基于散列表的符号表（3）

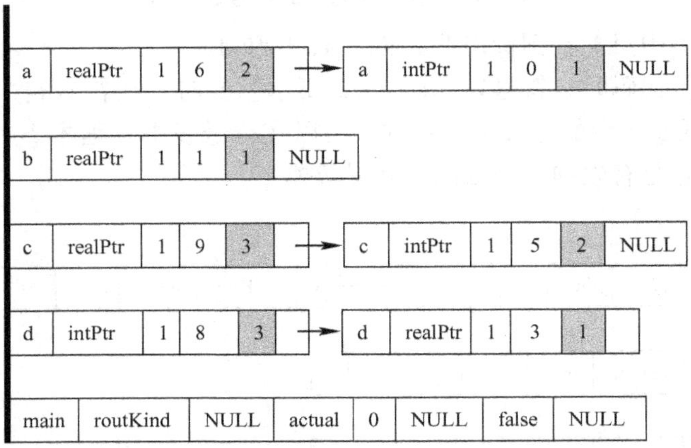

图 6.24　基于散列表的符号表（4）

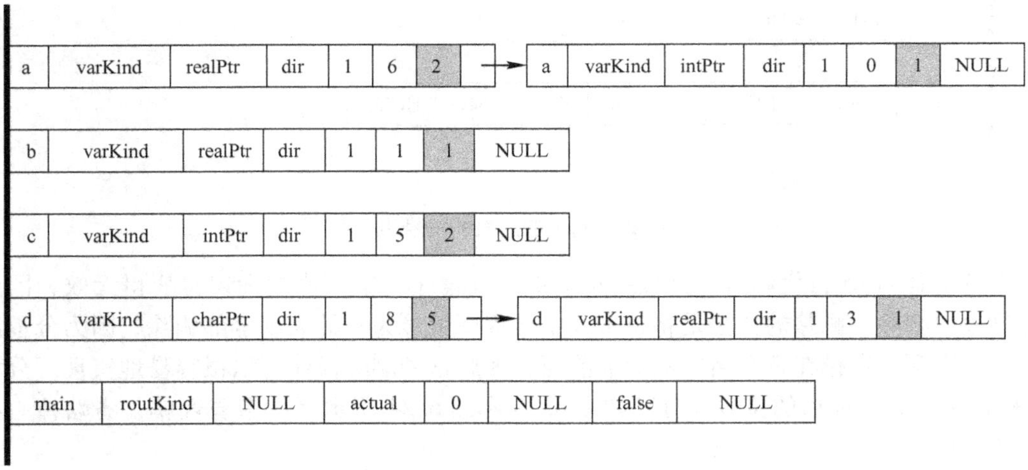

图 6.25　基于散列表的符号表（5）

习 题 6

1. 写出下列类型定义的内部表示。

(1) float a[100];

(2) struct {char name[20]; int age; float score;} student;

(3) union {bool married; char father[20]; char mother[20];}

(4) student b[100];

(5) float a[10][20];

(6) enum {red, blue, yellow} color;

2. 写出下列声明中所声明的标识符的内部表示。

(1) #define SPEED 55

(2) #define PAI 3.14

(3) int i, j, k;

(4) char c;

(5) float amount, total;

(6) bool flag;

(7) typedef table = float a[10][20];

(8) typedef item = struct {char name[20]; int age; float score;};

(9) int f(int x, int * y, float g (int z))

(10) void h(bool flag)

3. 给出下面 C 程序扫描到语句 c = a + b + x 时相应的符号表内容。

(1) 采用局部化符号表;

(2) 采用全局化符号表。

```
main()
{
    int a = 0;
    float c = 1.0;
      {
        float a = 3.0;
          {
            float x = 1.3;
            float b = 0.3;
          }
          {
            int b = 10;
            c = a + b + x;
          }
      }
}
```

4. 声明部分的语义检查包含哪些内容?

5. 表达式、赋值语句、分支语句、循环语句、函数调用语句的语义检查包含哪些内容?

6. 试用 C 语言编写一个符号表的管理程序，要求提供符号表 5 种操作的接口函数。

(1) 采用局部化符号表思想；

(2) 采用全局化符号表思想。

7. 假设当前层数为 L，可用偏移为 off0，试写出各个程序点的层数和偏移的变化情况。

```
①typedef at = int a[10] [10];
typedef bt = struct {int number; at score;};
②at x, y;
③int f(at a, ④at * b, ⑤float x)
{
    ⑥bt m;
    ⑦int n;
…
} ⑧
void g()
{⑨
    int l;
    …
}
```

第 7 章　中间代码生成

编译程序的目的是把源语言程序（源代码）翻译成等价的目标代码。编译程序在翻译的过程中可以直接生成目标代码（称为单遍扫描编译器），也可以先把源代码生成中间代码，然后再由中间代码生成目标代码（称为多遍扫描编译器）。因此，中间代码生成部分并不是实现编译程序所必需的。

直接生成目标代码的主要好处是可避免重复性工作，从而减少编译器的体积。而使用中间代码的主要优势在于便于编译器的移植、修改和优化。因为从词法分析到中间代码生成（称为编译器的前端）不依赖于具体目标机器，因此可以针对不同的目标机器只需修改编译器的后端，非常方便移植和修改，而中间代码是程序的一种数据结构表示，因此可以基于中间代码来进行程序的优化。

中间代码的形式多种多样，中间代码的设计和选择依赖于具体的目标机，以及将采用的优化方法和优化目标等因素。有的时候在同一个编译器中可能采用多种中间代码的形式。

本章将介绍常见的几种中间代码：后缀式中间代码，抽象语法树和无环有向图（Directed Acyclic Graph，DAG），三地址中间代码。中间代码通常是在语义分析时产生的，但是为了教学方便，本章将独立介绍中间代码的生成原理。

7.1　常用的中间代码结构

7.1.1　后缀式

根据操作符与其运算分量的位置，可分为前缀式、中缀式和后缀式。中缀式是最常见的一种表示，如 A + B，特点是操作符在其运算分量的中间；而前缀式的特点是操作符在其分量的前面，如 + AB。后缀式是一种栈式中间代码，又称为逆波兰式，如 AB +。后缀式的特点是操作符出现在所有运算分量之后。由于后缀式中操作符的静态顺序也就是实际的运算顺序，因此当遇到操作符时即可处理相应的操作，适合于栈式目标机。

由中缀式生成后缀式需要考虑操作符的优先级。

例 7.1　〔后缀式例〕中缀式 a := b * c + b/d 的后缀式为：abc * bd/ + :=

对于后缀式计算过程为：建立一个栈，然后从左至右扫描该表达式，每遇到运算分量就压入栈中，每遇到运算符号，就弹出栈顶的运算分量，完成相应的操作并把结果再压入栈中。最后的结果将留在栈顶。

7.1.2　抽象语法树和 DAG

抽象语法树（Abstract Grammar Tree，AGT）可以显式地表示源程序的结构，是常用的一种标准中间代码形式。它的应用由开始的表达式已经推广到了整个程序。

无环有向图（Directed Acyclic Graph，DAG）实际上是从抽象语法树发展而来，其主要优点是能够描述共享问题，如表达式的共享。

假设有c:=a * b + a * b,则其 AGT 和 DAG 表示如图 7.1 所示。

抽象语法树的特点是作为不同分支没有固定的运算顺序。

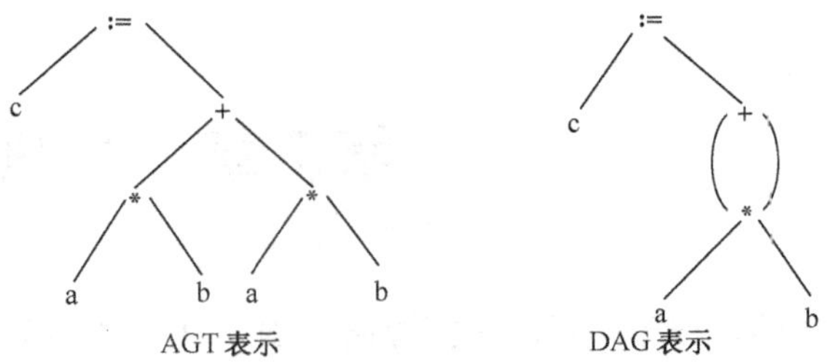

图 7.1　c:=a * b + a * b 的 AGT 和 DAG 表示

7.1.3　三地址中间代码

所谓三地址是指操作符的两个运算分量及其该操作的运算结果的抽象地址。一个三地址代码包括如下 4 个信息：

$$(op,\ operand_1,\ operand_2,\ result)$$

其中，op 为操作符；$operand_1$ 和 $operand_2$ 指向 op 的左、右运算分量；result 为运算结果，因此，该三地址代码可以理解为 result:= $operand_1$ op $operand_2$。

最常见的三地址中间代码有三元式和四元式两种。需要注意的是：三元式的运算结果这一地址信息是通过三元式的位置编号来体现的。表 7.1 为语句 a:= b * c + b * d 的三元式和四元式的中间代码的例子。

表 7.1　三元式和四元式的中间代码的例子

语句 a:= b * c + b/d	
三　元　式	四　元　式
(1) (*, b, c)	(1) (*, b, c, t1)
(2) (/, b, d)	(2) (/, b, d, t2)
(3) (+, (1), (2))	(3) (+, t1, t2, t3)
(4) (:=, (3), a)	(4) (:=, t3, —, a)

可以看出，三元式的优点是表示简单，但由于其运算结果反映在三元式的位置编号上，使得带中间代码移动或代码删除的优化工作变得复杂，所以三元式中间代码不利于优化；而四元式不依赖于位置，因此四元式结构的中间代码便于插入、删除和移动。实际上，每个三地址中间代码对应三地址虚拟机的一条指令。

需要指出的是，三地址中间代码中的变量名应该是相应的该变量在符号表中的地址或者是它的抽象地址。本书将采用四元式结构来表示中间代码，重点介绍它的生成方法。

在四元式结构中所使用的操作符应根据具体的编译器需要来确定。

一般的四元式操作符应包括以下几类：

1. 算术、逻辑、关系运算符

ADDI, ADDF, SUBI, SUBF, MULTI, MULTF, DIVI, DIVF, MOD,

AND, OR, EQ, NE, GT, GE, LT, LE

2. I/O 操作

(READI, —, —, id) ································· 整数输入

(READF, —, —, id) ································· 实数输入

(WRITE, —, —, id) ································· 输出 id

3. 类型转换

(FLOAT, id1, —, id2) ……………………………id2:= float(id1)

4. 赋值

(ASSIG, id1, n, id2) ……………………………id2:= id1

5. 地址加

(AADD, id1, id2, id3) ……………………………id3:= addr(id1) + id2

6. 标号定义

(LABEL, —, —, label) ……………………………定义标号 label

7. 条件/无条件转移

(JMP, —, —, label) ……………………………转向标号 label

(JMP0, id, —, label) ……………………………若 id = 0, 则转 label

(JMP1, id, —, label) ……………………………若 id = 1, 则转 label

8. 过程调用

(ENTRY, Label, Size, Level) ……………………………子程序入口

(CALL, f, true/false, Result) ……………………………过程或函数调用。当 f 为过程时, Result 可默认; 当 f 为函数时, Result 表示函数的返回值。

9. 传送参数

VARCAT
VALCAT
FUNACT
PROACT
} 参数传递中间代码, 过程/函数调用中间代码生成时详细介绍。

其他操作符将在遇到时随时解释。

7.2 语法制导方法概论

目前许多编译器普遍采用了语法制导方法来完成语义分析、中间代码生成和目标代码生成部分。语法制导方法就是基于文法结构, 在每个产生式的右部增加语义动作 (或语义子程序), 在语法分析过程中, 如果遇到语义动作, 就完成对应的语义处理。语法制导方法包括两个部分, 一个是抽象描述部分, 即带有动作的文法描述; 一个是实现部分, 即语法分析的同时能够处理语义动作的驱动程序。语法制导方法依赖于具体的文法结构和采用的语法分析方法, 因此可以分为自顶向下语法制导方法和自底向上语法制导方法。自顶向下语法制导方法中通常采用 LL(1) 分析方法为基础, 而自底向上语法制导方法中通常以 LR(1) 分析方法为基础。

LL(1) 语法制导方法是在 LL(1) 文法的基础上加入语义动作符来表示相应的语义子程序, 语义动作符可以加在产生式右部的任何位置, 然后在进行 LL(1) 语法分析的过程中每遇到语义动作符, 则调用相应的语义子程序来完成相应的语义处理。

LR(1) 语法制导方法是在 LR(1) 文法的基础上加入语义动作符来表示相应的语义子程

序，每条产生式最多配有一个语义规则，即语义动作符只能加在产生式的最右部，然后在进行语法分析的过程中，每当按照某个产生式的右部进行归约时，就调用该产生式右边的相应的语义子程序来完成相应的语义处理。

把语法制导方法应用于代码生成（包括中间代码和目标代码）时，又称为语法制导的翻译方法。本书将以 LL(1) 分析方法为基础来说明语法制导翻译方法的描述定义和实现方法。

把产生式右部带动作符（代表相应的语义子程序）或者直接嵌入语义处理程序的文法又叫做动作文法。动作符或者语义处理程序可出现在产生式右部的任何位置，但没有任何语法意义，其主要作用是用来指明某种语义动作，每个动作符都对应一个语义子程序。这样，动作文法既描述了文法，同时还指出了动作信息。为区别于文法符号，把动作符用“#”括起来，如#Name#为动作符，Name 为语义子程序名。

例 7.2　LL(1) 语法制导方法例

设有如下 LL(1) 文法：

G：S→AB

　A→aA | b

　B→bB | c

要求应用语法制导翻译方法完成如下任务：对输入文法 G 的任意句子 L，依次输出 L 中 b 串的长度。如串 abbbbc 是 G 的句子，则该处理器将输出 4。

依据要求，写出 G 的动作文法如下：

G：L→**#Init#**AB

　A→aA | b**#Add#**

　B→b**#Add#**B | c**#Out_Val#**

各动作符对应的语义子程序如下：

Init：m:= =0

Out_Val：**if** m≠0 **then begin** print(m)；m:=0 **end**

Add：m:=m+1

语法制导处理器对 abbbbc 的 LL(1) 处理过程见表 7.2。

表 7.2　语法制导处理过程示例

符号栈	输入流	语义动作
S	abbbbc#	
#Init#AB	abbbbc#	m:=0
a A B	abbbbc#	match(a)
AB	bbbbc#	
b**#Add#**B	bbbbc#	match
#Add#B	bbbbc#	m:=m+1
b**#Add#**B	bbbbc#	match
#Add#B	bbbc#	m:=m+1
b**#Add#**B	bbc#	match

（续）

符 号 栈	输 入 流	语 义 动 作
#**Add**#**B**	bc#	m:=m+1
b#**Add**#**B**	bc#	match
#**Add**#**B**	c#	m:=m+1
c#**Out_Val**#	c#	match
#**Out_Val**#	#	print(m);m:=0
	#	成功结束

7.3 类型检查和类型转换

尽管类型检查是静态语义分析的重要工作之一，但为方便起见，我们把类型检查的工作也放在中间代码生成时进行。类型检查主要有以下几种：

1）各种条件表达式的类型是否是布尔类型？

2）运算符的运算分量是否相容？

3）赋值语句的左、右部类型是否相容？

4）实参与形参的类型是否相容？

5）下标表达式的类型是否为所允许的类型？

6）函数说明中的函数类型与返回值的类型是否一致？

表7.3为类型检查的语法单位。

表7.3 类型检查的语法单位

类型相容性检查项目	类型检查的语法单位
1）各种条件表达式的类型是否是布尔类型？	if语句、while语句、repeat语句
2）运算符的运算分量是否相容？	表达式
3）赋值语句的左、右部类型是否相容？	赋值语句
4）实参与形参的类型是否相容？	过程调用语句、函数调用语句
5）下标表达式的类型是否为所允许的类型？	下标变量
6）函数说明中的函数类型与返回值的类型是否一致？	赋值语句

按照表7.3，在进行某一语法单位的中间代码生成过程中，可以同时做相应的类型检查。另外，由于一些语言允许运算分量的类型不同，所以在检查运算符分量类型是否相容的同时，可能还需要对某一运算分量做类型转换。

7.4 中间代码生成中的几个问题

7.4.1 语义信息的获取和保存

在生成四元式中间代码过程中不仅要用到标识符等的语义信息来进行类型检查和类型转换，还要为目标代码的生成保留相关运算分量和运算结果的语义信息。这些语义信息实际就是操作分量或运算结果的地址表示。如果在目标代码生成阶段用符号表，则标识符的地址可用其在符号表中的地址表示；如果不用符号表，则需要把标识符类型、地址以及直接/间接访问等信息放到其中间代码的语义信息中。

操作分量或运算结果的地址表示可以分为三大类：标号类、数值类和地址类。标号类的语义信息是相应的标号值，包括过程/函数体的入口标号；数值类的语义信息就是该数据值；地址类的语义信息由三部分组成：层数、偏移和访问方式，访问方式又分为直接访问方式和间接访问方式。变参变量以及代表复杂变量地址的临时变量属于间接访问方式。临时变量的地址表示比较特殊，首先，临时变量没有层数概念，因此对临时变量的层数可以取任意一个负数，我们取 -1；其次，在中间代码生成阶段尽管产生大量的临时变量，但经过对临时变量的详细分析和优化，只有少部分临时变量能保留下来，这样在中间代码生成阶段还不能确定临时变量的 Offset 值，因此临时变量的 Offset 暂时取为临时变量的编号。

实际上，中间代码中运算分量和运算结果的语义信息除了地址表示外，还应该包括类型信息，但由于我们采用了在中间代码生成时进行类型检查的方法，而不是在目标代码生成时进行类型检查，所以在中间代码中不必包含类型信息。

尽管在实际的四元式中间代码中各运算分量或运算结果都应该是地址表示，但为了简便起见，本章在生成的四元式中间代码中，只写变量名或临时变量名，而不是用地址形式。

7.4.2 语义栈 Sem 及其操作

中间代码生成尤其是变量和表达式的处理过程中要用到语义栈 Sem，该栈主要用于存放运算分量和运算结果的类型和语义信息（层数、偏移、访问方式等，用 FORM 表示）。假设语义栈 Sem 用数组实现，具体定义如下：

type SemStack = **array** [1..Max] **of** SemElem;

SemElem = **record** typ: ElemType; Form: FORM_Record **end**;

var Sem: SemStack; top: **integer**;

其中，top 为栈顶指针，指向 Sem 的第一个可用单元，初值为 1。

对语义栈 Sem 的操作有：

push(x)：将 x 的类型和语义信息压入 Sem 栈。

pop(n)：将 Sem 栈顶端的 n 个元素弹栈。

7.4.3 常用的语义子程序

1. 申请临时单元

new_dir(t)：在临时变量区申请一个单元 t，且 t 是直接寻址。

new_indir(t)：在临时变量区申请一个单元 t，且 t 是间接寻址。

2. 存放中间代码子程序 Generate

该子程序功能是将一条四元式中间代码存放到中间代码区中，其格式如下：

Generate(ω, left, right, result)

参数含义：ω 是操作码，left 和 right 分别为左、右运算分量，result 为运算结果。根据操作码 ω 的要求，其他参数可默认。

3. 产生一条中间代码子程序 GenCode

该子程序主要用于表达式中间代码生成，其功能是产生一条四元式中间代码。

在后面中间代码生成过程中我们会知道，当执行语义动作子程序 GenCode 时，四元式操作码的左、右运算分量的类型和 FORM 已经在语义栈 Sem 的次栈顶和栈顶，因此，该子程序的参数只给出操作码 ω 即可。此处讨论的表达式涉及的操作码有加法（ADDI，ADDF）、减法（SUBI，SUBF）、乘法（MULTI，MULTF）、除法（DIVI，DIVF）和类型转换（FLOAT），并且运算分量类型只考虑整型和实型的情况，则子程序 **GenCode(ω)** 的主要工作如下：

1）若 Sem[top-1]. typ≠Sem[top] . typ，且 Sem[top-1] . typ = integer，则结果类型确定为 real 型，并且为左分量产生类型转换代码。

2）若 Sem[top-1] . typ≠Sem[top] . typ，且 Sem[top] . typ = integer，则结果类型确定为 real 型，并且为右分量产生类型转换代码。

3）若 Sem[top-1] . typ = Sem[top] . typ，则结果类型确定为 Sem[top-1] . typ，不产生类型转换代码。

4）产生（类型转换后）的中间代码（ω^*，Sem[top-1]，Sem[top]，t）。

5）从语义栈 Sem 中删除左、右运算分量 Sem[top-1]和 Sem[top]，并把运算结果的类型和运算结果的 FORM 压入 Sem 栈。

其中，ω^*表示 ω 的相应整型或实型操作码，如 ω 为 +，则 ω^*为 ADDI 或 ADDF。

在接下来的几节中将介绍通常使用的语法结构（包括表达式、变量、输入输出语句、控制语句和程序说明）的 LL(1)语法制导的中间代码生成原理和实现。

7.5 表达式的中间代码生成

表达式的中间代码生成就是依据原表达式的语义产生出正确计算表达式值的四元式中间代码。

表达式中的变量可以是复杂变量、运算分量还可以是函数调用，而表达式中的运算符也可以包括很多，如算术运算符、布尔运算符等。我们将给出简单算术表达式的中间代码生成的 LL(1)语法制导方法。

首先，给出简单算术表达式的 LL(1)文法定义：

1）E→T Es

2）Es→ε

3）Es→ + T Es

4）Es→ - T Es

5）T→P Ts

6）Ts→ε

7）Ts→ * P Ts

8）Ts→/P Ts

9）P→C

10）P→id

11）P→(E)

表达式的中间代码结构就是与它的计算顺序相对应操作的四元式序列。例如，表达式 E ≡a * (3.5 + i * b)，假设 a、b 为实型变量，i 为整型变量，则 E 生成的四元式中间代码如下：

(FLOAT, i, —, t1) ……………………类型转换

(MULTF, t1, b, t2)

(ADDF, 3.5, t2, t3)

(MULTF, a, t3, t4)

下面给出简单表达式（不包含复杂变量和函数调用）的带有动作符的 LL（1）文法，为方便后面的说明，我们给每个产生式加了标号：

1) E→T Es

2) Es→ε

3) Es→ + T#GenCode(+)#Es

4) Es→ - T#GenCode(-)#Es

5) T→P Ts

6) Ts→ε

7) Ts→ * P#GenCode(*)#Ts

8) Ts→/P#GenCode(/)#Ts

9) P→C#Push(C)#

10) P→id#Push(id)#

11) P→(E)

应用这个 LL(1)动作文法进行中间代码的翻译时，遵循这样的实现思路：

1）当遇到常量 C 和简单变量 id 时，把它们的语义信息压入语义栈（产生式 9）和 10））。

2）当处理完一个运算符（+、-、*、/）的右分量时，该运算符的左、右运算分量已经分别存放在语义栈 Sem 的次栈顶和栈顶的位置，因此可以生成相应的运算符的四元式，并把运算结果的语义信息压入语义栈（产生式 3）、4）、7）和 8））。

我们用一个例子来说明，假设 x、y、z 都是整型，我们给出表达式 x + y * z 的中间代码生成过程如表 7.4 所示。

表 7.4　LL 语法制导生成表达式的中间代码过程

符　号　栈	输　入　流	语　义　栈	分析/语义动作
E	x + y * z#		
T Es	x + y * z#		
P Ts Es	x + y * z#		
id #Push(id)#Ts Es	x + y * z#		Match(x)
#Push(id)#Ts Es	+ y * z#		Push(x)
Ts Es	+ y * z#	x	
Es	+ y * z#	x	
+ T#GenCode(+)#Es	+ y * z#	x	Match(+)

（续）

符 号 栈	输 入 流	语 义 栈	分析/语义动作
T#GenCode(+)#Es	y*z#	x	
PTs#GenCode(+)#Es	y*z#	x	
id#Push(id)#Ts#GenCode(+)#Es	y*z#	x	Match(y)
#Push(id)#Ts#GenCode(+)#Es	*z#	x	Push(y)
Ts#GenCode(+)#Es	*z#	yx	
*P#GenCode(*)#Ts #GenCode(+)#Es	*z#	yx	Match(*)
P#GenCode(*)#Ts #GenCode(+)#Es	z#	yx	
id#Push(id)##GenCode(*)#Ts #GenCode(+)#Es	z#	yx	Match(z)
#Push(id)##GenCode(*)#Ts #GenCode(+)#Es	#	yx	Push(z)
#GenCode(*)#Ts #GenCode(+)#Es	#	zyx	(MULTI,y,z,t1) Pop(2) Push(t1)
Ts#GenCode(+)#Es	#	t1x	
#GenCode(+)#Es	#	t1x	(ADDI,x,t1,t2) Pop(2) Push(t2)
Es	#	t2	
	#	t2	成功匹配

7.6 下标变量的中间代码生成

在前一节中，关于表达式的中间代码生成只考虑简单变量情形，即变量为标识符。而变量还可以是复杂变量，如数组下标变量、记录的域变量和指针变量等。此处要讨论的是数组的下标变量的中间代码生成。下标变量可分为一维下标变量（如 a[i]）和多维下标变量（如 a[i][j][k]）。这里我们统一处理。

下标变量的 LL(1)文法定义为：

V→idA

A→[E]B

B→ε|[E]B

7.6.1 下标变量的地址

假设有数组类型的变量声明如下：

var A:**array**$[L_1..U_1][L_2..U_2]\cdots[L_n..U_n]$**of** T;$(n\geqslant1)$

则数组变量 A 的第 1 行的宽度为 $D_1=U_1-L_1+1$，第 i 行的宽度为 $D_i=U_i-L_i+1$。假设类型

T 所占单元数为 μ，则数组 A 所占的总单元数为

$$Size(A) = D_1 \times D_2 \times \cdots \times D_n \times \mu$$

假设 Addr(A)为数组 A 的开始地址，则对任意下标变量 $A[E_1][E_2]\cdots[E_k]$ $(n \geqslant k)$，其地址计算方法为

$$D_i = U_i - L_i + 1$$

当 $i=1$ 时，$S_1 = 1$；否则

$$\begin{cases} S_i = D_{i+1} \times D_{i+2} \times \cdots \times D_n = D_{i+1} \times S_{i+1} & (i = 1,\ 2,\ \cdots,\ n-1) \\ S_n = 1 \end{cases}$$

$$Addr\ (A[E_1][E_2]\cdots[E_k])$$
$$= addr(A) + ((E_1 - L_1) \times S_1 + \cdots + (E_k - L_k) \times S_k) \times Size(T)$$

7.6.2 下标变量的四元式结构

根据上面给出的下标变量地址的计算公式，可以确定下标变量的地址的计算方法（计算步骤）。不同的计算方法将对应不同的下标变量的中间代码结构。对于任意下标变量 $A[E_1][E_2]\cdots[E_k]$ $(n \geqslant k)$，给出多维下标变量的中间代码结构如图 7.2 所示。

(ASSIG, Size(T), -, size) …………取类型长度

$E_1 \to t_1$

(SUBI, t_1, L_1, t_2) …………计算 $(E_1 - L_1) \times S_1 \times Size\ (T)$

(MULTI, t_2, S_1, t_3)

(MULT, t_3, Size, t_4)

(ADDI, Addr(A), t_4, ad) ………………累加地址

…

$E_k \to t_n$

(SUBI, t_n, L_k, t_{n+1}) …………计算 $(E_k - L_k) \times S_k \times Size\ (T)$

(MULTI, t_{n+1}, S_k, t_{n+2})

(MULTI, t_{n+2}, size, t_{n+3}) …………累加地址

(ADDI, ad, t_{n+3}, t_{n+4})

图 7.2 多维下标变量的中间代码结构

7.6.3 下标变量的中间代码生成过程

生成下标变量的四元式代码的基本思想是：首先用一个计数器来记录下标的个数，初始值为 1；当遇到数组变量标识符时则把该变量的首地址压入语义栈；每当计算完一个下标表达式，则下标计数器加 1，从语义栈中取出下标表达式的计算结果，产生计算对应下标需要累加的单元个数的四元式，把当前累加的地址结果压入语义栈；最终语义栈顶为该下标变量的地址。

下标变量的 LL(1)动作文法可以写成

1) V→#Init# id#PUSH(Addr(id))# A

2）A→[E]#AddNext#B

3）B→ε

4）B→[E]#AddNext#B

其中：

- Init 用来初始化下标计数器 n:= =0；
- 遇到变量标识符，则调用 PUSH（Addr(id)）把其首地址压入栈中；
- 在下标表达式之后，调用 AddNext，用于生成地址累加的四元式，它的算法是：

——下标计数器加 1，n:=n+1；

——从语义栈中取出下标表达式计算结果 result；

——生成计算第 n 维下标需要累加的地址偏移的四元式组：

（SUBI，result，L_n，t_{n+1}）

（MULTI，t_{n+1}，S_k，t_{n+2}）

（MULT，t_{n+2}，size，t_{n+3}）

——从语义栈中取出地址累加结果 ad；

——生成地址累加四元式（ADDI，ad，t_{n+3}，t_{n+4}）；

——把累加后的地址结果压入语义栈。

7.6.4 下标变量中间代码生成实例

下标变量 a[i][j]的中间代码的 LL 生成过程见表 7.5。

表 7.5 下标变量 a[i][j]的中间代码的 LL 生成过程

符号栈	输入流	语义栈	分析/语义动作
V	a[i][j]#		
#Init#id#Push(id)#A	a[i][j]#		n:=0
id#Push(id)#A	a[i][j]#		Match(a)
#Push(id)#A	[i][j]#		Push(a)
A	[i][j]#	a	
[E]#AddNext#B	[i][j]#	a	Match([)
E]#AddNext#B	i][j]#	a	
TEs]#AddNext#B	i][j]#	a	
PTsEs]#AddNext#B	i][j]#	a	
id#Pushid#TsEs]#AddNext#B	i][j]#	a	Match(i)
#Push(id)#TsEs]#AddNext#B	][j]#	a	Push(i)
TsEs]#AddNext#B	][j]#	ia	
Es]#AddNextr#B	][j]#	ia	
]#AddNext#B	][j]#	ia	Match(])
#AddNext#B	[j]#	ia ia ia t_4	n:=n+1 (SUBI,i,L_n,t_1) (MULTI,t_1,S_n,t_2) (MULTI,t_2,size,t_3) (AADD,a,t_3,t_4) Pop(2) Push(t_4)

（续）

符　号　栈	输　入　流	语　义　栈	分析/语义动作
B	[j]#		
[E]#AddNext#B	[j]#	t_4	Match([)
E]#AddNext#B	j]#	t_4	
TEs]#AddNext#B	j]#	t_4	
PTsEs]#AddNext#B	j]#	t_4	
id#Pushid#TsEs]#AddNext#B	j]#	t_4	Match(j)
#Push(id)#TsEs]#AddNext#B	]#	t_4	Push(j)
TsEs]#AddNext#B	]#	jt_4	
Es]#AddNext#B	]#	jt_4	
]#AddNext#B	]#	jt_4	Match(])
#AddNext#B	#	jt_4 jt_4 jt_4 t_7	n:=n+1 $(SUBI,i,L_n,t_5)$ $(MULTI,t_5,S_n,t_6)$ $(MULTI,t_5,size,t_6)$ $(AADD,t_4,t_6,t_7)$ Pop(2) Push(t_7)
B	#	t_7	
	#	t_7	成功匹配

7.7　赋值语句的中间代码

赋值语句的形式为：Left:=Right。其中，赋值号的左部可以是变量或者函数名，而赋值号的右部可以是表达式。

赋值语句的四元式结构为

其中，n 表示传送的单元个数。n=1 时可默认，n>1 时表示结构赋值，即把从 Right 开始的 n 个单元的内容赋值到从 Left 开始的 n 个单元中。虚框中的类型转换代码只有当赋值号左部和右部的类型相容但不同时需要加上。

赋值语句中间代码生成动作文法如下：

S→L:=R#Assig#

对赋值语句语法分析过程中，当遇到语义动作符 Assig 时，赋值号左部和右部的四元式已经产生，它们的结果的语义信息已经在语义栈中，因此语义子程序 Assig 只需要做如下处理：

1）从语义栈中取出赋值号左右分量的语义信息。

2）比较类型是否相同，如果不同，则生成类型转换中间代码。

3）生成赋值四元式（ASSIG，t，n，Left）。

7.8 过程调用和函数调用的中间代码

过程调用和函数调用的形式为：

$$ProcFunCall \rightarrow id(E_1, \cdots, E_n)$$

过程调用和函数调用有一些不同，过程调用没有返回值，而函数调用有返回值；另外，过程调用不可出现在表达式中，函数调用可出现在表达式中。

过程和函数调用的作用是计算实参的值，进行形实参结合，然后执行相应的过程或者函数体。过程和函数调用的中间代码就应该体现这样一个过程。因此，过程和函数调用的中间代码结构应包括以下 3 个部分：

实参表达式的计算
实参的计算结果传递到相应的形参变量
调用过程/函数体执行

过程和函数调用的中间代码应包括参数传递代码和调用函数/过程体的代码。其中，参数传递中间代码应为目标代码生成提供哪些形实参的参数传递信息是一个关键问题。如果中间代码生成后仍然保留符号表，那么在中间代码生成时，不用传递什么信息。如果不保留符号表，则必须把目标代码生成所需要的信息全部保留在中间代码中。我们考虑不保留符号表的情形。显然，在形实参传递的中间代码中需要增加如下信息：

1）形参种类；形参可分为值参、变参、函数或者过程。本书不考虑形参为函数或者过程的情形。

2）对应形参的偏移量。

3）要传送的单元个数。

这样，过程和函数调用的中间代码有：

1）参数传递代码：分为值参情形（ValACT，t，Offset，size）和变参情形（VarACT，t，Offset，size）；

2）调用函数/过程体的代码：（CALL，过程/函数入口地址，true/false，[Result]），过程调用没有结果返回，而函数调用有结果返回。

以下是过程和函数调用 $f(E_1, \cdots, E_n)$ 的中间代码结构（$t_1, \cdots, t_n$ 分别是 $E_1, \cdots, E_n$ 的计算结果）如图 7.3 所示。

E_1 的中间代码 … E_n 的中间代码

(VarACT/ValACT, t_1, $Offset_1$, $Size_1$) … (VarACT/ValACT, t_n, $Offset_n$, $Size_n$)

(CALL, 〈f〉, $\left\{\begin{matrix}\text{true}\\ \text{false}\end{matrix}\right\}$, [Result])

图 7.3 过程/函数调用的中间代码结构

CALL 中间代码中，当选择项为 true 时，表示静态确定转向地址，选择项为 false 时，表示动态确定转向地址。

假设有函数 f(X+1,Y)，并且 X 是一般整型变量，Y 是变参整型变量，f 是函数名，同时假定 f 的两个形参一个是值参，一个是变参，则对应的中间代码如下：

(ADDI, X, 1, t_1)

(VALACT, t_1, $Offset_1$, 1)

(VARACT, Y, $Offset_1$ +1, 1)

(CALL, f, true, t_2)

其中，$Offset_1$ 和 $Offset_2$ 分别示表函数 f 的第 1、2 个参数的偏移量。

过程和函数调用用 f(E_1, …, E_n) 的四元式生成过程是：

1) 当遇到过程/函数名 id 时，将其符号表地址压入 Sem 栈，令实参计数器为 0。

2) 对每个实参 E_i：产生它的中间代码；将 E_i 类型和语义信息压入 Sem 栈；实参计数器加 1。

3) 当实参部分结束时，Sem 栈具有如下形式：

(E_n. typ, E_n 语义信息)
…
(E_1. typ, E_1 语义信息)
(—, id)

此时做如下工作：

- 取出 id 所有语义信息。
- 检查形、实参个数是否一致，检查形、实参类型是否相容。
- 产生送实参信息到形参信息的 ACT 中间代码。
- 根据 f 是实在过程名或形式过程名产生相应的 CALL 代码（也要考虑是否为函数）。

- 删除当前过程/函数调用语句所占的语义栈单元，如果 f 是函数，则把返回值的类型和语义信息压入 Sem 栈。

由此，给出过程/函数调用的中间代码生成动作文法如下：

<ProcFunCall>→id#CallHead#(<ParamList>)#CallTail#

<ParamList>→ε|<ExpList>

<ExpList>→E#ActParam#<NextList>

<NextList>→ε|,<ExpList>

其中，CallHead 处理过程 1)，ActParam 处理过程 2)，而 CallTail 做过程 3)。

7.9 控制语句的中间代码生成

控制语句包括各种条件语句（有条件和无条件）、循环语句、开关语句等，这里将讨论无条件跳转语句 goto、if 条件语句和 while 循环语句的中间代码生成方法。

7.9.1 goto 语句和标号定位的中间代码

转向语句和标号定位对应的中间代码形式如下：

转向语句 gotoL：(JMP，—，—，L)

标号定位 L：…：(LABEL，—，—，L)

需要注意的是，有些程序设计语言的标号是用说明语句来定义的（如 Pascal)，而大多数程序设计语言的标号则是直接在语句前面使用来作为它的定义。这两种情形的中间代码生成过程有所不同。

对于有说明语句来定义标号的情形：

1）当扫描标号声明部分 LABEL L_1，L_2，…，L_n 时，用语义子程序 NewLabel 给每个 L_i 分配一个内部标号 LL_i。

2）对转向语句“goto L_i”，产生中间代码（JMP，—，—，LL_i)。

3）对标号定位“L_i：…”，产生中间代码（LABEL，—，—，LL_i)。

对于没有说明语句来定义标号的情形，相对要复杂一些，因为标号的定义可能出现在该标号的使用之后，因此在处理所有整个程序之前，需要建立一个数组 ArrayL 来记录当前遇到的所有标号及其语义信息，初始时为空，其中每个标号都有一个标志用于表示该标号是否已经定义了。接下来需要分情况处理：

1）每当遇到转向语句“goto L_i”，先查一下 ArrayL，看标号 L_i 是否已经定义了，如果是则从语义栈中取出它的语义信息 LL_i，然后产生中间代码（JMP，—，—，LL_i)；如果前面没有该标号的定义，则产生一条空中间代码（JMP，—，—，—)，并把标号 L_i 及其这个四元式的地址添加到 ArrayL，同时标记该标号为未定义。

2）每当遇到标号定位“L_i：…”，首先给每个 L_i 分配一个内部标号 LL_i，产生中间代码 (LABEL，—，—，LL_i)；然后查 ArrayL，如果没有标号 L_i 则把该标号及其相应的语义信息加入中 ArrayL（标记为已定义)，如果有标号 L_i 并标为未定义，则往对应的所有四元式的地址写入四元式（JMP，—，—，LL_i)。

7.9.2 条件语句的中间代码

一般来说，条件语句有如下两种形式：

<S>→**if** <E> **then** <S_1> **else** <S_2>

<S>→**if** <E> **then** <S_1>

对应条件语句的中间代码包括：(THEN，E，—，—)、(ELSE，—，—，—) 和 (ENDIF，—，—，—)，分别用于标记条件语句中相应语句段的位置，在目标代码生成时将生成相应的跳转语句来完成最终的条件语句的语义。

条件语句的中间代码结构如图 7.4 所示。

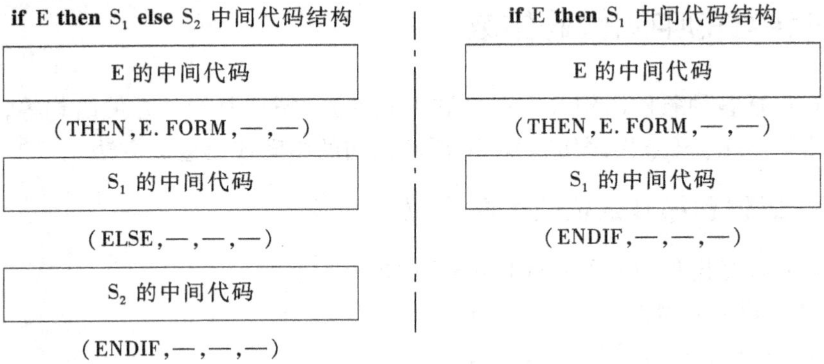

图 7.4　条件语句的中间代码结构

因为上面给出的条件语句的文法不是 LL(1)文法，因此，首先把它变换成等价的 LL(1)文法，具体定义如下：

<S>→**if** <E> **then** <S> <ElsePart>

<ElsePart>→**else** <S>

<ElsePart>→ε

对条件语句的中间代码生成思想是：

1) 当遇到关键字 then 时，该语句的条件表达式计算结果的语义信息已经在语义栈的栈顶，因此可以首先根据 Sem[top]的值，检查它的类型是否为 boolean 类型，如果是则产生中间代码 (THEN，Sem [top]，—，—)。

2) 当遇到关键字 else 时，产生中间代码 (ELSE，—，—，—)。

3) 遇条件语句结束符：产生中间代码 (ENDIF，—，—，—)。

这样，条件语句生成中间代码的动作文法可定义为：

<S>→**if** <E> **then**#ThenIf# <S_1> <ElsePart>#EndIf#

<ElsePart>→**else**#ElseIf# <S_2>

<ElsePart>→ε

其中，动作子程序 ThenIf、ElseIf、EndIf 分别对应翻译要点中遇到 **then**、**else** 和条件语句结束符时的处理。

7.9.3 while 语句的中间代码

循环语句有很多种形式，如 while、repeat 和 for 等。这里以 while 语句为例来介绍循环语

句的中间代码生成方法。采用的 while 语句形式为

< S > → **while** < E > **do** < S >

对应使用的中间代码有（WHILE，—，—，—）、（DO，E. FORM，—，—）和（ENDWHILE，—，—，—），分别标记循环的首部、循环语句 S 的首部和循环的结束部分。在目标代码生成时，这些四元式将被转换成相应的定位或者跳转语句。

while 语句的中间代码结构如图 7.5 所示。

（WHILE，—，—，—）

E 的中间代码

（DO，E. FORM，—，—）

S 的中间代码

（ENDWHILE，—，—，—）

图 7.5 **while** 语句的中间代码结构

对 while 语句的中间代码生成思想是：

1）遇 **while** 时：产生中间代码（WHILE，—，—，—）；

2）遇 **do** 时（表达式 E 处理完，其值在 Sem[top]）：

- 类型检查：检查 E 是否为 boolean 类型。
- 产生中间代码（DO，E. FORM，—，—）。
- E 弹栈：pop(1)。

3）遇循环结束符时：产生中间代码（ENDWHILE，—，—，—）。

因此，while 语句的中间代码生成动作文法为

< S > → **while**#StartWhile# < E > **do**#DoWhile# < S > #EndWhile#

其中，动作子程序 StartWhile、DoWhile、EndWhile 分别对应翻译要点中遇到 **while**、**do** 和 **while** 语句结束符时的处理。

7.10 过程/函数声明的中间代码生成

程序的声明部分包括：标号声明、常量声明、类型声明、变量声明和过程/函数声明。除了变量声明和过程/函数声明可能产生中间代码外，其他声明都不产生中间代码。

在变量声明中，如果一个变量是用可变长度类型来声明的或者数组声明的上界或下界是可变长等情况下，需要产生中间代码，本书对这些情形不作介绍。

我们只讨论过程/函数声明的中间代码生成。

过程/函数声明的形式可定义为：

ProcFunDec→ProcDec | FunDec

ProcDec→**Procedure** id （ParamList） Declaration ProgramBody

FunDec→**Function** id （ParamList）：Type Declaration ProgramBody

其中，ParamList 对应参数声明，Declaration 对应整个声明部分，ProgramBody 对应程序体，而 Type 对应类型定义。

对应过程/函数声明的中间代码有（ENTRY，$Label_Q$，$Size_Q$，$Level_Q$）和（ENDPROC，—，—，—）或（ENDFUNC，—，—，—），其中，$Label_Q$ 是给过程/函数 Q 分配的代码入口标号；$Size_Q$ 是过程/函数 Q 的 AR 空间大小，该空间暂时不包括临时变量部分，此时 $Size_Q$ 实际是临时变量的初始 Offset，在代码生成阶段处理完临时变量时才可完全确定；$Level_Q$ 是过程/函数 Q 的层数，有无此信息与被处理的语言和编译器有关；ENTRY 和 ENDPROC（或 ENDFUNC）分别表示子程序的入口和出口。

过程/函数声明的中间代码生成思想为：

1）给子程序 Q 分配新标号 $Level_Q$，并将它填到 Q 的符号表项中。

2）在遇到 **Procedure**（**Function**）Q 时，产生入口中间代码（ENTRY，$Label_Q$，$Size_Q$，$Level_Q$）。

3）在遇到 **end** 时产生出口中间代码（ENDPROC，—，—，—）或（ENDFUNC，—，—，—）

其中的其他信息可根据需要来增加。

因此，对应的动作文法为：

ProcFunDec→ProcDec | FunDec

ProcDec→

Procedure id（ParamList）Declaration#Entry#ProgramBody#EndProc#

FunDec→

Function id（ParamList）：Type Declaration#Entry#ProgramBody#EndFunc#

其中，Entry 产生入口中间代码，EndProc 和 EndFunc 产生出口代码。

习 题 7

1. 将算术表达式(a+b)∗(c+d)−(a+b+c)翻译成四元式序列。

2. 将下列语句翻译成四元式序列：

   a. IF x>0 THEN x:=0ELSE x:=1

   b. WHILE x>0 DO x:=x−1

   c. IF x>0 THEN x:=x+1 ELSE
      IF x<0 THEN x:=x+1 ELSE x:=x+1

   d. WHILE x>0 DO
      WHILE y>0 DO
      BEGIN y:=y−x; x:=x−1 END

3. 给出如下程序段的四元式序列（四元式的操作符可用自身代替）。其中，A：Array of [1..10] of integer。

```
a:=1;
while a<=10 do
  begin if a<>b then
        A [a]:=A [b] +2;
     else a:=a+1;
     b:=b+1;
```

end

4. 试将 FOR 语句翻译成四元式序列。
5. 试将 UNTIL 语句翻译成四元式序列。
6. 试将 CASE 语句翻译成四元式序列。
7. 试给出 4、5、6 题中翻译过程的语法制导程序。

第 8 章　中间代码优化

为提高程序的运行速度，需要几个阶段的优化，即用户对源程序的优化、编译器前端对中间代码的优化、编译器后端对目标代码的优化。中间代码优化是独立于目标机的优化，因此中间代码优化具有通用性和易移植性。可以说，在构造编译器时最花时间的部分是优化部分，而且带优化的编译器在优化方面的开销也较大。因此，如何优化和优化到什么程度是优化时必须要考虑的问题。

首先，优化要保证程序的正确性，即优化后的程序在相同输入的情况下，要有与源程序相同的输出结果。

其次，优化后要使程序的运行速度有数量级上的提高。优化对象有多种，每种优化都会得到一些效果，我们应该把优化重点放在有明显效果的优化对象上。关于程序的执行时间，通常遵循一个所谓"90 / 10 规律"，即程序执行的 90% 的时间是花在程序的 10% 上，该规律告诉我们要把优化的重点放在程序的那 10% 上。尽管程序中输入 / 输出最费时，但这是由于硬件本身造成的，不在优化考虑范围。实际上，最重要的优化对象是循环内下标变量地址的计算，而它的实现需要常表达式节省、公共表达式节省和不变表达式的循环外提等优化。

另外，优化要适度。目前的编译器并不是什么都优化，比如，假设有函数调用 f (1,2,3)，则应能计算出一个常数，但它要求执行函数体，而此时还没有目标代码，因此不能即时计算。此种情况不优化的原因主要是开销太大。

8.1　优化方法概述

优化可以在源程序阶段也可以在编译阶段进行。在源程序阶段，用户在程序设计时对算法的选择方面需要在时间复杂性、空间复杂性上做出比较，以决定对算法的取舍。例如，对 n 个元素排序，插入排序的时间复杂度为 $O(n^2)$，而快速排序的时间复杂度为 $O(n\log_2{}^n)$。很明显，源程序阶段的优化不是编译程序能够完成的。

当然，有些优化不是源程序阶段能够完成的。例如，对程序员来说，数组元素 a [i] [j] 是一个数据对象，是程序中的引用单位，确定该数组元素位置的地址计算表达式在源程序级是不可见的。因此不可能因为多处引用 a[i][j] 造成重复出现相同的地址计算而在源程序级做程序变换来消除这种冗余计算。对于编译程序而言，用户所给出的源程序经编译产生的代码应该更有效，这才是编译优化要实现的目标。

编译优化可以在编译的各个阶段进行，从优化相对于编译逻辑功能实现的不同阶段及其与目标机的关系而言，可以把优化分为中间代码级和目标代码级上的优化，或称之为机器无关的优化和机器相关的优化。编译优化工作中有一部分与目标机有关，有效而合理地使用机器资源是目标代码优化阶段要实现的。例如，将最频繁使用的变量保存在寄存器中，可收到事半功倍的效果，所以有些语言中允许程序员使用寄存器变量。编译器也可以利用寻址方式的长处，选择一条指令来完成多条指令完成的动作。但是编译优化中很大一部分工作是独立于目标机的，如循环语句中下标变量的地址计算。中间代码的优化由于独立于目标机，因此对优化器不用做大量的修改便可方便地移植到其他的目标机。

每种优化都要用到源程序的相关信息，根据这些信息的来源，可把中间代码优化方法分为局部优化和非局部优化。局部优化是指基本块内的优化，其特点是基本块是一个线性的程序序列，而且有唯一的入口和出口。非局部优化是在非线性程序块上实施的优化，即优化信息是从整个程序求得的，涉及的程序块比基本块要大，需要分析整个程序的控制流和数据流，因此处理比较复杂。

非局部优化也可分为循环优化和全局优化，将中间代码以基本块为节点，构造出程序流图，从中识别出循环结构。在循环内部的优化便是循环优化，超越循环结构才能实施的优化是全局优化。

各个阶段的优化可由图8.1来表示。

- 优化
  - 源程序优化
  - 编译优化
    - 中间代码优化
      - 局部优化
      - 非局部优化
        - 循环优化
        - 全局优化
    - 目标代码优化

图8.1　优化分类

局部优化、循环优化和全局优化中有不同的优化技术，典型的优化技术主要有如下几种方法：

1. 常量表达式优化（合并常数）

常量表达式是指取固定值的表达式，此种优化是把表达式的值由编译器静态地计算出来并以该值替换表达式。例如，假设有赋值语句 v:=a×b+c，并且可以断定当执行该语句时，总有 a=2，b=3，c=5，则可用 v := 11 来替换原来的赋值语句。更复杂一点，假设有下列语句：

a := m + 10 ; b := a + m ; c := a + b - d ;

并假设当执行第一个语句时，m 总是取常数 10，则上列语句可优化如下：

a := 20 ; b := 30 ; c := 50 - d ;

2. 公共表达式优化（消除重复操作）

公共表达式优化的意思是，如果有一个表达式是前面某一表达式的重复计算，则可用前一表达式的值来代替后一表达式。设有下列语句：

t :=b* c; e := b*c + b*c ; c:=b*c+10; d:=b*c+d;

其中，加下划线的表达式 b*c 为加阴影的表达式b*c的重复计算，而最后那个表达式 b*c 由于在前一个语句中 c 的值已被改变，所以该表达式不是重复计算。经公共表达式优化后，可得到下列语句：

t := b*c; e:=t+t; c:=t+10; d:=b*c+d;

3. 循环不变式外提

循环不变式外提是把循环内值不变的表达式提到循环外计算。例如，假设有如下循环语句：

```
while   k<0   do
  begin   a[k]:=b*c;   k:=k+1;   end
```

其中，表达式 b * c 在循环内不变，因此该表达式可以提到循环体外，则优化后得到如下循环语句：

```
t:=b*c;
while   k<0   do
  begin   a[k]:=t;   k:=k+1;   end
```

8.2 基本块划分

所谓基本块是指程序的一组顺序执行的语句序列，其中只有一个出口和一个入口，入口就是其中的第一个语句，出口就是其中的最后一个语句。对于一个基本块而言，执行时只能从它的入口进入，从出口退出。换句话说，一个基本块内部的语句要么全执行，要么全不执行，不能执行其中的一部分，不能在中间转出，也不能从中间转入。

由于要讨论的是中间代码的优化，因此下面给出中间代码一级的基本块划分方法：

1）第一个中间代码作为第一个基本块的入口。

2）当遇标号性中间代码时，结束当前基本块，并将该标号性中间代码作为新基本块的入口中间代码。

3）遇转移性中间代码时，结束当前基本块，并把该转移性中间代码作为当前基本块的出口中间代码，其后的中间代码作为新基本块的入口中间代码。

4）当遇形如（ASSIG，A，—，X）的赋值中间代码，且 X 为引用形参时，结束当前基本块，并把该中间代码作为当前基本块的出口中间代码。

标号性中间代码有：

(LABEL，—，—，L)
(ENTRY，Label，Size，Level)
(WHILE，—，—，—)

转移性中间代码有：

(JMP，—，—，L)
(JMP1，E，—，L)
(JMP0，E，—，L)
(ENDPROC，—，—，—)
(ENDFUNC，—，—，—)
(THEN，E，—，—)
(ELSE，—，—，—)
(DO，E，—，—)
(ENDWHILE，—，—，—)

设有源程序如下：

```
   y:=1;
L: if A and B then x:=0 else y:= 0;
```

x:=x+1;
y:=y-1;
while x+y>0 do x:=x-1;
z:=0;

则按上述中间代码基本块划分方法，得到该程序中间代码的基本块如下：

B_1: (ASSIG, 1, —, y)
B_2: (LABEL, —, —, L)
(AND, A, B, t)
(THEN, t, —, —, —)
B_3: (ASSIG, 0, —, x)
(ELSE, —, —, —)
B_4: (ASSIG, 0, —, y)
(ENDIF, —, —, —)
B_5: (ADDI, x, 1, t1)
(ASSIG, t1, —, x)
(SUBI, y, 1, t2)
(ASSIG, t2, —, y)
B_6: (WHILE, —, —, —)
(ADDI, x, y, t3)
(GT, t3, 0, t4)
(DO, t4, —, —)
B_7: (SUBI, x, 1, t5)
(ASSIG, t5, —, x)
(ENDWHILE, —, —, —)
B_8: (ASSIG, 0, —, z)

程序流图是以基本块为节点的有向图，如果一个节点的基本块的入口语句是程序的第一条语句，则称此节点为首节点，如果在某个执行顺序中，基本块 B_j 紧接在基本块 B_i 之后执行，则从 B_i 到 B_j 有一条有向边。具体来说，如果有一个条件或无条件转移语句从 B_i 的最后一条语句转移到 B_j 的第一条语句，或者在程序序列中 B_j 紧接在 B_i 的后面，并且 B_i 的最后一条语句不是一个无条件转移语句，则称 B_i 是 B_j 的前驱，B_j 是 B_i 的后继。

应该注意的是，基本块的单入口／单出口并不意味着程序流图中的基本块的入口／出口只有一条输入／输出边。根据上面基本块的划分得到的程序流图示例如图 8.2 所示。

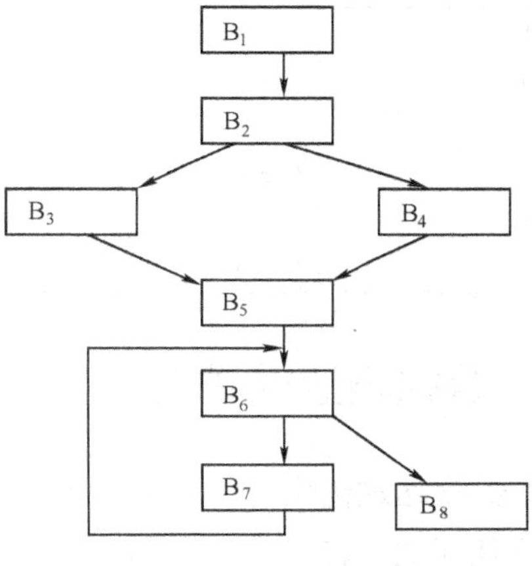

图 8.2 程序流图示例

8.3 常量表达式局部优化

常量表达式是指在任何时候都取固定常数值的表达式。它的优化范围通常取基本块。常量表达式优化的主要思想是：如果四元式的两个运算分量都是取常数值，则由编译器将其值计算出来，并用所求的值替换原来的运算，而无需在目标程序运行时再执行它们。换句话说，常量表达式不必产生计算其值的目标代码，而是可用编译时计算出来的值来代替。值得注意的是，这里说的常量表达式未必都是由常数构成，其中可以有变量。例如，有下列语句 i:=30; j:=2*i; k:=i*j，可用下列 i:=30; j:=60; k:=1800 语句序列代替。

常量表达式优化的最基本方法是构造常量定值表 ConDef，该表元素是二元组（Var，Val），表示当前变量 Var 具有常量值 Val。如在 ConDef 中有表项（V，c），表示变量 V 一定取常数值 c，这样后面出现的 V 可替换成 c，称为值代换；如果在四元式中两个运算分量都取常数值，则计算当前四元式的结果值，并删除当前四元式；如果一个变量 V 被赋值为非常数值，则从常量定值表 ConDef 中删除变量 V 的表项，表示变量 V 不取常数值。下面是基本块上常量表达式的局部优化算法。

常量表达式的局部优化算法为：

1）在基本块入口处置 ConDef 为空。

2）读当前四元式 tuple。

3）对 tuple 中的分量进行值代换得 newtuple。

4）若 newtuple 是（ω，A，B，t）情形：若 A、B 都是常数，则计算 A ω B 的值 v，并在 ConDef 中填入（t，v），同时删除四元式（ω，A，B，t）。

5）若 newtuple 是（ASSIG，A，—，B）情形：若 A 是常数，则把（B，A）填入 ConDef 表（若已有 B 的表项，则只需修改 B 的值）；否则，从 ConDef 表中删除 B 的表项。

6）重复 2）~5）直到基本块结束。

基本块上常量表达式优化的具体实例见表 8.1。

表 8.1 常量表达式局部优化的具体实例

源代码	优化前中间代码	ConDef 表内容	优化后中间代码
x:=10;	(ASSIG, 10, —, x)	(x,10)	(ASSIG, 10, —, x)
y:=x+1;	(ADDI, x, 1, t1)	(x,10)(t1,11)	~~(ADDI, 10, 1, t1)~~
	(ASSIG, t1, —, y)	(x,10)(t1,11)(y,11)	(ASSIG, 11, —, y)
x:=a;	(ASSIG, a, —, x)	(t1,11)(y,11)	(ASSIG, a, —, x)
z:=y+5;	(ADDI, y, 5, t2)	(t1,11)(b,11)(t2,16)	~~(ADDI, 11, 5, t2)~~
	(ASSIG, t2, —, z)	(t1,11)(y,11)(t2,16)(z,16)	(ASSIG, 16, —, z)

8.4 公共表达式局部优化

公共表达式优化的范围是一个基本块。设（ω_1，A_1，B_1，t_1）和（ω_2，A_2，B_2，t_2）是非赋值型四元式，若 $\omega_1=\omega_2$，并且 A_1和 A_2、B_1和 B_2的值彼此相同，则称这两个四元式等价。即如果四元式的操作码和两个运算分量的值彼此相同，就说两个四元式等价。如果在基本块中出现多个等价的四元式，则除了第一个外其他的均可节省。公共表达式节省工作是通过四元式的节省来实现的。实现四元式节省的关键是判断两个四元式是否等价。

目前已经提出了多种四元式节省的实现方法，其中包括值编码方法、依赖数方法、逻辑尺方法和 DAG 方法等。其中值编码方法是一种更为简单、易于描述的公共表达式优化方法，因此下面我们就以值编码方法来介绍公共表达式优化。

判断四元式等价的关键是判断两个运算分量的值是否相等。如果四元式中的运算分量是间接变量（引用型形参变量、存储复合变量地址的临时变量），那么问题将变得复杂起来。例如，下面的简单例子：

u:=2 * x; w:=2 * x;

其中，x 是引用型形参变量。很容易把它写成下面的形式：

u:=2 * x; w:=u;

事实上，第二个 2 * x 未必能节省，就是说两个 x 的值不一定是相同的，尽管在这中间没有对 x 的赋值。假设 x 的实参为 u，则原语句序列相当于

u:=2 * u; w:=2 * u;

显然，它不等价于下面语句序列：

u:=2 * u; w:=u;

为了清晰起见，先不考虑依赖于间接变量的表达式的节省问题，即如果四元式的某个分量依赖于间接变量，那么该四元式就不能节省。

发现公共表达式的关键就是判断给出的相应运算分量的值是否等价，值编码方法实际上给出了一个判断两个分量值是否等价的方法。其主要思想是对中间代码中出现的每个分量确定一个值编码，使得具有相同值编码的分量等价（反之不然，即值编码不同，不见得就不等价），主要处理办法是当遇到 a := b 时，a 取与 b 相同的值编码。这时两个四元式等价的判定方法是：看其分量的编码是否分别相同。

为叙述方便，用 $\mu(x)$ 表示任意运算分量 x 的值编码；把 $(\mu(A)、\mu(B)、\mu(t))$ 叫作 (ω, A, B, t) 的映像码；NewVN 为新值编码产生器，首次产生 1，以后每次递增 1 。

基于值编码的 ECC 优化用到三张表：

- 值编码表 ValuNum ：存放变量（或常数）及其值编码。
- 可用表达式代码表 UsableExpr ：存放基本块中间代码地址。
- 临时变量等价表 PAIR ：存放等价的临时变量偶对。

基于值编码的公共表达式节省优化算法为：

1）在基本块入口处，置 ValuNum、UsableExpr、PAIR 为空。

2）逐条扫描基本块的中间代码。

3）对当前四元式 tuple 中运算分量进行等价替换，设所得代码为 newtuple 。

4）如果 newtuple 是 d_j:（ω , A' , B' , t_j）型，进行如下操作：

　　若 A'是首次出现，则把（A', NewVN）填入 ValuNum；

　　若 B'是首次出现，则把（B', NewVN）填入 ValuNum；

　　若存在 d_i:（ω , A , B , t_i）$\in$ UsableExpr，使得 d_j代码是 d_i 代码的公共表达式，则删除 tuple ，并将（ t_i, t_j）填入 PAIR，同时 $\mu(t_j):=\mu(t_i)$ ；

　　否则，把（t_j, NewVN）填入 ValuNum 中，把 d_j 加到 UsableExpr 中；

如果 newtuple 是 d_j:（ASSIG，A'，—，B'）型，进行如下操作：

从 UsableExpr 中删除含 B'的所有可用表达式代码；

若 A'是首次出现，则把（A'，NewVN）填入 ValuNum；

令 $\mu(B') = \mu(A')$。

在进行局部优化时，并不知道基本块入口处哪些变量是等价的，此处假定在基本块入口处所有变量都不等价。表 8.2 给出了一个基于值编码的公共表达式节省优化过程的例子。

表 8.2　基于值编码的公共表达式节省优化过程的例子

优化前	映像码	ValuNum											优化后	UE	PAIR
		a	b	c	d	e	t_1	t_2	t_3	t_4	t_5	t_6			
1. (* ,b,c,t_1)	(1,2,3)		1	2			3						(* ,b,c,t_1)	1	
2. (* ,b,c,t_2)	(1,2,3)		1	2			3	3					~~(* ,b,c,t_2)~~	1	(t_1 , t_2)
3. (+ ,t_1 ,t_2 ,t_3)	(3,3,4)		1	2			3	3	4				(+ ,t_1 ,t_1 ,t_3)	1,3	(t_1 , t_2)
4. (:= ,t_3 , - ,a)		4	1	2			3	3	4				(:= ,t_3 , - ,a)	1,3	(t_1 , t_2)
5. (:= ,b, - ,d)		4	1	2	1		3	3	4				(:= ,b, - ,d)	1,3	(t_1 , t_2)
6. (* ,d,c,t_4)	(1,2,3)	4	1	2	1		3	3	4	3			~~(* ,d,c,t_4)~~	1,3	(t_1 , t_2) (t_1 , t_4)
7. (* ,b,c,t_5)	(1,2,3)	4	1	2	1		3	3	4	3	3		~~(* ,b,c,t_5)~~	1,3	(t_1 , t_2) (t_1 , t_4) (t_1 , t_5)
8. (+ ,t_4 ,t_5 ,t_6)	(3,3,4)	4	1	2	1		3	3	4	3	3	4	~~(+ ,t_4 ,t_5 ,t_6)~~	1,3	(t_1 , t_2) (t_1 , t_4) (t_1 , t_5) (t_3 , t_6)
9. (:= ,t_6 , - ,e)						4							(:= ,t_3 , - ,e)		

为实现带间接变量处理的基于值编码的公共表达式优化，对这种间接变量 t 需要分配两个值编码，不妨分别称之为值码和地址码，并记作 $\mu_v(t)$ 和 $\mu_a(t)$。

间接变量 t 的值编码主要思想：

1）当改变 t 的地址时，改变 $\mu_a(t)$；改变 t 的值时，改变 $\mu_v(t)$。

2）当中间代码中使用 t 的值时，则用 t 的值码 $\mu_v(t)$，否则用 t 的地址码 $\mu_a(t)$。

3）当遇（ASSIG，a，-，t）时，令 $\mu_v(t) = \mu_v(a)$（当 a 为非间接变量时，$\mu_v(a) = \mu(a)$）。

8.5　循环不变式外提

8.5.1　循环不变式外提概述

1. 循环识别

循环优化需要识别出循环入口、循环部分和循环出口。循环入口在进入循环体前只被执行一次，循环部分被反复执行。之所以要识别出循环的这些部分，原因在于进行循环优化时要用到这些位置，比如，循环部分的代码外提时需要把外提代码提到循环入口处。

在介绍中间代码生成时，没考虑循环优化问题，因此循环语句的中间代码结构不包括识别循环各部分的标志代码。在此，不妨考虑 while 循环语句

while E do S;

的优化，并假定 while 语句有如下中间代码结构：

(WHILE, —, —, —)

E 的中间代码

(DO, E.FORM, —, —)

S 的中间代码

(ENDWHILE, —, —, —)

其中，代码（WHILE，—，—，—）表示 while 循环入口，代码（ENDWHILE，—，—，—）表示循环出口。

2. 外提对象

如果一个表达式 E 在一个循环中不改变其值，则称它为该循环的不变表达式。循环不变式外提是指把循环中的不变表达式提到循环外边去。例如，假设有程序段

```
i:=1;
while i<=1000 do a[i]:=x*y;
```

则 x * y 的值在 while 循环中始终不改变，因此它是该循环的不变表达式，可以把它提到循环外边，得到

```
i:=1;
t:=x*y;
while i<=1000 do a[i]:=t;
```

显然，前一程序段中 x * y 要计算 1000 次，而后一程序段中只需要计算一次。因此循环不变式外提是极其重要的一种优化。

循环不变式外提的重要性主要体现在下标变量的优化。下标变量实际代表一个计算地址的表达式，而在中间代码中体现为多个四元式，因此如果把其中的部分四元式提到循环外边，将会大大提高运行速度。例如，有下面的四元式：

(ASSIG, 1, —, j)
(WHILE, —, —, —)
(LE, j, 1000, t1)
(DO, t1, —, —)
(SUBI, i, 1, t2)
(MULTI, t2, 10, t3)
(AADD, a, t3, t4)
(SUBI, j, 1, t5)
(MULTI, t5, 1, t6)

(AADD, t4, t6, t7)
(ASSIG, 0, —, t7)
(ENDWHILE, —, —, —)

如果把循环不变式提到循环外边，则得到如下的程序段：

(ASSIG, 1, j, 1)
(SUBI, i, 1, t2)
(MULTI, t2, 10, t3)
(AADD, a, t3, t4)
(WHILE, —, —, —)
(LE, j, 1000, t1)
(DO, t1, —, —)
(SUBI, j, 1, t5)
(MULTI, t2, 1, t6)
(AADD, t4, t6, t7)
(ASSIG, 0, t7,1)
(ENDWHILE, —, —, —)

可见，程序的运行速度将大大提高，而这种优化程序员是做不到的，所以这种优化只能由编译程序来实现。实现这种优化的关键是如何判断一个变量在给定循环里是否改变其值的问题。如果四元式的两个分量都是某一循环的不变量，那么该四元式就可提到循环外边。当然并不是所有的不变式都可以外提，不能外提的情况主要有两种：除法运算和赋值运算。

(1) 除法运算不外提

设有如下循环语句：

```
while E do
   if y =0 then x:=y;
   else x:=a/y;
```

假设 a/y 是不变表达式，若把循环不变式 a/y 外提，上述语句可优化如下：

```
t:=a/y;
while E do
   if y =0 then x:=y;
   else x:=t;
```

当执行 while 循环时，如果变量 y 的值恰好是 0，则优化后程序会出现 0 除 a 的错误，而优化前该语句是没有问题的。为避免 0 作分母情况的发生，除法运算不外提。

(2) 赋值不外提

赋值外提是指赋值操作的左部和右部都是循环不变式的情况。直观地看，既然赋值的左、右部都是循环不变式，那么将赋值运算外提应该是顺理成章的事，但实际情况却不是那么简单。主要问题是如果循环体一次都不执行而把循环体的赋值外提，会对赋值操作的左部产生额外的赋值，如果该循环语句后面的程序引用外提赋值的左部的话，这种赋值可能会对该循环后面的程序部分产生影响。此种情况属于优化改变了原程序的语义问题，这是不允许出现的。

3. 外提策略

外提通常有如下两种策略：

策略1：凡是循环不变式都外提。

策略2：只外提一定被执行的循环不变式。

从优化后程序运行效率上看，这两种策略很难说哪种更好。

设有如下循环语句：

```
for i:=1 to 100 do
    if x >0 then a[i]:=E1 else b[i]:= E2;
```

其中，E_1 和 E_2 为循环不变式。

采用策略1，上述语句可优化如下：

```
t1:= E1; t2:=E2;
for i:=1 to 100 do
    if x >0 then a[i]:=t1 else b[i]:=t2;
```

假设 E_1 和 E_2 的运算强度均为50，则优化后的运算强度约为200；如果采用策略2，由于 E_1和 E_2都可能被执行，即它们都不是一定被执行，则 E_1 和 E_2都不能外提，此时的运算强度大约为5000。

因此，对上述情形来说，策略1更好。

采用策略1难免发生一些个别现象，比如：当循环体一次都不执行，并且循环体内某些不变式的计算结果只在循环体内引用时，这种循环不变式的外提会成为多余计算，因而会降低程序运行效率；在同样的条件下，当循环不变式是在某一条件分支中，该不变式就不会被外提，此时采用策略2效果会更好。

8.5.2 循环不变式外提原理

为进行循环优化，在中间代码生成时可产生循环内被定义的变量信息表LoopDef，该表存放循环内被定义的变量名（符号表地址）。当一个循环的中间代码生成完时，再从当前循环中间代码的开始部分进行循环不变式外提优化。由于循环可嵌套，而且内层循环的中间代码是先生成完，因此，不变式外提优化是按从内层到外层的顺序进行的，即把循环不变式外提到当前循环的入口处。为方便起见，假设每个循环都有相应的结束标志，如endfor、endwhile。给出循环不变式外提算法如下：

（1）产生中间代码过程中构造本层循环的LoopDef表。

（2）当结束一层循环的中间代码生成时，做如下操作：

1）扫描本层循环的一个中间代码，设该代码为(ω, A, B, t)。

2）若ω不是外提对象操作码，则转1)。

3）若ω是外提对象操作码，则用本层LoopDef表检查ω的运算分量A和B是否都属于本层循环不变量，若不是则转1)。

4）若A和B都是本层循环不变量，则做：

- 将(ω, A, B, t)外提到本层循环入口处。
- 把t从本层LoopDef表移到外层LoopDef表。
- 删除原代码(ω, A, B, t)。

5）重复 1）~4）直到本层循环处理结束。

例 8.1 设有如下循环语句：

```
i:=1
while i< =100 do
  begin z:=i*k*5
      a:=2*k+2*k*2
      i:=i+1;
  end
```

当扫描完循环部分时生成的四元式和 LoopDef 表分别如下：

(ASSIG, 1, —, i)
(WHILE, —, —, —)
(LE, i, 100, t1)
(DO, t1, —, —)
(MULTI, i, k, t2)
(MULTI, t2, 5, t3)
(ASSIG, t3, — , z)
(MULTI, 2, k, t4)
(MULTI, t4, 2, t5)
(ADDI, t4, t5, t6)
(ASSIG, t6, —, a)
(ADDI, i, 1, t7)
(ASSIG, t7, —, i)
(ENDWHILE, —, —, —)
LoopDef = {t1, t2, t3, z, t4, t5, t6, t7, a, i}

上面是经过基本块上的优化后得到的四元式序列，现在回头扫描本层四元式并外提。首先，(*, 2, k, t4) 可外提，接着 (*, t4, 2, t5) 可外提，再接着 (+, t4, t5, t6) 可外提，最后得到如下的四元式：

(ASSIG, 1, —, i)
(MULTI, 2, k, t4)
(MULTI, t4, 2, t5)
(ADDI, t4, t5, t6)
(WHILE, —, —, —)
(LE, i, 100, t1)
(DO, t1, —, —)
(MULTI, i, k, t2)
(MULTI, t2, 5, t3)
(ASSIG, t3, —, z)
(ASSIG, t6, —, a)
(ADDI, i, 1, t7)

(ASSIG, t7, —, i)

(ENDWHILE, —, —, —)

8.6 其他各类优化介绍

前面主要讨论了局部优化中的常表达式优化、公共表达式节省优化和循环不变式外提优化。除了这些较典型的优化外，还有很多优化方法。具体到设计一个编译器采用哪种优化方法、实现多少优化功能取决于很多因素，并非所有的编译程序都有尽善尽美的各种优化功能，这是不现实的。重要的是针对具体问题以求合理地采用优化技术。下面简单介绍其他各类优化技术。

1. 消减运算强度

消减运算强度的意思是：用强度低的运算代替强度高的运算。例如，乘法运算强度一般比加法运算强度高，因此可以用加法运算代替乘法运算。如果乘法运算不在循环内，那么其效益并不大，因此都在循环内进行这种优化。设有循环语句

for j:=1 to 100 do a [j]:=3 * j + 10;

循环体内 3 * j + 10 的变化规律是：初值为 13 ，然后每循环一次加 3 。因此，可将上一循环语句优化为

m:=13;

for j:=1 to 100 do begin a[j]:=m; m:=m+3 end

2. 复写传播

复写传播优化是把形如 a:=b 的复写型赋值语句删除掉，其中，a 和 b 都是变量。如果此后 a 和 b 都不变，则很显然 a:=b 可以删除的，但是要把以后的 a 都换成 b。假设有下列语句：

a:=b; c:=a+1; d:=a+c; a:=… ;

经复写传播优化后，得到下列语句：

c:=b+1; d:=b+c; a:=…;

3. 无用代码消除

复写传播的特例是无用代码消除。假设有赋值语句 a := E ，但此后没有 a 的引用，那么该语句显然是无用的代码，这些代码在复写传播优化时自然被删除掉。

4. 数学优化

数学优化也称恒等变换。例如：

$e \pm 0 = e \quad e \times 1 = 1 \times e = e$

$e \times 0 = 0 \times e = 0 \quad e^2 = e \times e$

$e / 1 = e \quad 0 / e = 0$

上述表达式通常不会在用户程序中显式地出现。

5. 窥孔优化

窥孔优化通常在目标代码级上进行。由于目标代码生成多采用中间代码逐条对应翻译的策略，在所产生的目标代码中难免会存在一些冗余的指令和可再优化的结构，窥孔优化就是针对目标代码中很短的指令序列进行局部改进的简单而有效的技术。典型的窥孔优化有冗余

指令删除、控制流优化、代数化简和特殊指令的使用等。

6. 全局优化

全局优化要对整个程序进行控制流和数据流分析，求得所需的信息，对程序进行优化。例如对于常量表达式的全局优化，通过数据流分析在每个基本块的入口处求出可用的常量定值信息，然后在基本块上对常量表达式进行优化。它和局部常量表达式优化的唯一不同之处在于，基本块的入口处常量定值信息不空。

习　题　8

1. 将下面的程序段划分为基本块并画出其程序流图：

```
read(A);
read(B);
F:=1;
C:=A*A;
D:=B*B;
if C<D goto L1;
E:=A*A;
F:=F+1;
E:=E+F;
write(E);
goto L3;
L1:E:=B*B;
F:=F+2;
write(E);
if E>100 goto L2;
goto L3;
L2:F:=F-1;
goto L1;
L3:write(E);
```

2. 假设有如下语句序列，写出常表达式优化前和优化后的四元式中间代码。

```
(1) i:=1;                (2) a:=20;
    j:=i* (i+1);             b:=a* (a+10);
    k:=2* (i+j);             c:=a*b;
```

3. 假设有如下语句序列或表达式，写出公共表达式优化前和优化后的四元式中间代码。

(1) x:=x*y+z; y:=x*y+z; z:=x*y+z;

(2) (a*b+c) / (a*b-c) + (c*b+a-d) / (a*b+c)

4. 写出如下循环语句不变式外提后的四元式中间代码。

```
while i< =100 do
  begin  u:=A*B;
         m:=u*u;
         S:=S+m*m;
         i:=i+1;
```

```
   end
```

5. 写出下面循环语句不变式外提后的四元式中间代码，其中数组各下标的类型为1..10。

```
while i <= 100 do
   begin   j:=1;
            while j <= 100 do
                  begin   k:=1;
                           while k <= 100 do
                                 A[i][j][k]:=0;
                  end
   end
```

第 9 章　运行时存储空间的组织与管理

编译程序的任务是将源程序翻译成语义等价的目标程序，即目标程序应完成与源程序同样的功能。因此，编译程序在生成目标程序之前，需要把程序的静态文本和实现这个程序的运行活动联系起来，弄清楚将来在目标程序运行时刻，源程序中的各种变量、常量等用户定义的量是如何存放的，如何对它们进行访问，以及过程/函数调用的实现过程等。

计算机程序执行的过程，是通过对程序数据所对应的存储单元的存取来完成的。在程序语言中，程序数据用标识符表示，标识符对应的存储单元由编译程序生成的目标程序在运行时进行分配。也就是说，编译程序不参与内存单元的分配工作，内存单元的分配工作是由目标程序在运行时完成的，读者一定要弄清楚这一点。但目标程序是由编译程序生成的，因此，编译程序的编写者只有熟知存储空间的组织和管理的知识，才能生成能够进行正确内存分配的目标程序。本章将就目标程序运行时的存储结构进行讨论，主要讨论存储器的组织与存储分配策略、过程活动记录的创建与管理和非局部名字的访问等。

9.1　目标程序运行时的存储结构

9.1.1　目标程序运行时内存的划分

编译程序生成的目标程序需要存放到存储区中，而目标程序在运行时，也需要向操作系统申请一块存储区，用于容纳目标程序运行时所需的数据空间。这些数据空间主要用来存放以下数据：用户定义的各种类型的数据对象（变量和常量），用于保留中间结果和传递参数的临时变量，过程/函数调用所需的控制信息以及组织输入/输出所需的缓冲区等。可见，目标程序的运行与存储区是紧密相关的，下面就来了解一下目标程序运行时存储区的划分情况。

一般来讲，运行时的存储区可分为代码区和数据区，其中，代码区又可分目标代码区和库代码区，数据区可分为静态区、栈区和堆区，图 9.1 所示是运行时间存储区的典型划分。

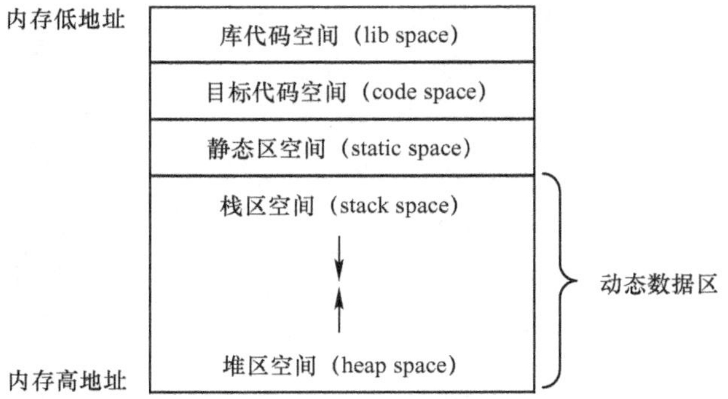

图 9.1　运行时间存储区的典型划分

这些存储区所存放的内容如下：

1）库代码空间。用于存放目标程序运行时用到的库函数代码，如 C 语言中通过#include 包含进来的库代码。其长度同目标代码的长度一样，是可以静态确定的。

2）目标代码空间。用于存放编译程序生成的目标代码。由于编译程序所生成的目标代码的长度在编译时间（最迟在连接之后）就能确定，因此可以把它放在一个静态确定的区域内。

3）静态区空间。用于存放在编译时可以确定存储地址的数据对象，如静态变量、全局变量等。

4）栈区空间。通常情况下，用于存放过程/函数的局部数据和过程/函数被中断时的中断现场内容。

5）堆区空间：通常情况下，用于存放指针类型的数据。

一般地，这些区域之间没有明显的分割，即每个区域的起始地址和结束地址并不是固定不变的（堆区除外）。其中，代码区和静态区空间是在编译时分配的，栈区空间和堆区空间是在运行时分配的。栈区和堆区之间没有事先划好的界线，当目标代码运行时，栈区指针和堆区指针不断地变化，并朝着对方方向不断增长。如果这两个区相交，则表示堆/栈区空间已满，即出现内存“溢出”。

当然，并不是所有语言的实现都需要这些区域，具体需要哪些区域，以及每个区域如何分配，取决于被编译的源程序和操作系统的相关规定。一个总的原则是：尽可能多地对数据对象进行静态分配，以缩短目标程序的运行时间；必须进行动态分配的数据，也要尽可能地将其分配到栈区，因为堆区的分配代价要高于栈区分配的代价。

从图9.1也可以看出，栈是向下增长的，即栈顶是朝页面底部的方向画的。当沿着页面向下的方向移动时，内存地址不断增长。为便于计算变量的实际内存地址，许多目标机的目标代码中常常用一个专门的寄存器来记录栈顶的值，这个寄存器则被命名为 top。若变量 x 相对栈顶 top 的偏移量记为 Offsetx，则变量 x 的内存地址是 top-Offsetx。栈区数据的地址示意图（1）如图9.2所示。

也有的目标机用两个寄存器分别表示栈底和栈顶的值，分别记为 sp 和 top。此时，变量的偏移量都是相对栈底 sp 而言的，假设变量 y 的偏移是 Offsety，则变量的内存地址是 sp + Offsety。栈区数据的地址示意图（2）如图9.3所示。

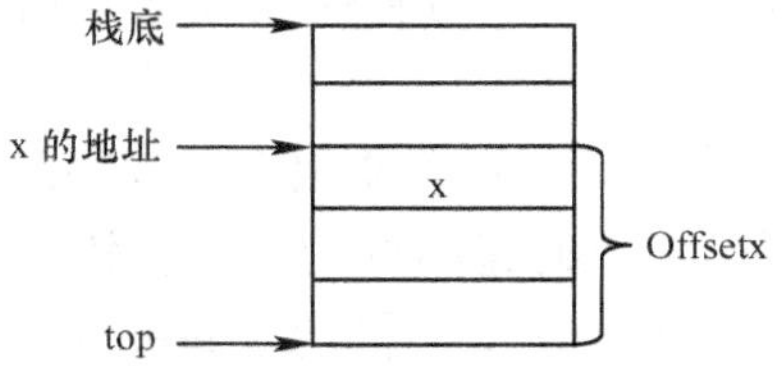

图9.2　栈区数据的地址示意图（1）

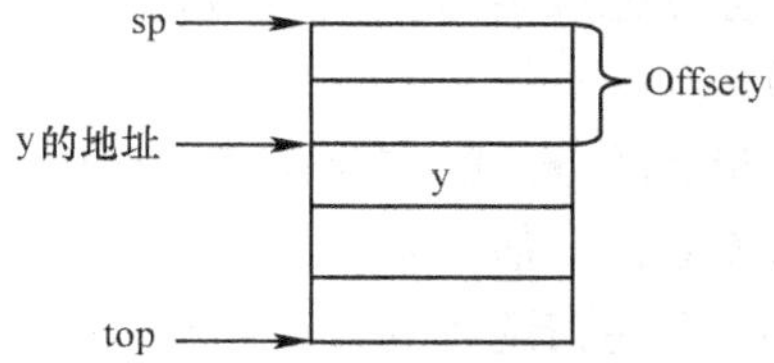

图9.3　栈区数据的地址示意图（2）

例如，对于图9.4a所示的C程序，其对应的四元式序列如图9.4b所示，为保留计算的中间结果，两个函数 square 和 main 的中间代码中分别引入了临时变量 t1 和 t2，这些临时变量只在该函数内部有效，所以也要像局部变量那样分配空间，如图9.4c所示是程序执行到 square 函数的最后一条语句时对应的内存结构图。由于在这个C程序例子中没有指针类型的数据，所以没有在堆区空间分配数据。

9.1.2　目标程序运行时的存储分配策略

目标程序运行时，需要对存储空间（主要是数据区）按照一定的策略进行管理，使得相应的数据合理地被分配到内存空间，以便于访问和程序运行。存储空间分配的基本策略可

```
#define n = 5
int sum = 0;
int square(int i)
{
    int j;
    j = i * i;
    return j;
}
void main()
{
    int j;
    j = square(n);
    sum = sum + j;
}
```

a)

```
(assign, 0, 1, sum)
(ENTRY, L1, 3, 1)
(*,i,i,t1)
(assign, t1,1, j )
(RETURN, _, _, j)
(ENDFUNC, _, _, _)
(ENTRY, L2, 2, 1)
(VALACT, n, 0, 1)
(call, square, true, j)
(+, sum, j, t2)
(assign, t2, 1, sum)
(ENDFUNC, _, _, _)
```

b)

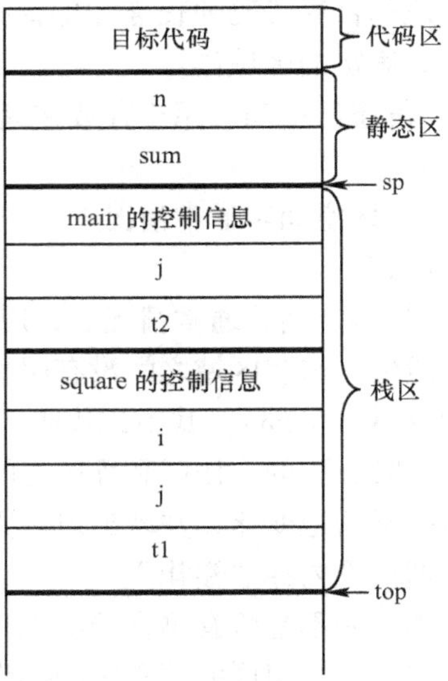

c)

图 9.4　C 程序及运行时内存示意图

a）C 程序的例子　b）图 9.4a 中 C 程序对应的四元式序列　c）square 函数执行到最后一条语句时的内存示意图

分为静态存储分配策略和动态存储分配策略两种，其中，动态存储分配策略又可分为栈式动态存储分配策略和堆式动态存储分配策略。静态分配策略是指在编译时间（Compile-time）即为所有数据对象分配固定的存储单元，且这些数据对象的地址在运行时间（Run-time）始终保持不变。栈式动态分配策略是指在运行时把存储器作为一个栈进行管理，每当调用一个过程，它的活动记录就被动态地分配于栈顶，一旦退出过程，它所占用的空间就予以释放。堆式动态分配策略是在运行时把存储器组织成堆结构，以便用户对存储空间的申请和释放（回收）。

存储空间分配的本质是将程序中每个变量名字与一个存储位置关联起来，该存储位置用以容纳该变量的值。例如，若某程序设计语言允许过程/函数的递归调用，则在该语言的程序中，某个递归调用的过程在执行时，其同一个局部名字应该对应不同的存储位置以容纳每次执行时的值。因此，源语言的结构特点、源语言的数据类型、源语言中决定名字作用域和生存期的规则等因素影响存储空间管理和组织的复杂程度，决定存储空间分配的基本策略。

影响存储分配策略的语言特征主要有如下一些：

1）过程能否递归。

2）当控制从过程的活动返回时，局部变量的值是否要保留。

3）过程能否访问非局部变量。

4）过程调用的参数传递方式。

5）过程能否作为参数被传递。

6）过程能否作为结果值传递。

7）存储块能否在程序控制下动态地分配。

8）存储块是否必须显式地释放。

不同的编译程序关于存储空间的分配策略可能不同，有的编译程序可能同时采用多种分配策略，对于不同的数据对象采用不同的分配策略进行管理。例如：Fortran 中所有的数据对象都可以进行静态分配，而 Pascal 和 C 由于允许函数递归和指针类型数据，所以 Pascal 和 C 的实现则适于选择栈式和堆式相结合的方式进行管理。编译程序进行存储空间分配的基本依据是源语言在程序运行时对存储空间使用和管理的约定。下面，从分配思想、分配方法及适用语言 3 个方面，分别介绍 3 种常见的存储分配策略：静态存储分配策略、栈式动态存储分配策略和堆式动态存储分配策略。

1. 静态存储分配策略

简单地说，静态存储分配的思想就是将整个存储区（实际上是数据区）看作是静态区，按照静态区的管理策略进行管理，即所有的数据对象都被分配一个固定的存储地址，直至目标程序运行结束，这些数据对象的地址都不会发生改变。也就是说，一旦存储空间的某个位置被分配给了某个数据名（建立关联），在目标程序的整个运行过程中，此位置（地址）就属于该数据名了，即数据对象的存储位置在程序的整个生命周期内是固定的。由于静态存储分配策略要求所有的数据对象所需的存储空间必须在编译时可以完全确定，因此每个数据对象的地址都可静态地进行分配，所以称这种分配策略为静态存储分配策略。采用静态分配策略时，对于图 9.4a 所示的程序，当执行到 square 函数的最后一条语句时，对应的内存空间结构即静态分配策略的内存结构如图 9.5 所示。

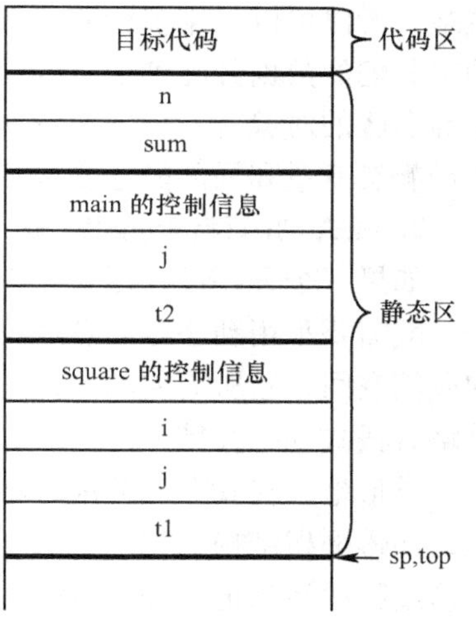

图 9.5 静态分配策略的内存结构图

在静态分配中，名字在程序被编译时绑定到的存储单元，在运行时也不会改变，即这种绑定的生存期是程序的整个运行时间，因此，在一个过程每次被激活时，它的名字都被绑定到同样的存储单元。这种性质允许变量的值在过程停止后仍然保持，因而当控制再次进入该过程时，局部变量的值和控制上一次离开时的一样。如图 9.5 所示，无论 square 函数被调用多少次，被哪些函数调用，其对应的数据，如与过程调用相关的控制信息、square 的局部数据 i 和 j、生成代码过程中产生的临时变量 t1 等的地址都是固定不变的，即静态确定的，与程序的执行情况无关。

对于静态分配来说，要求每个过程活动记录（一种记录过程调用相关控制信息和数据信息的必需的数据结构，下节将详细介绍）的大小必须是固定的，并且通常用相对于活动记录一端的偏移来表示活动记录中数据的相对地址。编译器最后必须确定活动记录区域在目标程序中的位置，如相对于目标代码的位置。一旦这一点确定下来，每个活动记录的位置以及活动记录中每个名字的存储位置也就都固定了，所以编译时在目标代码中能填上所要操作的数据对象的绝对地址。同时，过程调用时需要保存的信息的地址在编译时也是已知的。

静态分配的特点，决定了采用静态分配策略的语言必须满足以下约束条件，否则不能进行静态分配：

1）不允许递归过程，因为一个过程的所有活动使用同一个活动记录，也就是使用同样的局部名字的绑定。

2）不允许可变体积的数据，即数据对象的长度和它在内存中位置的限制，必须是在编译时可知的。

3）不允许动态建立的数据结构（如动态数组、指针等），因为没有运行时的存储分配机制。

静态分配的对象都分配在静态区中，其访问地址可采用绝对地址。在图 9.5 中，假设分配给 square 函数的内存起始地址记为 Addr_Square，square 的局部数据 i、j 和 t1 的偏移量分别是 Offseti、Offsetj 和 Offsett1，则

i 的地址是：Addr_Square + Offseti

j 的地址是：Addr_Square + Offsetj

t1 的地址是：Addr_Square + Offsett1

i、j 和 t1 相对于 square 数据的偏移量是不变的，对于静态分配而言，无论程序如何运行，square 函数的起始地址也是不变的，所以，i、j 和 t1 的地址也是不变的，可采用绝对地址。

对于现代的程序设计语言而言，由于很难把某个程序中所有的数据对象都采用静态分配策略，所以可以采用多种分配方式相结合的形式，适合静态分配的数据分配到静态区，适合动态分配的数据分配到动态区，达到高效利用存储空间和提高代码运行效率的目的。可分配在静态区的对象有：全局变量（在程序运行期间大小固定）、C 语言中的 static 变量（包括全局静态变量和局部静态变量）、常量及一些信息表（如常数表）等。

2. 栈式动态存储分配策略

如果一个程序设计语言允许递归过程、可变数组或允许用户自由地申请和释放空间，那么，就需要采用动态存储管理技术。因为编译时无法知道这种语言的程序在运行时需要多大的存储空间，它所需要的数据空间的大小需待程序运行时动态地确定。常见的动态存储分配策略有栈式动态存储分配和堆式动态存储分配。

类似地，栈式存储分配策略是指将存储区（主要是数据区）按照栈结构进行组织和管理，即遵循栈结构的"后进先出"原则。目标程序运行时，每当进入一个过程，就在栈顶为该过程的活动记录分配所需的数据空间，当一个过程执行完毕返回时，它在栈顶的活动记录空间随即释放。栈的特点使得栈式分配策略特别适合描述过程的嵌套调用和递归调用。采用栈式存储分配策略时，对于图 9.4a 所示的程序，当执行到 square 函数的最后一条语句时，对应的内存空间结构即栈式动态分配策略的内存结构如图 9.6 所示。

再来看图 9.7 的程序。本例的重点是介绍栈式分配的特点，所以在上面的程序中，省略了各个函数的体部分。下面补充上几种可能的调用情况，读者可以通过这些调用情况的存储分配情况，更好地了解栈式分配的思想。

情况 1：若 main 函数调用了函数 Q，函数 Q 又调用了函数 R，在函数 R 进入运行后的存储结构如图 9.8a 所示。此时，由于函数 main，函数 Q 和函数 R 都处于运行阶段，所以这 3 个函数的控制信息和局部数据（两者统称为过程活动记录，见 9.2 节）都在栈中。

情况 2：若 main 函数调用了函数 Q，函数 Q 递归调用自己，在函数 Q 第二次进入运行后的存储结构如图 9.8b 所示，在函数 Q 的两次执行中，每次执行都为其局部数据分配了空间，即每次执行局部数据的地址都是不同的，从而能够实现递归的功能。

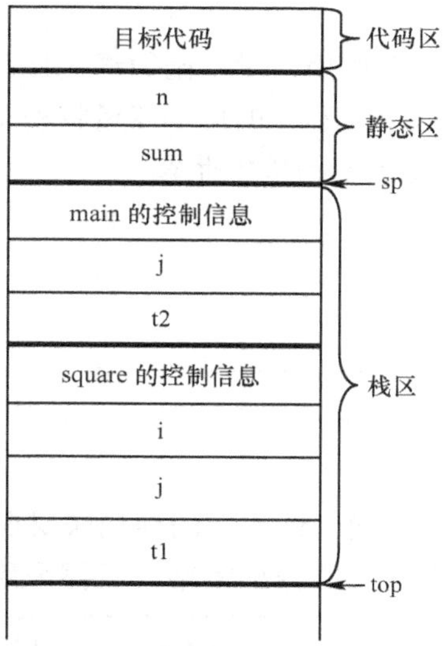

图 9.6 栈式动态分配策略的内存结构图

```
void R( )
{   R 的局部变量说明
     …
}
void Q( )
{   Q 的局部变量说明
     …
}
void main( )
{   main 的局部变量说明
     …
}
```

图 9.7 一个 C 程序的例子

情况 3 和情况 4：若 main 函数先调用函数 Q，函数 Q 执行结束后接着调用函数 R，当函数 Q 和函数 R 分别进入运行后的存储结构分别如图 9.8c 和图 9.8d 所示。当函数 R 进入运行后，函数 Q 的运行已经结束，所以它的控制信息和局部数据不需要再占用空间，原有的空间可以分配给新的函数 R 使用，从而达到共享空间的目的。

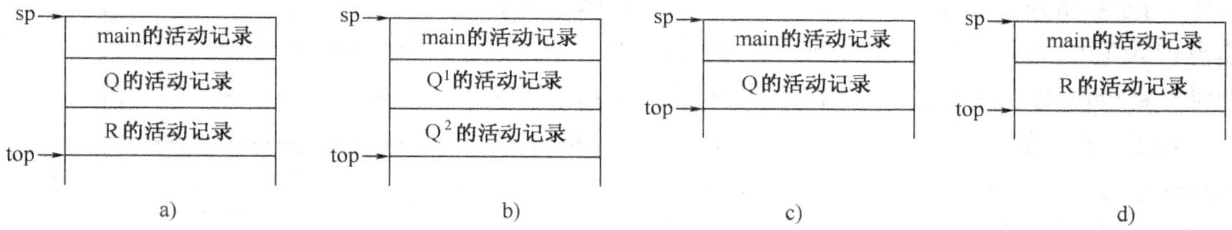

图 9.8 存储结构示意图

a）情况 1 的存储结构示意图 b）情况 2 的存储结构示意图

c）情况 3 的存储结构示意图 d）情况 4 的存储结构示意图

在栈式分配中，由于每个过程活动记录都是根据目标代码的执行情况动态分配的，所以无法确定每个活动记录的起始地址和每个活动记录中数据的绝对地址，但我们能够确定局部数据在活动记录中的相对位置，即偏移量，也就是我们在第 6 章语义分析中为变量标识符分配的抽象地址（Level，Off）中的 Off。假设 X 是在函数 P 内被声明的形参或局部变量，并且其形式地址为（Level，Off），则 X 的地址在目标代码中将以 Off[sp] 的形式出现，其中 sp 寄存器中有当前函数空间块的起始地址，这样 Off[sp] 将以变址方式自动访问由 sp 指向的函数空间的第 Off 单元。

栈式分配法不仅解决了递归调用问题，实际上又很好地解决了空间的共享问题，因为当过程退出时立即释放掉它所占的空间。这样，栈中的存储空间实际上是为很多过程所利用。例如下面的 C 程序：

```
int f(float x, y, z) {char u; …}
float g(int a, b) {…}
```

void main( ) {bool w;}

假设除 main 函数以外，其他函数的函数体均不含函数调用，对于函数调用序列：main 调用 f，f 执行结束后，main 再调用 g，按栈式分配法，函数 f 和 g 的局部变量将动态的分配到同一位置开始的空间中，多变量共享同一存储空间示意图如图 9.9 所示。

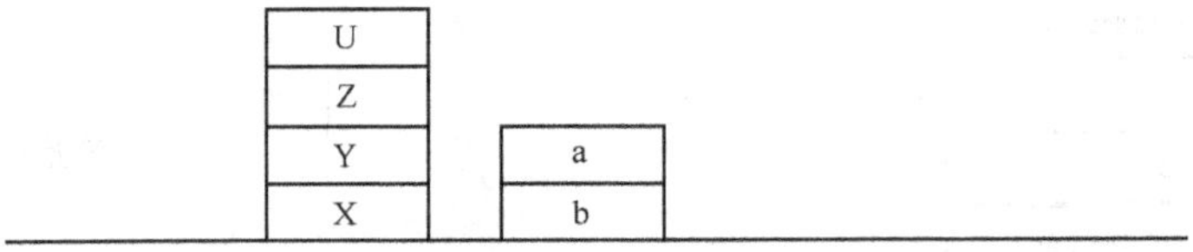

图 9.9　多变量共享同一存储空间示意图

3. 堆式动态存储分配策略

如果程序设计语言允许用户自由地申请和释放数据空间，即空间的使用未必服从“先申请后释放，后申请先释放”的原则，此时就不能采用栈式的分配策略，而要采用堆式的动态存储分配策略。堆式分配把连续存储区域分成块，当活动记录或其他对象需要空间时，就为之分配一块。块的释放可以按任意次序进行。因此堆式存储分配比栈式存储分配适应的范围广。采用堆式存储分配策略时，对于图 9.4a 所示的程序，当执行到 main 函数的最后一条语句时，对应的堆式动态分配策略的内存空间结构如图 9.10 所示，其中，阴影部分表示未分配的堆区空间。main 函数的控制信息以及它的局部数据 j 和 t2 被分配到堆区的一个合适的地址，square 的控制信息以及它的局部数据 i 和 j 以及 t1 被分配到堆区的一个合适的地址，main 函数的空间和 square 函数的空间没有任何联系，不一定相邻分配，在回收时也没有固定的先后关系。main 函数的空间和 square 函数的空间何时分配，分配到什么地址，何时回收，回收的先后完全取决于程序设计语言关于堆区分配的规定和实际的程序。

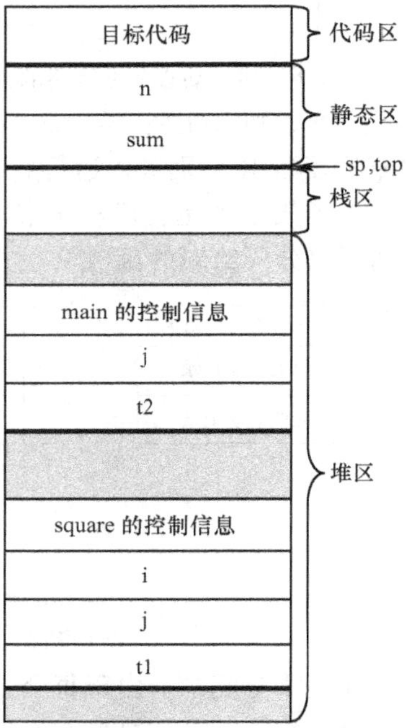

图 9.10　堆式动态分配策略的内存空间结构图

在实际应用中，堆式存储分配策略主要用于分配动态申请空间的数据对象，如 Pascal 和 Ada 中使用 new 语句、C 中则使用 malloc 语句动态申请空间的对象等，这些数据对象被分配在堆区。因此，堆区空间主要用于存放动态申请空间变量的值。例如，假设有 Pascal 的变量声明 VAR P:↑tp，其中，tp 是一个类型名，则可用语句 new(P) 的形式申请空间。其结果是往变量 P 的单元里送所申请空间的首地址。申请空间的长度由 tp 来确定。语句 new(P) 可以写成这样一种形式来理解：P: = NEW(n)，其中，NEW 表示在堆区中寻找长度不小于 n 的空闲块，并将其开始地址赋给变量 P。

堆式存储分配尽管适用范围较广但却需要付出较大代价，所以除非必要一般都优先采用静态存储分配和栈式存储分配策略。对于堆式存储分配而言，无论是有用单元的分配还是无用单元的回收都不是一件简单的事，通常要付出巨大的时间代价。关于堆式存储分配的更多内容请参看《数据结构》教材中的相关内容，本书不再详细介绍。

9.2 过程活动记录和运行时栈

9.2.1 过程活动记录

为管理过程一次调用（称为过程的一次活动）所需要的各种信息，目标程序要在栈区（前提是采用栈式存储管理分配策略）中给被调用过程分配一段连续的存储空间，以便存放该过程的局部变量值、保存中间结果的临时变量、过程调用的控制信息等内容，称这段连续的存储空间为过程的活动记录，简称活动记录（Activation Record AR）。对于 Pascal 和 C 语言，当过程被调用时，目标程序要为其分配活动记录空间，当控制返回到它的调用者时，目标程序又要立即将其空间收回。对于 Fortran 语言，它的所有数据包括过程/函数的活动记录都是静态分配的，与运行时活动无关，所以不需考虑运行时的空间管理。

分配空间的具体体现是给专用寄存器 sp（指向当前活动记录始地址的栈指针）赋一个栈区地址，回收空间的具体体现是将 sp 的指针恢复成调用者的活动记录的起始地址（老 sp）。栈区空间分配和回收示意图如图 9.11 所示。其中，被调用者的空间中专门有一个单元用于记录它的调用者的 sp，称为老 sp 的值，以便当从被调用者返回调用过程时，能将调用者的 sp 指针恢复过来。

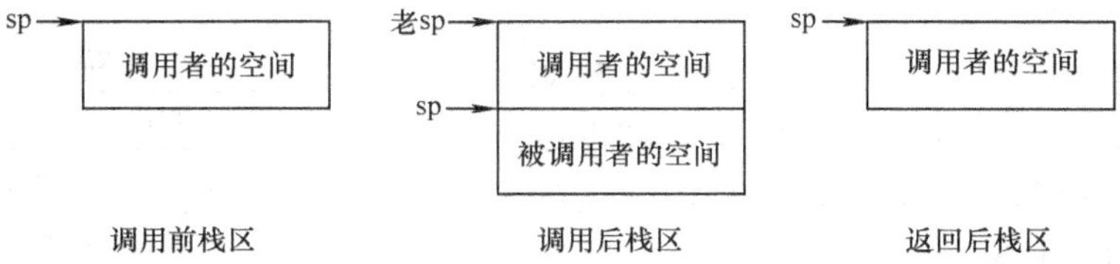

图 9.11 栈区空间分配和回收示意图

一般地，AR 由图 9.12 所示的各个域组成。不同的语言，同一语言的不同编译器所使用的域可能是不同的，这些域在活动记录中的排放次序也可能是不同的。另外，寄存器往往可以取代它们中的一个或多个域。

活动记录的各个域的用途如下（从动态链指针开始）：

（1）动态链指针 用来指向调用者的活动记录的起始地址，即老 sp，以便在过程调用返回时将当前活动记录恢复成调用者的活动记录。动态链也称为控制链。

（2）返回地址 指向调用者过程调用指令对应的目标代码的下一条目标指令，以便当从被调用过程返回时，能够接着执行调用过程的下一条指令。

（3）返回值 用于存放被调用过程返回给调用过程的值。实际记录的是调用者中用于存放返回值的临时变量的地址。

（4）寄存器状态 保存刚好在过程调用前的机器状态信息，包括程序计数器的值和控制从这个过程返回时必须恢复的机器寄存器的值，即中断现场。

（5）过程层数 用于程序的非正常出口情形的处理，一般情况下不需记录。

（6）活动记录空间大小 当过程的局部数据中没有动态数组等可变长数据时，过程的活动记录的长度是能够静态确定，将其记录下来，可以用于过程调用返回时返回到指定地址。

（7）变量访问环境　过程执行时，除了访问局部数据以外，常常还要访问非局部数据，对于非局部数据访问策略非常复杂的语言，有必要构造非局部数据访问环境，如 Display 表或静态链指针等，对于非局部数据访问策略比较简单的语言，则没有必要构造非局部数据访问环境。如 Pascal 语言，每个函数除访问全局数据外，还可以访问其他函数中的非局部数据，所以需要为每个函数构造非局部变量的访问环境，而对于 C 语言的每个函数而言，非局部数据只有全局数据，这些全局数据通常存放在静态区中，可以直接访问，所以不用特地构造变量访问环境。

（8）形参变量区　用于存放调用过程向被调用过程提供的实在参数。

（9）局部变量区　保存过程局部声明的数据。

（10）临时变量区　在由源代码生成中间代码（四元式序列）时，常常会引入一些临时变量用于存放表达式计算的中间结果，因此，也需要为临时变量分配空间。如果临时变量的个数较少，可以存放在寄存器中，而当临时变量个数较多时，会出现寄存器个数不足的情况，此时可以把它们存放在临时变量区中。有些临时变量只定义一次和使用一次，并且通常定义之后，紧接着就使用，所以还可以多个临时变量共享空间。

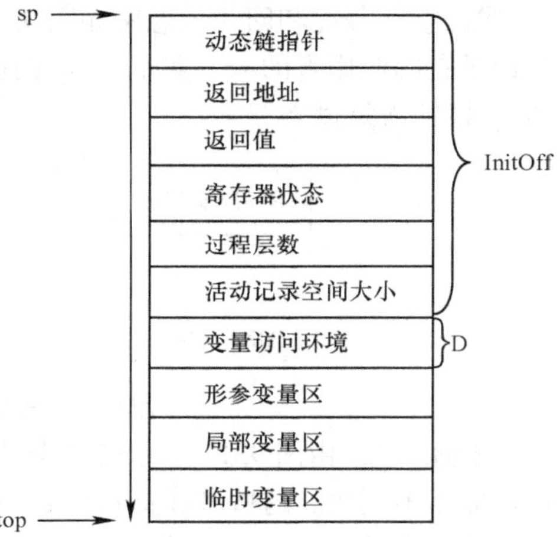

图 9.12　活动记录 AR 结构示例

在图 9.12 中，top 是用于指向当前活动记录的最新可分配地址的专用寄存器，top-sp 即为活动记录空间的大小，因此，只要 top 寄存器与“活动记录空间大小”域中有一个即可。

活动记录中每个域的长度都可以在过程调用时确定。事实上，几乎所有域的长度都可以在编译时确定，过程中有局部可变长度数组的情况除外，此时，只有运行到调用这个过程时才能确定局部数据域的大小。在下文，如不加特殊说明，均指不考虑可变长度数组的情况。特别地，用 InitOff 来表示过程的一些控制信息在过程活动记录中所占空间的大小，这样，过程的数据信息就会在地址 sp + InitOff 处开始存放。当然，如果有变量访问环境，假设其占空间大小为 D，则数据的起始地址为

$$sp + InitOff + D$$

活动记录其实并没有包含过程一次执行所需的全部信息，比方说非局部数据就不在活动记录中，我们将在 9.3 节介绍访问非局部数据的方法。另外，过程运行时生成的动态变量也不在栈区的活动记录中，它们将被分配到堆区。

9.2.2　过程活动记录的申请和释放

为说明问题，先引进两个概念：调用链和动态链。

1. 调用链

调用链是过程名的序列，这个序列的头是主程序名 M（Pascal 将主程序也看作过程，C 语言中则对应 main 函数）。具体地说，（M）是调用链；若（M，…，R）是调用链，并且 R 中有 S 的调用，则（M，…，R，S）也是调用链。显然对于任一过程（函数）S，其调用链

不是唯一的，每个调用链对应于一个动态的过程调用序列。可用

CallChain(S) = (M, …, R, S)

表示 S 的调用链，上述调用链表示当前正在执行的是 S 的过程体，而 M，…，R 则是已经开始执行但被中断了的过程。

2. 动态链

当一个过程结束时需要释放当前 AR，即把寄存器 sp 的内容恢复成指向当前过程的调用者的 AR，即当前 AR 的下面的 AR。如果每个 AR 是等长的，则用 sp 减去这个长度就可以了，但实际上每个 AR 的长度不一定相同，所以在每个 AR 中要保存其前一 AR 的始地址，于是栈上的 AR 被链接了起来，这样连起来的 AR 结构称之为动态链。

实际上，动态链和调用链之间存在着对应关系。如果当前正在执行的是 S，并且 CallChain(S) = (M, …, R, S)，则栈的当前内容可表示为：[AR(M), …, AR(R), AR(S)]，我们称它为对应调用链（M，…，R，S）的动态链。可用

DynamicChains(S) = [AR(M), …, AR(R), AR(S)]

表示 S 的动态链。

假设有动态链 [AR0，AR1，…，ARn]，则动态链物理示意图如图 9.13 所示。

在图 9.13 中，我们称 ARn 为当前活动记录，称 AR_{i-1} 为 AR_i 的先驱活动记录。每当开辟一个新 AR 区时，在其中填写先驱 AR 的地址，从而形成动态链。

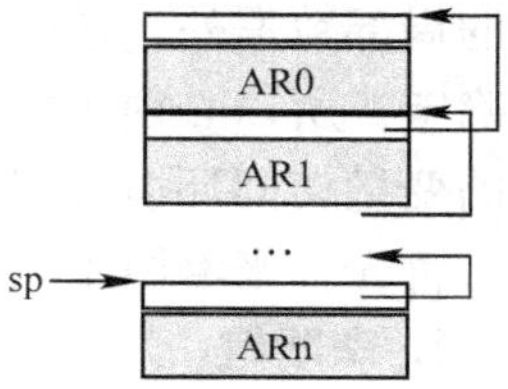

图 9.13 动态链的物理示意图

前面说过了，过程的每次调用，目标程序都将在内存中为其分配一个活动记录，下面就来了解一下活动记录的空间是如何分配的又是如何释放的。

首先，看一下活动记录空间的申请。当一个过程被调用时，目标程序就要为其分配一段空间，用于存放本次调用所需的控制信息和数据信息。也就是当目标代码的生成程序在将传参四元式（VALACT，result，offset，size）、(VARACT，result，offset，size）和函数调用四元式（CALL，f，true，t）翻译成目标代码时，要生成相应的分配空间的目标指令。具体的工作将在“目标代码生成”一章介绍，本节将简单介绍这部分需要做的工作。

在翻译传参四元式（VALACT，result，offset，size）或（VARACT，result，offset，size）时，需要做的工作为将实参传递到相应的形参单元中。

在翻译（CALL，f，true，t）时，需要做以下工作：

- 将 t（返回值应存放的变量）的地址存放到返回值单元。
- 把 sp 的值放到动态链地址单元。
- 填写过程层数信息。
- 保存返回地址。
- 保存变量访问环境（必要的情况下）。
- 保存 AR 长度 size。
- 改变 sp 的值。
- 转向 f 的入口地址。

再来看活动记录空间的释放。当翻译到（RETURN，－，－，－）、（ENDFUNC，－，

－，－）四元式时，要生成相应的释放空间的目标指令。具体地，在翻译（RETURN，－，－，－）四元式时，需要做的工作为将结果值按照返回值单元中记录的地址传回。

在翻译（ENDFUNC，－，－，－）时，需要做以下工作：

- 恢复寄存器。
- 改变 sp 的值，sp = 动态链地址空间存的值。
- 转向返回地址对应的代码执行。

9.3 变量访问环境

9.3.1 变量访问环境概述

由于 C 语言不允许函数的嵌套定义，即不允许在某个函数中再定义另一个函数，因此 C 语言的非局部数据一般都在程序开始处定义，而且这些数据的地址都是可以确定的，因此通常存储到静态区中，所以，C 语言的过程活动记录中不需要有变量访问环境；而对于 Pascal 这样的嵌套式语言，则需要用变量访问环境来访问非局部数据，因为每个函数除可以访问自身的局部数据外，还需要访问其他函数中的数据，而这些函数的活动记录的起始地址无法静态确定，所以必须想办法记录那些需要访问的活动记录的起始地址，这项工作将通过构造过程的变量访问环境来完成。

首先，来看两个相关概念：声明链和变量访问环境。

1. 声明链

声明链也是过程名的序列，序列的头是主程序名 M。具体定义如下：（M）是过程声明链；若（M，…，P）是声明链，且 P 中有过程 Q 的声明，则（M，…，P，Q）也是过程声明链。可用

$$\text{DeclaChain}(Q) = (M, \cdots, P, Q)$$

表示过程 Q 的声明链。对于任一过程 Q，它的声明链是唯一的，并且在 Q 中出现的变量，其声明一定在 DeclaChain(Q)中。

2. 变量访问环境

由于一个过程 S 在动态链中可有多个 AR，其中，只有最新的 AR(S)是可访问的，我们称其为 S 的活跃活动记录，记为 LAR(S)。Q 的声明链中的每个过程的活跃活动记录构成的链称为 Q 的当前变量访问环境，记为

$$\text{VarVisitEnv}(\text{LAR}(Q)) = [\text{LAR}(M), \cdots, \text{LAR}(P), \text{LAR}(Q)]$$

假设 Q 的变量访问环境如上所述，其在 Q 中有变量 X_Q、Y_M 和 Z_P，它们分别定义在过程 Q、M 和 P 中，则它们的存储单元地址可表示如下（其中，<LAR(Q)>表示 LAR(Q)的始地址，其他类似）：

$\text{addr}(X_Q) = <\text{LAR}(Q)> + \text{Offset}_X$

$\text{addr}(Y_M) = <\text{LAR}(M)> + \text{Offset}_Y$

$\text{addr}(Z_P) = <\text{LAR}(P)> + \text{Offset}_Z$

可见，对于每个 AR，只要知道了它的变量访问环境 VarVisitEnv(AR)，即可实现包括非局部变量在内的所有变量的访问。实现变量访问环境的方法很多，我们主要讨论两种：一种

是 Display 表的方法；一种是静态链的方法。Display 表方法又可以分为局部 Display 表方法和全局 Display 表方法。实际上，变量访问环境主要是针对嵌套式语言提出来的，对于并列式语言不需要构造复杂的变量访问环境。

9.3.2 Display 表方法

Display 表方法是用一个数据表（Display 表）将每个过程可能访问的非局部数据所在的过程活动记录的起始地址记录下来的方法。如果每个过程的活动记录中都有一个这样的表，就称为局部 Display 表方法，如果整个程序用一个 Display 表，则称为全局 Display 表方法。

1. 局部 Display 表方法

提高目标程序运行速度的方法之一是提高数据的访问速度。因此很多编译程序都想方设法提高非局部量的访问速度。如果已知每个过程的活跃活动记录的起始地址以及变量在活动记录中的相对地址，即偏移量，就可实现对每个过程局部数据的访问。局部 Display 表方法是这样一种方法，它对于每个 AR 引入一个指针数组，称为 Display 表，每进入一个过程，在为它建立的活动记录区中增加一段连续的单元，用于存放它的 Display 表。假定进入过程的层数为 L，则它的 Display 表含有 L+1 个单元。这 L+1 个单元自顶向下每个单元依次存放着现行层（L 层），直接外层（L-1 层），…，直至最外层（0 层，主程序层）的每一层过程的最新活动记录的起始地址。

例如，假设有过程 Q 的声明链：(M，P，Q，R)，则 R 的最新活动记录的局部 Display 表的例子如图 9.14 所示。

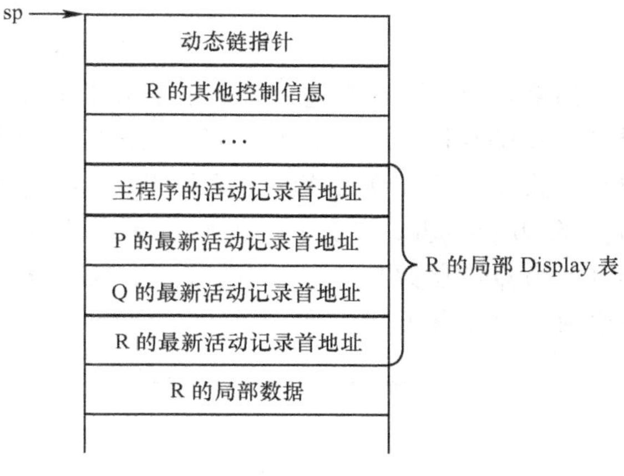

图 9.14 局部 Display 表的例子

因为过程的层数可以静态确定，因此每个过程的 Display 表的大小在编译时即可确定。这样，根据非局部量所在的静态层数和相对活动记录的相对地址（偏移量 Offset），就可得到绝对地址为

绝对地址 = Display［静态层数］+ 相对地址

为了便于管理，Display 作为活动记录的一部分，我们将其置于机器状态的上端，活动记录的结构如图 9.15 所示。

因此，Display 表相对于活动记录基地址的偏移量 InitOff 在编译时是完全确定的。假定现行过程中引用了某一外层过程（假定层数为 L）的变量 x，那么，可用下面两条变址指令获得 x 的值：

```
LOAD R1,(InitOff+L)[SP]          /* 获得第 L 层过程的最新活动记录地址 */
LOAD R2,Offsetx[R1]              /* 把 x 的值传递给 R2 */
```

由以上讨论我们知道，通过 Display 表访问非局部量的速度较快，因为通过 Display 表的一个域，可以确定任意外层活动记录的 sp 指针，再沿着这个指针便可找到处于外层活动记录的非局部量。

接下来，我们来了解每个过程的 Display 表的建立过程，即当过程 P 调用过程 Q 而进入

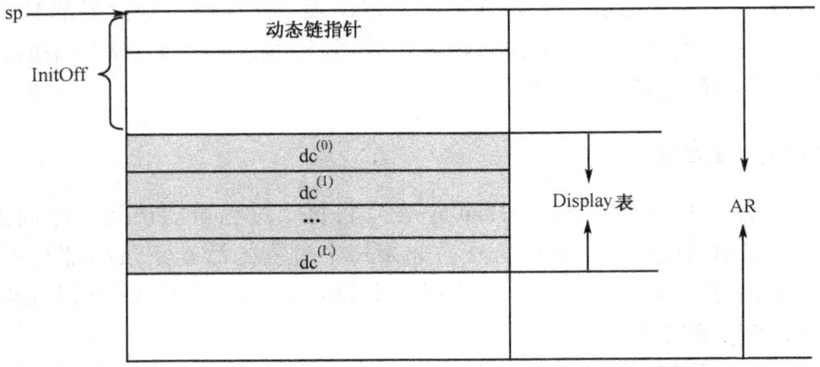

图 9.15　活动记录的结构

Q 后，Q 应如何建立自己的 Display 表？

为建立自己的 Display 表，Q 必须知道它的直接外层过程（记为 P0）的 Display 表。

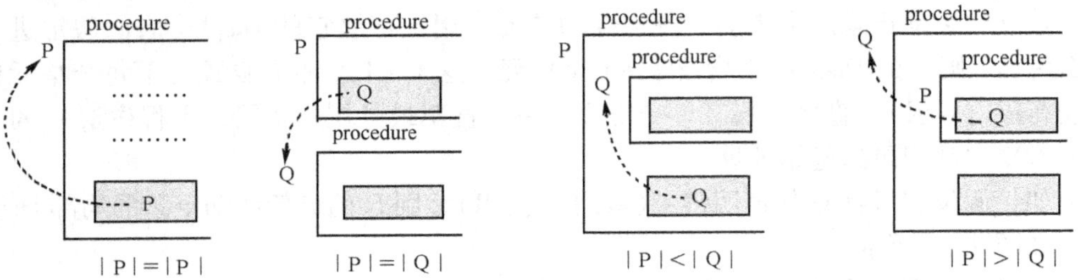

图 9.16　过程调用的几种情形

如果 Q 是一个实在过程（Q 不是形式参数），那么，P0 或者就是 P 自身或者既是 P 外层又是 Q 的直接外层（见图 9.16 所示的几种情形，其中，| P | 表示 P 的层数）。不论哪种情形，只要在进入 Q 后能够知道 P 的 Display 表就能知道 P0 的 Display 表，从而可直接构造出 Q 的 Display 表。事实上，Q 的 Display 表可以通过从 P 的 Display 表中自底向上地抄取 N 项（N 为 Q 的层数），再加上进入 Q 后新建立的 SP 值就构成了 Q 的 Display 表。Display 表的生成过程如图 9.17 所示。

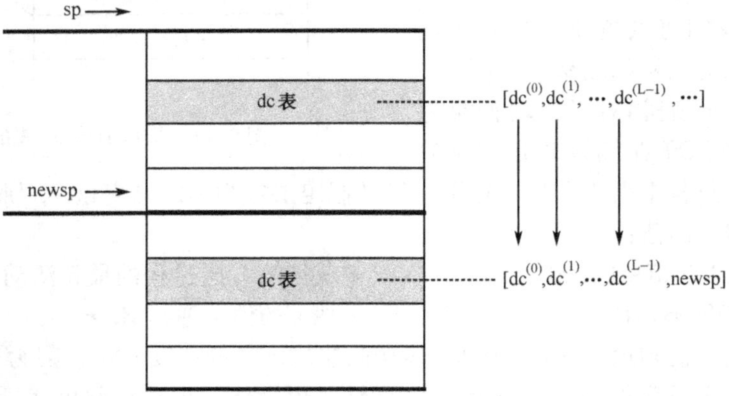

图 9.17　Display 表的生成过程

假设有图 9.18 所示的 Display 表示意图，并且有 Level(M) = 0, Level(Q) = 1, Level(R) =

1, Level(S) = 2, 假设当前过程 S 有变量 X_S、Y_Q 和 Z_M，其中，下标名表示变量被定义的过程名，若用 Lx、Ly 和 Lz 分别表示相应变量的层次，则上述 3 个变量的地址分别如下：

$addr(X_S) = sp + offset_x$

$addr(Y_Q) = (sp + InitOff)[Ly] + offset_y$

$addr(Z_M) = (sp + InitOff)[Lz] + offset_z$

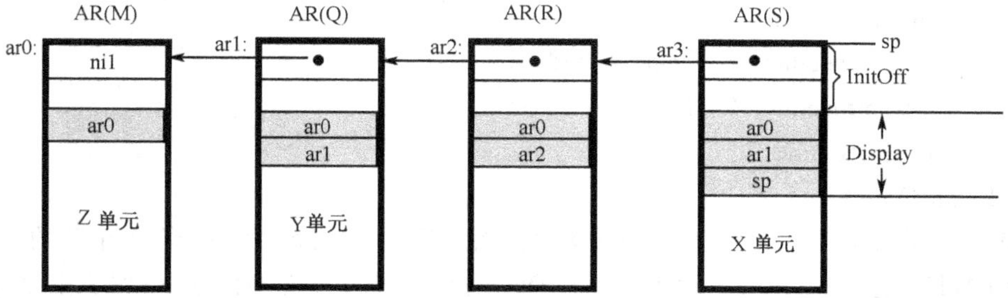

图 9.18 Display 表示意图

如果 Q 是形式参数，那么，调用 Q 意味着调用 Q 当前相应的实在过程，此时的 P0 应是这个实在过程的直接外层过程。假定 P0 的 Display 地址可从形参单元 Q 所指向的位置获得。

2. 全局 Display 表方法

前一种方法是对于每个 AR，都保留自己的 Display 表，称为局部 Display 表方法。全局 Display 表方法是每个程序采用一个 Display 表，其长度等于过程声明的最大嵌套层数。该方法的理论依据是：在程序的任何一点，相同层数的过程声明只能有一个有效。这是因为在程序的任何一点，有效的过程声明只能是那些包含该点的过程声明，这些过程不可能有相同的层数。

全局 Display 表方法示意图如图 9.19 所示。

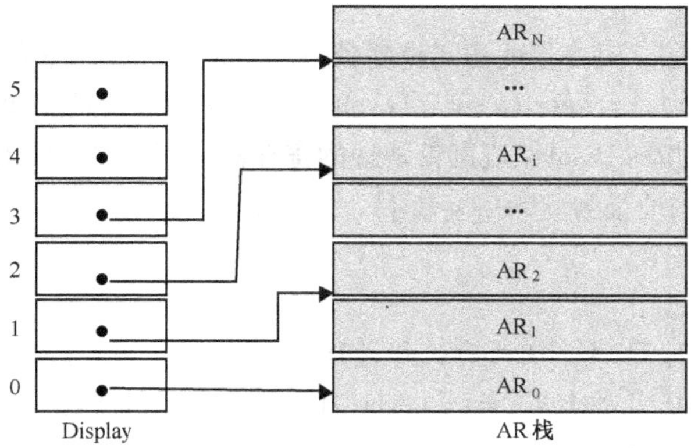

图 9.19 全局 Display 表方法示意图

若用 D(i) 表示全局 Display 表的第 i 个元素，则全局 Display 表法的实现原理如下：

(1) 当调用层次为 j 的过程 Q 时

1) 把 D(j) 的内容保存到 NewAR(Q) 中的一个单元（记为 ResumeAddr）中。

2) 把 D(j) 中的地址改为 NewAR(Q) 的地址。

(2) 当退出层次为 j 的过程 Q 时

用保存在 CurrentAR(Q) 的 ResumeAddr 中的内容恢复 D (j) 的内容。

假设有过程声明:

```
procedure P;
    procedure Q; begin R end;
    procedure R;
        procedure S; begin T end;
        procedure T; begin … end;
    begin S end;
begin Q end
```

假设 P 的层数为 1, Q 和 R 的层数为 2, 而 S 和 T 的层数为 3。当执行 T 的过程体时,对其有效的过程是 P、R 和 T, 因此 D(1)、D(2) 和 D(3) 将分别指向 P、R 和 T 的最新 AR. 如图 9. 20a 所示。当退出 AR_5(T) 时, D(3) 将恢复成指向 AR_4(S). 如图 9. 20b 所示。

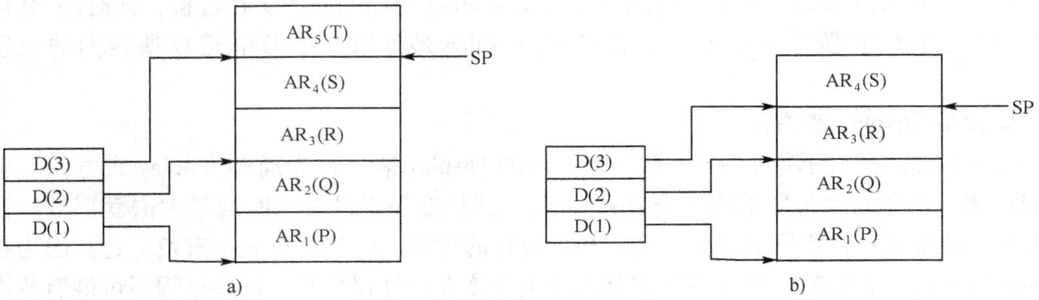

图 9. 20　执行和退出 T 的过程体时的全局 Display 表

a) 执行 T 的过程体时的全局 Display 表　b) 退出 T 的过程体时的全局 Display 表

全局 Display 表方法, 对变量的访问速度较快。假设, 在过程 Q 的体中有表达式 x * y + z, 并且变量的层次分别是: Level(x) = i, Level(y) = j, Level(z) = k . 如果用的是全局 Display 表方法, 并假设 dp 是指向 Display 表区首地址的寄存器, 则 x 的地址为 $offset_x$[i[dp]], y 的地址为 $offset_y$[j[dp]], z 的地址为 $offset_z$[k[dp]].

9.3.3　静态链方法

假设有调用链 (M, G, H, R, S), 并且有

Level(M) =0, Level(G) =1, Level(H) =2, Level(R) =3, Level(S) =3

则相应动态链的基本结构应如下:

[AR_0(M), AR_1(G), AR_2(H), AR_3(R), AR_4(S)]

如果用局部 Display 表方法, 则 Display 表情况如下所述:

AR_0(M). Display = [ar_0]

AR_1(G). Display = [ar_0, ar_1]

AR_2(H). Display = [ar_0, ar_1, ar_2]

$$AR_3(R).Display = [ar_0, ar_1, ar_2, ar_3]$$

$$AR_4(S).Display = [ar_0, ar_1, ar_2, ar_4]$$

显然,有些活动记录具有很多相同的元素,而且有的还具有一个包含一个的关系,因此,从空间上看是很浪费的。为节省空间,可以用链结构来替代表结构。具体是引入一个称为静态链的指针,该指针为活动记录的一个域,指向直接外层过程的最新活动记录的始地址。这就意味着在运行时栈上的数据区(活动记录)之间又拉出一条链,这个链称为静态链,静态链是从一个过程的当前活动记录指向其直接外层的最新活动记录。上述例子若用静态链的方法实现,如图 9.21 所示,其中阴影部分代表静态链域,虚线表示静态链指针,实线表示动态链指针。

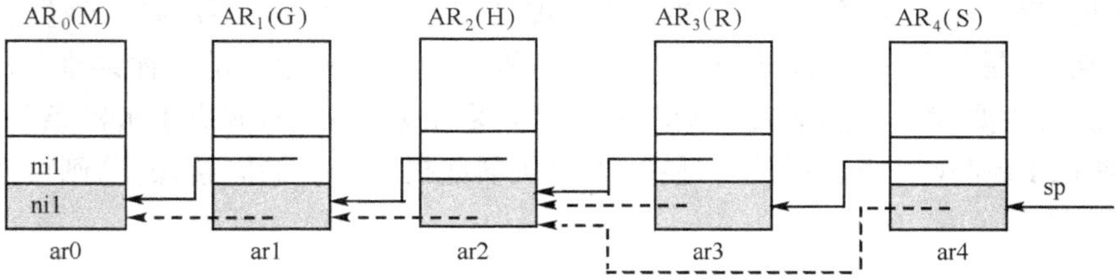

图 9.21 静态链的逻辑示意图

可见,静态链的方法比 Display 表方法节省很多空间。那么当产生新的过程调用时,静态链指针是如何填写的呢? 即 NewAR 中静态链指针应指向哪个 AR 的问题。Display 表方法采用从先驱 AR 中抄袭部分 Display 表的方法,而现在静态链指针指向链表的尾,而不是头,因此不能采用抄袭的方法,但可以采用从链表的尾部开始往前跳过几项的方法。静态链单元的填写如图 9.22 所示。

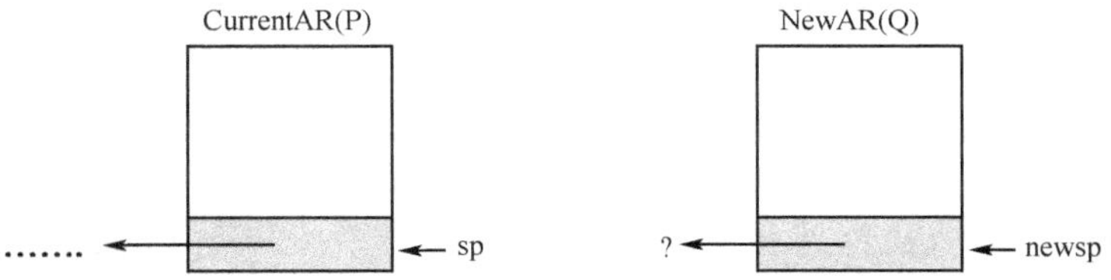

图 9.22 静态链单元的填写

若用 Indir(sp,m)表示 sp 的 m 次间接内容,则静态链的填写工作如下:

当 NewAR. Level > CurrentAR. Level 时,

  NewAR. Static = sp;

当 NewAR. Level≤CurrentAR. Level 时,

  NewAR. Static = Indir(sp,m),m = CurrentAR. Level - NewAR. Level + 1

接下来的问题是如何通过静态链来访问非局部量。由于程序中每个过程的嵌套层次是确定的。如嵌套深度为 2 的过程 R 引用了非局部量 a 和 b,其嵌套深度分别为 0 和 1。从 R 的活动记录开始,分别沿着 2 - 0 = 2 和 2 - 1 = 1 个静态链进行查找,于是可以找到包含这两个非局部量的活动记录。即若 X 是当前过程的局部变量,仍可用 $Offset_x$[sp]的方式访问 X 单元。若 Y 是当前过程的非局部量,且 Y 的层数是 L_Y,则变量 Y 的访问方式如下:$Offset_Y$[Indir(sp, m)],其中,m = CurrentAR. Level - L_Y,m 的值可由编译器确定。注意这里的 sp 指的是最新活动记录的始地址,相当于图 9.17 中的 newsp。

可见,指针 sp 始终指向当前正在运行的过程的活动记录的基地址,动态链指向调用当前正在运行的过程的最新活动记录的基地址，静态链指针指向当前正在运行的过程的静态直接外层过程的最新活动记录的基地址。因此，在当前过程执行过程中，可以利用静态链指针实现非局部量的访问；当前过程调用结束后，可以利用动态链得到调用过程的活动记录的基地址。

无论是 Display 表的方法还是静态链的方法，其实质都是为当前过程建立变量访问环境。对于每个 AR，一旦建立了它的变量访问环境，即可以实现包括非局部变量在内的所有变量的访问。Display 表方法是用表结构表示变量访问环境；静态链方法是用链表表示变量访问环境。变量访问环境是过程运行的需要，而且每次的过程调用具有不同的变量访问环境，因此，当调用过程时要产生新的变量访问环境，而当返回时还要为调用者恢复其变量访问环境。对于局部 Display 表方法而言，Display 表的产生需要花时间，但返回时不需要为恢复变量访问环境做任何事情，这是局部 Display 表方法的优点。静态链方法实际上是一种共享化的局部 Display 表方法。其主要优点是能节省存储单元。具体采用哪种方法，取决于机器条件：如果寄存器较少，则使用 Display 表方法可能合适些；如果机器能提供较好的间接操作，则可选用静态链方法。

习　题　9

1. 过程活动记录一般应包含哪些信息？各个信息都有什么作用？何时填写它们？

2. 对于下面给定的 C 程序，当第 2 次（递归地）进入函数 f 后，n =？，Display 表的内容是什么？此时整个运行时栈的内容是什么？

```
int f(int n)
{   if (n< =0) return 1 else return n * f(n-1)
}
void main()
{   int k;
    k = f(10);
    ...
}
```

3. 为下面的 C 程序构造一个可能的运行时环境。

```
int a[10];
char  * a = hello;
int f(int i,int b[])
{   int j = 1;
    A: { int i = j;
           char c = b[I];
           ... }
}
void g(char  * s)
{ char c[10];
  B: { int a[5];
           ...}
}
```

```
main( )
{   int x = 1;
    x = f(x,a);
    g(s);
    return 0; }
```

(1) 在进入函数 f 中的块 A 之后。

(2) 在进入函数 g 中的块 B 之后。

4. Display 表和静态链的作用是什么？试举一个程序例子，并考察其 Display 表和静态链的内容。

5. 简述静态存储分配的基本思想。静态存储分配对语言有何要求？

6. 试比较静态存储分配方案和动态存储分配方案。

7. 考虑 C 语言中动态数组的空间应该如何分配？

第 10 章　目标代码生成

10.1　目标代码生成介绍

10.1.1　代码生成器的输入和输出

目标代码生成是经典编译模型的最后一个阶段，将完成这种功能的程序称为代码生成器（Code Generator）。代码生成器的输入主要是源程序的某种中间表示；代码生成器的输出是与中间表示等价的目标代码。

如第 7 章所述，中间代码有多种表示形式，如后缀式（栈式）中间代码、三地址中间代码（三元式和四元式）以及图结构中间代码（树，DAG）等，本章以四元式形式的中间代码为例来讨论生成目标代码的基本方法，这里所采用的技术同样适用于其他形式的中间表示。

目标代码一般有以下 3 种形式：

1）绝对机器语言代码。其优点是代码中所有地址均已定位，编译后可直接执行这种代码。

2）可重定位的机器语言代码。在程序执行时，必须由连接器装配后生成可执行的机器语言代码。

3）汇编语言代码。必须经过汇编程序汇编，将其转换成可执行的机器语言代码。

第一种形式的目标代码执行速度最快，但由于不能重定位，这种形式缺乏灵活性。在编译过程中，通常要把整个源程序一起编译，而不能独立地编译源程序中的各个程序模块，一般只适用于需要快速编译执行的小型程序；第三种形式的目标代码最容易生成，因为无需生成二进制代码，而只需要生成符号化的指令即可，当然最终还需要汇编程序进行汇编；现在大多数实用的高级语言编译程序都生成第二种形式的目标代码，虽然比较繁琐，连接和装入时要付出一定的代价，但各个子程序模块可以分别编译，给程序开发带来了极大的灵活性。

为方便读者阅读，本书采用汇编语言代码作为目标代码形式，从汇编语言代码很容易生成绝对机器语言代码或可重定位的机器语言代码。

10.1.2　指令选择

编译过程实质上相当于一个映射过程，针对源语言程序中的各种语法结构，编译程序根据语义选取相应的目标代码结构，把源程序映射成在语义上等价的目标程序。显然，目标机指令系统的性质决定了映射的难易程度，指令系统的完备性和一致性是重要的影响因素。例如，如果目标机器能以一致的方式支持各种数据类型的运算，那么这种映射关系的建立就容易；否则，每一种例外的情况都需要作特殊的处理。另外，指令的执行速度和机器的性能也是要考虑的重要因素，这直接关系到目标程序的执行速度和效率。例如，对赋值语句

$$x = y + z$$

其中，x、y和z均按静态存储分配，可以翻译成如下的目标代码序列：

```
LD R, y        // 将y的存储单元中的值取出放入寄存器R中。
ADD R, z       // 将z的存储单元中的值与寄存器R中的值相
               //加，结果保存在寄存器R中（y的值）。
ST x, R        // 将寄存器中的值写入x的存储单元中。
```

这是一个赋值语句到目标代码的直接映射，可以容易地实现这个翻译过程，但是当源程序中连续出现赋值语句时，按照这种简单对应模式直接翻译得到的目标代码质量将会很差。例如，对源程序代码片断

$$a = b + c$$
$$d = a + e$$

将被翻译成

```
LD R, b
ADD R, c
ST a, R
LD R, a
ADD R, e
ST d, R
```

这里，第四条指令显然是多余的，因为此时a的值仍保存在寄存器R中，没有发生改变，而且如果后面的程序代码中不再使用a的值，则第三条指令也是可以省略的。

生成的目标代码的质量常用目标指令的条数和执行速度来衡量。对于同一个源程序，转换成的目标程序包含的目标指令条数越少，执行速度越快，说明目标程序的质量越好。指令系统丰富的目标机，对给定的操作可以提供多种实现方法，不同的实现方法之间的效率差别可能会非常大。例如，对赋值语句

$$a = a + 1$$

若目标机指令集中有“自增”指令INC，就可以被高效地翻译为一条指令：INC a；否则，按照前面的模式将被翻译为语句序列

```
LD R, a
ADD R, 1
ST a, R
```

显然，后者的效率较差。

10.2 虚拟机

目标代码是和具体机器密切相关的，即目标代码紧密依赖于目标机的指令系统和相关特性。要生成一个高效的目标程序，需要对目标机有着极为透彻的了解，这需要花费大量的时间和精力，而且由于不同体系结构的计算机的指令系统往往是不同的，这样了解缺乏共性，很容易纠缠于大量的细节中。因此，我们定义一台虚拟机作为目标机，该虚拟机具有代表性的指令系统和硬件结构，在其上介绍目标代码生成的基本原理，可以简化讨论和使之具有一

般性。这里所介绍的代码生成技术可以很容易的应用到其他类型的计算机上。

假定虚拟的目标机：

1）按照字节编址，机器字长为4个字节。

2）拥有n个通用寄存器，分别是R_0，R_1，…，R_{n-1}，它们既可以作为累加器，也可以作为变址器。

3）指令的格式为：

OP destination，source

其中，OP是操作码，source和destination分别是源操作数和目的操作数。

4）每个机器字存放一条指令；source和destination不能同时为存储字地址，必须由寄存器和存储字地址以及寻址方式组合起来形成操作数的地址。有关寻址方式和它们相应的汇编语言表示形式和意义如表10.1所示，其中，content(x)表示x中的内容，x可以是寄存器或存储单元地址。

表10.1 虚拟机的寻址方式

寻址方式	汇编语言表示形式	意义
绝对地址	M	M
寄存器	R	R
变址	C(R)	C + content(R)
间接寄存器	*R	content(R)
间接变址	*C(R)	content(C + content(R))
立即数	C	常数C

例如：

指令“LD R，M”表示把存储单元M中的内容content(M)存入寄存器R中。

指令“ST M，4(R)”表示把存储单元“4 + content(R)”中的内容content(4 + content(R))存入存储单元M中。

指令“LD R，1”表示将常数1装入寄存器R中。

虚拟机的指令系统如表10.2所示。

表10.2 虚拟机指令系统

指令名称	指令形式	指令含义
读	IN R	读指令，将外部值输入到寄存器R中
写	OUT R	写指令，将寄存器R中的值输出
取数	LD R，A	将存储单元A中的内容存入寄存器R中
存数	ST A，R	将寄存器R中的内容存入存储单元A中
加	ADD R，A	将寄存器R中的内容与存储单元A中的内容相加，并将结果存入寄存器R中
减	SUB R，A	将寄存器R中的内容与存储单元A中的内容相减，并将结果存入寄存器R中
乘	MULT R，A	将寄存器R中的内容与存储单元A中的内容相乘，并将结果存入寄存器R中
除	DIV R，A	用存储单元A中的内容去除寄存器R中的内容，并将结果存入寄存器R中
按真转移	JMP1 R，A	(R) = true，则转向ADDRESS[A]；否则执行下一条指令
按假转移	JMP0 R，A	(R) = false，则转向ADDRESS[A]；否则执行下一条指令

（续）

指令名称	指令形式	指令含义
无条件转移	JMP A	无条件转向 ADDRESS[A]
取地址	LEA R，A	将存储单元 A 的地址放入寄存器 R 中
块传送	MOVEB addr1，addr2，size	将起始地址为 addr1、长度为 size 的内存区中的内容传送到起始地址为 addr2 的内存区

10.3 寄存器的分配

在计算机系统中，寄存器是最重要的资源之一，其用途非常广泛，使用非常方便，存取速度比内存单元快得多。寄存器可以用来保存原始数据和中间计算结果，运算对象在寄存器中的指令要比运算对象在内存单元中的指令执行速度快一些。另外，计算机存储字之间不能直接进行运算，必须通过寄存器间接进行。但是，由于寄存器的价格高昂，任何计算机系统的寄存器数量都是十分有限的，因此，寄存器资源的充分合理利用将会有效地提高目标代码的质量。理论上，寄存器的最优分配方案是不可判定的，因此，我们讨论怎样得到近似最优的方案。为此，我们引入一个术语：指令的执行代价，且规定访问内存一次的代价为 1。

这里首先讨论怎样高效地使用单寄存器机器的寄存器，然后讨论复杂的多寄存器机器的情况。

10.3.1 单寄存器机器的寄存器分配

在单寄存器机器上进行寄存器分配是最简单的，实质上它相当于多寄存器的机器只使用一个寄存器的情形。因此，在不考虑效率的前提下，只要解决了单寄存器的分配问题，就可以将其应用在多寄存器机器上。

对于单寄存器机器，由于所有的计算都必须在这个唯一的寄存器上进行，因此不存在选择哪一个值保存在寄存器中的问题。我们的原则是尽可能地减少加载和存储操作数的次数（即访问内存的次数），使得指令的执行代价最小。因此，应按照生成指令条数最少的原则将该寄存器按次序分配给不同的变量。

10.3.2 多寄存器机器的寄存器分配

多寄存器的分配主要涉及两个问题。

第一个问题是：在计算一个表达式时，如何使所需的寄存器个数最少？

为解决此问题，首先假定表达式使用树形结构来表示。表达式一般可以表示为 exp_1 op exp_2的形式，其中，op 为二元操作符，exp_1 和 exp_2 为两个同样以树形结构表示的子表达式。假设计算 exp_1 部分需要 n_1 个寄存器，计算 exp_2 部分需要 n_2 个寄存器。为了计算整个表达式的值，必须先计算出 exp_1 和 exp_2 的值。假定先计算 exp_1，使用了 n_1 个寄存器，计算出它的值之后，必须将其保留在一个寄存器中，等待 exp_2 的计算结果出来后再与之进行 op 运算。因此，当计算 exp_2 时，总共占用了 n_2+1 个寄存器。所以在整个表达式的计算过程中，共需要 $max(n_1, n_2+1)$ 个寄存器；同理，如果先计算 exp_2，共需要 $max(n_2, n_1+1)$ 个寄存器。

显然，当 $n_1 < n_2$ 时，应该先计算 exp_2，这样所需的寄存器个数最少；反之，则应先计算 exp_1。

第二个问题是：有 n 个可供使用的寄存器 R_1，R_2，…，R_n，在计算表达式时如何使所需的存取指令的条数最少？

为解决此问题，首先假定不允许重新排列子表达式而且每个值必须先取到某个寄存器中才可以使用。那么，当计算一个表达式时，在某一个时刻需要使用变量 V 的值，此时会出现如下几种情况：

1）该值已经在某个寄存器 R_i 中。

2）V 的值不在某个寄存器中，但此时还有可用的闲置寄存器。

3）V 的值不在某个寄存器中，并且此时所有的寄存器都已被占用。

对于第一种情况，可直接计算，无需进行存取操作。

对于第二种和第三种情况，都需要向系统申请寄存器。当申请寄存器的时候，寄存器的分配原则是选择代价最小的寄存器进行分配。

第二种情况下，系统中尚有未被分配的可用的闲置寄存器，则分配闲置寄存器即可，这时选择的代价是零。

第三种情况下，系统中没有未被分配的可用闲置寄存器，此时就必须剥夺正在使用的寄存器，这时要付出代价。当一个寄存器 R 被剥夺的时候，R 中的内容可能不在内存中，而且以后可能还要用到，于是在剥夺寄存器 R 之前需要执行 ST 指令将 R 中的内容回送到内存单元，将来再用到它的时候还需使用 LD 指令将它重新装入寄存器。这种情况下的选择代价包括回送代价和取回代价，其中回送代价需要立刻付出，取回代价则需事后付出。关于剥夺哪个寄存器的问题，为了减小代价，通常的做法是剥夺那个计算序列中下一个使用点距离当前位置最远的寄存器，可以证明这种策略在一定条件下是最优的。为实现这种分配方法，需要建立一个寄存器使用线索表，来采集和记录目标代码中寄存器使用的全部信息。

10.4 四元式到目标代码的翻译

从四元式生成目标代码的总过程是：从头到尾逐条读四元式，每读完一条四元式就把它翻译成对应的目标代码（一条四元式可能会对应若干条目标指令）。为简单起见，做如下假定：设目标机只有一个寄存器，完全不考虑效率优化。

这里也不单独提常数，对它们的处理与对变量的处理几乎是一致的。下面分别介绍各种四元式的翻译方法。

10.4.1 表达式四元式的翻译

表达式四元式包括算术运算四元式、关系运算四元式及逻辑运算四元式，这里不考虑单目运算。在目标机的条件下，上述四元式的翻译算法完全一致，故合起来一起介绍。

表达式 $E_1 \omega E_2$ 的四元式一般形式为

$$(\omega,\ t_1,\ t_2,\ new\_dir\ (t))$$

其中，ω 为任意双目算术运算符、关系运算符及逻辑运算符；变量 t_1 为表达式 E_1 的运算结果；变量 t_2 为表达式 E_2 的运算结果。

根据 t_1 和 t_2 寻址方式的不同，表达式四元式的最终转换结果也是不同的。用 $\overline{\omega}$ 表示运算符 ω 对应的目标指令。

1）若 t_1 是直接变量，t_2 是直接变量，则生成的目标指令序列如下：

LD　R，t_1
$\overline{\omega}$　R，t_2
ST　t，R

2）若 t_1 是直接变量，t_2 是间接变量，则生成的目标指令序列如下：

LD　R，t_1
$\overline{\omega}$　R，$*t_2$
ST　t，R

3）若 t_1 是间接变量，t_2 是直接变量，则生成的目标指令序列如下：

LD　R，$*t_1$
$\overline{\omega}$　R，t_2
ST　t，R

4）若 t_1 是间接变量，t_2 也是间接变量，则生成的目标指令序列如下：

LD　R，$*t_1$
$\overline{\omega}$　R，$*t_2$
ST　t，R

10.4.2　赋值语句四元式的翻译

赋值语句四元式的一般形式为

（ASSIG，right，n，left）

其中，n 表示被传送的单元个数：n = 1 时可默认，表示简单类型赋值；n > 1 时表示结构类型赋值，即把从 right 开始的 n 个单元的内容复制到从 left 开始的 n 个单元中。

首先考虑 n = 1 时赋值语句四元式的翻译。左部变量有两种可能：一是直接变量，为一个实在简单类型变量、赋值形参简单类型变量或一个函数名单元；二是间接变量，为一个引用形参简单类型变量或一个存放复合变量地址的临时变量。

右部变量 right 可能是直接变量也可能是间接变量。

综上，（ASSIG，right，1，left）可能生成的目标代码有如下 4 种：

1）left 是直接变量，right 也是直接变量的情形，生成的目标代码如下：

LD R，right
ST left，R

2）left 是直接变量，right 是间接变量的情形，生成的目标代码如下：

LD R，*right
ST left，R

3）left 是间接变量，right 是直接变量的情形，生成的目标代码如下：

LD R，right
ST *left，R

4）left 是间接变量，right 也是间接变量的情形，生成的目标代码如下：

LD R， * right

ST * left，R

n > 1 时，赋值语句四元式可能生成的目标代码有如下 4 种：

1）left 是直接变量，right 也是直接变量的情形，生成的目标代码如下：

MOVEB right，left，n

2）left 是直接变量，right 是间接变量的情形，生成的目标代码如下：

MOVEB * right，left，n

3）left 是间接变量，right 是直接变量的情形，生成的目标代码如下：

MOVEB right， * left，n

4）left 是间接变量，right 也是间接变量的情形，生成的目标代码如下：

MOVEB * right， * left，n

10.4.3 输入输出语句四元式的翻译

输入语句四元式的一般形式为

(READ，_，_，A)

表示将一个外部的值读入到变量 A 中，它生成的目标代码如下：

IN R

ST A，R

输出语句的四元式形式一般为

(WRITE，A，_，_)

表示将变量 A 的值输出，它生成的目标代码为

LD R，A

OUT R

10.4.4 条件语句四元式的翻译

条件语句所对应的四元式中包括：条件语句四元式、基本语句四元式，其中可能包括上面所提到的赋值语句四元式、输入语句四元式和输出语句四元式等；除此之外还会包含以下 3 条特有的四元式：

(THEN，t，_，_)

(ELSE，_，_，_)

(ENDIF，_，_，_)

根据条件语句的语义，如果条件成立则应该执行 THEN 子句，然后跳过 ELSE 子句，直接执行程序中条件语句的后继语句。在生成目标代码的时候，跳过 ELSE 子句可以使用跳转指令实现，直接跳转到条件语句的后继语句。但是在处理 THEN 子句的时候，还不知道后面 ELSE 子句部分中的指令条数，无法计算它将占据的指令空间，因而此处无法给出跳转指令的目的地址，只能生成半条指令，其中空缺的地址部分需要等到处理完 ELSE 子句时才能回填。

同理，当条件不成立时，需要跳过 THEN 子句直接执行 ELSE 子句，由于不知道 THEN 子句中指令所占据的空间，此处无法立刻给出跳转指令的目的地址，也只能生成半条指令，

等待处理完 THEN 子句时再回填。

综上，在翻译条件语句的时候，为了保存待回填指令的所在地址，还需要使用一个栈 S。每次生成需要回填的指令，就把其地址压入栈；当后续相应的四元式处理完成，能够确定跳转的目的地址时，弹出栈顶元素，找到相应的未完成指令并进行回填操作。

根据上面的分析，可以按照下述方法来翻译条件语句：

1）四元式（ THEN，t,_,_）生成的目标代码为

LD R，t

JUMP0 R,_

其中，JUMP0 指令的功能是：当条件表达式不成立时跳转到 ELSE 子句部分或跳转到条件语句的后继语句，因为它的目的地址暂时还无法确定，所以只能空缺，等待以后回填。在生成上述目标代码的同时将指令“JUMP0 R,_”的地址压入栈 S，以便后面进行回填。

2）四元式（ ELSE,_,_,_）生成的目标代码为

JMP _

此处，JMP 指令的功能是跳转到条件语句结束处，它的目的地址因为暂时还无法确定，所以只能空缺，等待以后回填。

除了生成上述的目标代码外，这里还要做两个针对地址的操作。

首先，在生成这条指令的时候，THEN 子句已经处理完，上面 JUMP0 指令的目的地址已经可以确定，所以这时应该回填这个地址。设指令“JMP _”所在的地址为 A，则 JUMP0 的目的地址显然应为 A+1，从栈 S 中弹出栈顶元素，找到指令“JUMP0 R,_”，将其修改为“JUMP0 R，A+1”，此时四元式（ THEN，t,_,_）就被完整地翻译为目标代码。

其次，指令“JMP _”的目的地址此时还无法确定，所以将它的地址压入栈 S，等待后面回填。

另外，若条件语句无 ELSE 子句，则无需执行本步骤，直接处理四元式(ENDIF,_,_,_)。

3）四元式（ ENDIF,_,_,_）不产生目标代码，只负责完成指令“ JUMP0 R,_”或“JMP _”的目的地址回填工作。

若条件语句含有 ELSE 子句，当处理到这条四元式的时候，条件语句的 ELSE 子句部分刚刚被处理完，指令“JMP _”的目的地址已经确定，所以此时应该回填这个地址。设当前地址为 A，则此地址即为指令“JMP _”的目的地址。从栈 S 中弹出栈顶元素，找到指令“JMP _”，将其修改为“JMP A”。

若条件语句无 ELSE 子句，当处理到四元式（ ENDIF,_,_,_）的时候，刚刚处理完的是 THEN 子句部分，它所生成的目标代码中“JUMP0 R,_”指令的目的地址已经可以确定，所以应该回填这个地址。设当前地址为 A，则 JUMP0 的目的地址亦为 A，从栈 S 中弹出栈顶元素，找到指令“JUMP0 R,_,”，将其修改为“JUMP0 R，A”。

10.4.5 循环语句四元式的翻译

根据语言的不同，循环语句可以有多种形式，如 for 循环、repeat 循环及 while 循环等。这里主要以 while 循环为例来说明循环语句的目标代码生成过程。while 循环的一般形式为

while 条件表达式 do 语句序列

while 语句的语义是，首先判断循环条件是否成立，如果不成立则跳出循环，执行程序中 while 语句的后继语句；如果循环条件成立则执行循环体部分，然后跳转到 while 语句的入口处，重复上述过程，直至条件不成立跳出循环为止。

while 循环特有的四元式有以下 3 条：

(WHILE,_,_,_)

(DO, t,_,_)

(ENDWHILE,_,_,_)

和条件语句类似，while 语句所对应的目标指令也无法一次生成，部分指令中的地址需要回填。四元式（ WHILE,_,_,_）实际上标记了 while 语句的入口地址，根据 while 语句的语义，每次执行完循环体的最后一条语句后，都应跳转到 while 语句的入口处，重新判断条件表达式是否成立，因此，入口地址作为这个跳转的目的地址需要保存。考虑到 while 语句可以嵌套使用，使用一个栈 S 来保存这个入口地址。

四元式（ DO, t,_,_）用于处理条件表达式的结果，如果条件表达式成立就向下执行循环体；否则就跳过 while 语句，执行它的后继语句。但是此时还没有处理到循环体部分，无法计算出 while 语句的剩余部分所占的指令空间大小，因而暂时不能确定这个跳转的目的地址。因此，这里只能生成半条跳转指令，其中空缺的地址部分等待处理完循环体后回填。和条件语句类似，为了保存待回填指令的所在地址，我们还需要使用一个栈 Q。

四元式（ ENDWHILE,_,_,_）是 while 语句的结尾部分。此时整个 while 语句已经处理完，应该回填 DO 四元式中的转向地址，同时根据语义要产生一个指向 while 语句入口处的无条件跳转，因为这个入口地址前面处理四元式（ WHILE,_,_,_）时已经保存在栈 S 中，所以这里可以直接生成完整的跳转指令，无需回填。

根据上面的分析，我们可以按照下述方法来翻译 while 语句：

1. (WHILE,_,_,_)

该四元式不产生目标代码，只用来标记 while 语句的入口地址。设当前地址为 A，则将 A 压入到栈 S 中。

2. (DO, t,_,_)

该四元式所产生的目标代码为

LD R, t

JUMP0 R,_

其中，JUMP0 指令的功能是当条件表达式不成立时跳转到 while 语句的后继语句，因为其目的地址暂时还无法确定，所以只能空缺，等待以后回填。在生成上述目标代码的同时将指令"JUMP0 R,_"的地址压入栈 Q，以便后面进行回填。

3. (ENDWHILE,_,_,_)

该四元式应该产生一个转向 while 语句入口的无条件转移指令，入口地址在前面处理四元式（ WHILE,_,_,_）时已经保存在栈 S 中，所以此时从栈 S 中弹出入口地址 A，然后将这条四元式翻译为

JMP A

除此之外，这里还应回填前面 DO 四元式所产生的半条指令"JUMP0 R,_"，其中空缺的地址现在已经可以确定。设当前地址为 B，则此地址即为指令"JUMP0 R,_"的目的地

址。我们从栈 Q 中弹出栈顶元素，按照其中记载的地址找到指令“JUMP0 R,_”，将其修改为“JUMP0 R, B”，这样，四元式（ DO, t,_,_）就被完整地翻译成了目标代码。

10.4.6 标号语句四元式和 goto 语句四元式的翻译

标号语句分为标号声明和标号定位两种，下面分别加以讨论。

标号声明语句的一般形式为

Label L

标号声明语句不产生四元式，当然也不会产生目标代码。编译程序处理到标号声明语句时，只是为标号 L 分配一个存储单元，用来存储 L 对应的转向地址。

标号定位语句的一般形式为

L：语句

它所对应的四元式为

(LABEL,_,_, L)

在生成目标代码时，这条四元式也不产生代码，只向 L 所分配到的存储单元写入转向地址。显然，标号定位性出现的下一条语句的地址即为 goto 语句的转向目的地址，设其为 A，则将地址 A 写入 L 所分配到的存储单元即可。

goto 语句的一般形式为

goto L

它所对应的四元式为

(GOTO,_,_, L)

它所生成的目标代码为

JMP ＊L

其中，＊L 代表间接寻址，即 L 中所存的内容为跳转的目的地址。需要指出的是，虽然标号定位语句和 goto 语句哪一个先出现都有可能，但无需考虑这个细节。因为无论是哪一种情况，在目标代码生成阶段，转向地址都已经存储在 L 所分配的存储单元中，只要进行一个间接寻址操作，就可以保证目标代码运行时跳转到准确的目的地址。这种利用存储单元来处理标号语句和 goto 语句的方法称为标号单元法。

10.4.7 过程、函数说明语句四元式的翻译

对过程和函数的说明语句分入口和出口两个部分来加以说明。

过程和函数说明语句入口部分所对应的四元式为

(ENTRY, Q,_,_)

其中，Q 为过程名或函数名，不产生任何目标代码，只需将当前指令地址 A 填入 Q 的语义信息中的 code 项中，即 A→sem（Q）. code 。

过程和函数说明语句出口部分所对应的四元式分别为

(ENDPROC,_,_)

(ENDFUNC,_,_)

除了在函数的出口处需要有保留函数的返回值的工作以外，这两条四元式的处理过程基本上是相同的，此处要完成的工作包括：

1）将本层活动记录中保存的机器状态恢复过来，对应一组读指令，因为不同的机器需要保存的信息不同，所以这里省略了这部分的代码。

2）删除本层活动记录，使动态外层的活动记录成为当前活动记录。

3）按 1(top) 中记载的返回地址返回。

它们产生的目标代码为

```
ST top, sp
LD sp, 0(top) // 作废当前活动记录
JMP 1(top) //按返回地址返回
```

10.4.8 过程和函数调用语句四元式的翻译

过程和函数调用时，首先需要传递参数，即用实参的值代替形参的值，因此先处理传参四元式的翻译，再处理过程/函数调用四元式的翻译。

过程、函数的参数又可分为值参、变参及过程/函数参数。过程/函数参数的处理较复杂，因此只讨论值参和变参两种情形。

(1) t 为值参时对应的传参四元式为：(ValACT, t, Offset, size)。

这种情形又可以分为以下几种情况：

1）若 t 为间接变量，则生成的目标代码为

```
LD R, *t
ST offset(sp), R
```

2）若 t 为直接变量，则生成的目标代码为

```
LD R, t
ST offset(sp), R
```

3）若 t 为数组，则生成成组传送的目标代码

```
moveB t, offset(sp), size
```

(2) t 为变参时对应的传参四元式为：(VarACT, t, Offset, size)。其中，size 的值固定为 1。这种情形又可以分为以下几种情况：

1）若 t 为直接变量，则生成的目标代码为

```
LEA R, t
ST offset(sp), R
```

2）若 t 为间接变量，则生成的目标代码为

```
LD R, t
ST offset(sp), R
```

(3) 过程和函数调用语句对应的四元式为：(CALL, f, true/false, t)，它要完成下列工作：

1）生成填写变量访问环境的指令。由于编译实现的方式不同，变量访问环境保存的内容也不相同，例如局部和全局 Display 表保存的方式就不同，因此需要根据编译的实现方式生成相应的指令。

2）通过一个特殊的寄存器把机器状态（寄存器内容）保存到活动记录的机器状态区中，一般应生成一组存的指令。

3）要填写管理信息，首先填写过程层数。从过程 f 的语义信息中取其层数，填入到 2

(top) 中，生成指令为

```
LD R, sem[f] . level
ST  2(top), R
```

4) 填写动态链指针

```
ST  0(top), sp
```

5) 填写返回地址

```
LD R, A +5                 // A
ST 1(top), R               //A +1
```

6) 生成过程活动记录

```
ST top, sp                 // A  +2
ST top, top + sem [f] . size   // A +3
```

7) 生成转向过程 f 入口的指令

```
JMP sem[f] . code          // A +4
```

8) 如果是函数调用，则把函数值读到寄存器中

```
LD R, 4(top) //假定返回值存放在4 (top) 中, A +5
ST t, R
```

为清楚起见，我们把主要工作都放在过程和函数的调用部分来完成了，在实际的编译器中，为了减少冗余代码，常常将这里的大部分工作放在过程和函数的入口处来完成。因为过程和函数的声明只有一次，而过程和函数则可能被多次调用，将一些工作放在入口处来完成，可以有效地提高目标代码的效率。

习 题 10

1. 什么叫指令的执行代价?
2. 寄存器分配的原则是什么?
3. 在剥夺寄存器的时候，应考虑哪些因素? 什么时候一个变量可以主动释放它所占用的寄存器?
4. 试写出下述程序段的目标代码，其中，变量均为非形参实型变量。

```
X := u*w/(u*l+1);
Y := u*j/(X+k)
```

5. 试写出下述程序段的目标代码，其中，变量均为非形参实型变量。

```
WHILE x<y DO
      BEGIN
          y := y + 1;
          IF y>0 THEN y := y - x
               ELSE WHILE y < 0
                    DO y := y + x
          END
```

6. 试为 FOR 循环语句设计目标代码。
7. 试为 REPEAT 循环语句设计目标代码。
8. 试为 CASE 语句设计目标代码。

参 考 文 献

[1] Alfred V Aho, Ravi, Sethi, etc. Compilers: Principles, Techniques, and Tool [M]. Addison Wesley, 1985.

[2] Charles N Fischer, Richard J LeBlanc. Crafting a Compiler with C [M]. Pearson Education, 1991.

[3] Randy Allen, Ken Kennedy. Optimizing Compilers for Modern Architectures [M], A Dependence-Based Approach. Elsevier Science. 2001.

[4] Steven S Muchnick. Advanced Compiler Design and Implementation [M]. Academic Press, 1997.

[5] 金成植．编译程序构造原理和实现技术 [M]．北京：高等教育出版社，2000.

[6] 吕映芝，张素琴，蒋维杜．编译原理 [M]．北京：清华大学出版社，1998.

[7] 蒋宗礼，姜守旭．形式语言与自动机理论 [M]．北京：清华大学出版社，2003.

[8] 陈英．编译原理 [M]．北京：北京理工大学出版社，2001.

[9] 陈火旺，刘春林，谭庆平，等．程序设计语言编译原理 [M]．北京：国防工业出版社，2001.

[10] 刘磊，金英，张晶，等．编译程序的设计与实现 [M]．北京：高等教育出版社，2004.

[11] 杨宗源．编译原理习题精选分析与解答 [M]．北京：清华大学出版社，2003.

[12] 伍春香．编译原理考点精要与解题指导 [M]．北京：人民邮电出版社，2002.

[13] 高仲仪，金茂忠．编译原理及编译程序构造 [M]．北京：北京航空航天大学出版社，1996.

[14] 温敬和．编译原理实用教程 [M]．北京：清华大学出版社，2005.

[15] 伍春香．编译原理——习题与解析 [M]．北京：清华大学出版社，2001.

[16] 陈意云．编译原理习题精选 [M]．合肥：中国科学技术大学出版社，2003.